国家出版基金项目
NATIONAL PUBLICATION FOUNDATION

"十四五"国家重点出版物出版规划项目

中国国家创新生态系统与创新战略研究（第二辑）

# 中国量子科技创新生态的构建与运行机制

汤书昆

范 琼 著

秦 庆

The Construction

and Operational

Mechanisms

of China's

Quantum Science

and Technology

Innovation Ecosystem

中国科学技术大学出版社

## 内 容 简 介

本书立足国际最新的第五代创新理论——创新生态系统理论，以中国当代前沿战略性重大科技创新的实践建构为背景，选择美国、欧盟、日本等国际量子科技发展代表性国家与地区为比较对象，系统阐述了量子科技领域从前沿研究到产业应用的协同创新机制是如何发育和演化成型的，分析了这一独特领域创新生态建构进程中的协同原则、政策环境、资源运用、人才培养、机制创新，对量子科技在中国的成功发育并走至国际最前沿给出系列结论性研判。相关研究成果对整体认知中国量子科技创新生态系统的面貌与机制具有重要的启迪意义。

**图书在版编目(CIP)数据**

中国量子科技创新生态的构建与运行机制/汤书昆，范琼，秦庆著. --合肥:中国科学技术大学出版社,2024.3

(中国国家创新生态系统与创新战略研究.第二辑)

国家出版基金项目

"十四五"国家重点出版物出版规划项目

ISBN 978-7-312-05956-8

Ⅰ.中⋯  Ⅱ.①汤⋯ ②范⋯ ③秦⋯  Ⅲ.量子论—研究—中国  Ⅳ.O413

中国国家版本馆 CIP 数据核字(2024)第 070294 号

**中国量子科技创新生态的构建与运行机制**
ZHONGGUO LIANGZI KEJI CHUANGXIN SHENGTAI DE GOUJIAN YU YUNXING JIZHI

| | |
|---|---|
| 出版 | 中国科学技术大学出版社<br>安徽省合肥市金寨路 96 号,230026<br>http://press.ustc.edu.cn<br>https://zgkxjsdxcbs.tmall.com |
| 印刷 | 合肥华苑印刷包装有限公司 |
| 发行 | 中国科学技术大学出版社 |
| 开本 | 710 mm×1000 mm  1/16 |
| 印张 | 24.5 |
| 字数 | 373 千 |
| 版次 | 2024 年 3 月第 1 版 |
| 印次 | 2024 年 3 月第 1 次印刷 |
| 定价 | 128.00 元 |

　　21世纪初,移动网络技术与人工智能技术的迭代式发展,引发了多领域创新要素全球性、大尺度的涌现和流动,在知识创新、技术突破与社会形态跃迁深度融合的情境下,创新生态系统作为创新型社会的一种新理论应运而生。

　　创新生态系统理论从自然生态系统的原理来认识和解析创新,把创新看作一个由创新主体、创新供给、创新机制与创新文化等嵌入式要素协同构成的开放演化系统。这一理论认为,创新主体的多样性、开放性和协同性是生态系统保持旺盛生命力的基础,是创新持续迸发的基本前提。多样性创新主体之间的竞争与合作,为创新系统的发展提供了演化的动力,使系统接近或达到最优目标;开放性的创新文化与制度环境,通过与外界进行信息和物质的交换,实现系统的均衡与可持续发展。这一理论由重点关注创新要素构成的传统创新理论,向关注创新要素之间、系统与环境之间的协同演进转变,体现了对创新活动规律认识的进一步深化,为解析不同国家和地区创新战略及政策的制定提供了全新的角度。

进入 21 世纪以来,以欧美国家为代表的国际创新型国家,为持续保持国家创新竞争力,在创新理念与创新模式上引领未来的战略话语权,系统性地加强了创新理论及前瞻实践的研究,并在国家与全球竞争层面推出了系列创新战略报告。例如,2004 年,美国国家竞争力委员会推出《创新美国》战略报告;2012 年,美国商务部发布《美国竞争和创新能力》报告;2020 年,欧盟连续发布了《以知识为基础经济中的创新政策》和《以知识为基础经济中的创新》两篇报告;2021 年,美国国会参议院通过《美国创新与竞争法案》。

当前,我国已提出到 2030 年跻身创新型国家前列,2050 年建成世界科技创新强国的明确目标。但近期的国际竞争使得逆全球化趋势日趋凸显,这带来了中国社会创新发展在全球战略新格局中的独立思考,并使得适时提炼中国在创新型国家建设进程中的模式设计与制度经验成为非常有意义的工作。研究团队基于自然与社会生态系统可持续演化的理论范式,通过观照当代中国的系统探索,解析丰富多元创新领域和行业的精彩实践,期望形成一系列、具有中国特色的创新生态系统的理论成果,来助推传统创新模式在中国式现代化道路进入新时期的重大转型。

本丛书从建设创新型国家的高度立论,在国际比较视野中阐述具有中国特色的创新生态系统构成体系,围绕国家科学文化与科学传播社会化协同、关键前沿科学领域创新生态构建、重要战略领域产业化与工程化布局三个垂直创新领域,展开对中国创新生态系统构建路径的实证研究。作为提炼和刻画中国国家创新前沿理论应用的专项研究,丛书对于拓展正在进程中的创新生态系统理论的中国实践方案、推进中国国家创新能力高水平建设具有重要参考价值。

2018 年,以中国科学技术大学研究人员为主要成员的研究团队完成并出版了国家出版基金资助的该项目的第一辑,团队在此基础上深入研究,持续优化,完成了国家出版基金资助的该项目的第二辑,于 2024年陆续出版。

在持续探索的基础上,研究团队希望能越来越清晰地总结出立足人类命运共同体格局的中国国家创新生态系统构建模式,并对一定时期国家创新战略构建的认知提供更扎实的理论基础与分析逻辑。

本人长期关注创新生态系统建设相关工作,2011 年曾提出中国科学院要构筑人才"宜居"型创新生态系统。值此丛书出版之际,谨以此文表示祝贺并以为序。

中国科学院院士,中国科学院原院长

世界正经历百年未有之大变局，科技创新毫无疑问成为其中一个关键变量。量子科技是一项对传统科学与技术体系产生强烈冲击、带有重大重构研判的颠覆性技术，具有非同一般的科学意义和战略价值，被认为将引领全世界新一轮科技革命和产业变革的创新方向。回顾量子科技的发展史，1900 年 10 月 19 日，德国物理学家马克斯·普朗克首次提出普朗克黑体辐射定律，普朗克黑体辐射定律是第一个不包括能源量化和统计力学的推论，故在提出之时便引起了许多人的反感。同年 12 月 14 日，普朗克发表了《论正常光谱的能量分布定律的理论》一文，提出了能量量子化的假说，引入了一个重要的物理常量"普朗克常数"，基于假说给出了黑体辐射的普朗克公式，圆满地解释了实验现象。这个与经典物理学相悖的假说成为量子物理学诞生的标志，普朗克也因此获得 1918 年诺贝尔物理学奖。

在接下来的时间里，普朗克试图找到量子的意义，但是他写道："我的那些试图将普朗克常数归入经典理论的尝试是徒劳的，花费了我多年的时间和精力。"（德语原文："Meine vergeblichen Versuche, das

Wirkungsquantum irgendwie der klassischen Theorie einzugliedern, erstreckten sich auf eine Reihe von Jahren und kosteten mich viel Arbeit. ") 晚年时,普朗克更致力于哲学、美学与宗教问题的写作,例如文集《科学何去何从?》(Where is Science Going?),反映了他对科学哲学与人生哲学进行深度思考的心路历程。

量子物理学后来更多地被称为量子力学,除了普朗克的开创之功,20 世纪前期最杰出的一批物理学家,如阿尔伯特·爱因斯坦、尼尔斯·玻尔、欧文·薛定谔、维尔纳·海森伯、马克斯·玻恩、保罗·狄拉克等,都全力投入了这一开创性工作,量子力学与著名的相对论一起构成现代物理学的理论基础。百年来,随着量子力学的建立而催生的第一次量子革命,出现了原子能、半导体、激光、核磁共振、超导和全球卫星定位系统等重大技术的发明,从真正的科学重大发现意义上改变了人类的生活方式和社会面貌。

自 20 世纪 90 年代以来,量子调控技术取得了巨大的进步,人们可以深入微观世界内部,操作微观粒子的量子状态。于是,以量子信息科学为代表的量子科技迅猛发展起来,并导致第二次量子革命的兴起。按照当前的架构,量子信息科学的核心研究集中在量子通信、量子计算、量子精密测量三个主要领域,在这三个领域实现了技术落地和市场应用的初步突破。

中国在量子科技领域的研究虽然相比美国和欧洲国家起步晚,但近三十年来,以中国科学技术大学为代表的中国科学院科研团队取得了一系列重大突破,使得我国量子科技水平居全球第一阵列。

在量子通信方面,中国科学院潘建伟院士团队自主研制世界首颗量子科学实验卫星"墨子号",于 2016 年 8 月 16 日在酒泉卫星发射中心成功发射,并成功完成首次空间尺度量子密钥分发、量子纠缠分发和量子隐形传态,标志着我国在广域量子通信和空间量子科学研究方面取得国际领先地位。2022 年 7 月 27 日,世界首颗量子微纳卫星在酒泉卫星发射中心发射,在国际上首次实现基于微纳卫星和小型化地面站之间的实时星地量子密钥分发。2021 年,中国科学技术大学郭光灿院士团队基于稀土离子掺杂晶体实现 1 小时的相干光存储,大幅刷新了 2013 年德国团队创下的 1 分钟光存储的世界纪录。

在量子计算方面,中国科学院潘建伟院士团队研制出高斯玻色取样量子计算原型机"九章"、可编程超导量子计算原型机"祖冲之号","九章"和"祖冲之号"使得我国成为目前唯一在两种物理体系都达到"量子计算优越性"里程碑的国家;中国科学院科研团队在多年研究的基础上完成了光量子、超导、超冷原子、离子阱、硅基、金刚石色心、拓扑等所有重要量子计算体系的研究布局,使得我国成为包括欧盟、美国在内的三个具有完整布局的国家或地区之一。

在量子精密测量方面,中国科学院侯建国院士领衔的单分子科学团队在国际上首次实现亚纳米分辨的单分子光学拉曼成像,将具有化学识别能力的空间成像分辨率提高到前所未有的 0.5 nm。中国科学院杜江峰院士团队基于量子精密测量原理,成功研制原创型科学仪器"多波段脉冲单自旋磁共振谱仪",研究团队使用该仪器在室温大气条件下获得了世界上首张单蛋白质分子的磁共振谱。中国科学院潘建伟院士团队联合多家单位在国际上首次实现了百公里级的自由空间高精度时间频率传递实验,时间传递稳定度达到飞秒(千万亿分之一秒)量级,频率传递万秒稳定度优于 $4 \times 10^{-19}$(相当于时钟约 1000 亿年的误差不超过 1 秒),可满足目前最高精度光钟的时间传递要求。

　　当前,量子通信、量子计算、量子精密测量等量子科技已经成为全世界瞩目的新兴战略技术焦点,是第二次量子革命的关键竞争场景。量子科技的成果对世界经济、国际竞争格局正在产生深远且持久的影响。量子科技的高质量、可持续发展离不开创新生态系统的培育,中国要想成为以量子科技为代表的世界主要科学中心和创新高地,面向量子科技领域构建创新生态系统才能实现在激烈的国际竞争中抢占量子革命的制高点,是加快我国实现高水平科技自立自强的必由之路。

　　本书依据内嵌于创新生态系统中的量子科技发育机制,围绕"中国量子科技创新生态系统的构建与运行机制"主题,以中国量子科技领域的创新主体、创新要素、创新环境、创新机制的相互作用为研究主线,具体从跨学科交叉融合、科研设施及平台构建、产学研结合、人才培养与评价机制、商业模式创新、科技资源科普化与公众参与、科技伦理与风险、国际合作等维度剖析量子科技创新生态系统的独特经验和价值,对中国量子科技创新生态系统的培育提出有针对性的建议,并由此引发读者关于诸如合成生物技术、生成式人工智能技术等前沿技术形态的创新生态系统培育思考,这是本书的核心思想所在。

# 目　录

CONTENTS

# 第 2 章
# 量子科技创新生态系统分析 ………………………（35）

## 第 3 章
# 量子科技创新生态系统的建构 ·······························（81）

## 第 6 章
## 量子科技创新生态系统的演化研究 ····················· (233)

# 第8章
# 部分国家和地区量子科技创新生态系统案例分析

# 第1章
# 创新生态系统的基础理论

随着创新为企业、区域、国家等层面带来的科技动力逐渐增强,学界与业界越来越关注产业背后的创新本质。产业内部及产业间互为链接的关系构成了创新生态系统网络,其本质是从生态学的视角逐层类比剖析复杂的社会创新系统。

本章试图探究创新生态系统(innovation ecosystem)的概念、研究维度及研究现状,归纳其系统特征与构成要素,并基于以上分析总结系统功能、从"架构者"和"系统论"视角出发探讨其协同机制,最终为中国视域下的"量子科技创新生态系统"的概念构造及本书其他观点的论证奠定理论基础。

## 1.1 创新生态系统的概念

### 1.1.1 创新生态系统概念梳理

创新能力作为发展的关键驱动力,已成为当前世界各国竞争的主要关注点并呈现新格局。2021年作为我国"十四五"开局之年,也是全面建设社会主义现代化国家新征程的开启之年,在当前国内国际双循环发展背景下,创新生态系统的构建对我国全面实施创新驱动发展战略、完善国家创新体系、建成世界科技强国等具有重要的战略意义(叶爱山 等,2022)。

2020 年,国务院将"深入实施创新驱动发展战略,完善国家创新体系"纳入二〇三五年远景目标中,国家层面创新生态系统构建的重要意义进一步凸显。创新生态系统作为当前及未来发展的新范式,已得到理论界和实践界的普遍认可,而且其核心理念也开始从企业、区域层次逐步向产业、国家等层次拓展(黄静,2021)。

创新生态系统的概念在实践中不断演化发展。20 世纪 50 年代至今,美国硅谷高新技术产业的强大发展力逐渐显现,半导体、微电子、网络技术等产业一概维持着可持续发展态势,苹果、谷歌、英特尔、脸书等具有世界引领意义的高新技术公司不断涌现。美国硅谷地区高新技术产业的高速发展引发了学者、企业家和官员对其成功原因的关注,他们试图探究硅谷成功的原因、模式和路径。

1994 年出版的《区域优势:硅谷与 128 号公路的文化和竞争》一书提出,硅谷具备网络互联型的区域性产业体系,其中企业间协同竞争与开放性合作学习的网络关系最为关键。20 世纪 90 年代,美国经济学家 Moore 开创性地将生态学理念引入社会科学领域,商业生态系统思维得以提出,创新生态系统的相关理论概念研究得到更多关注。

2000 年出版的《硅谷优势:创新和创业精神的栖息地》一书认为,硅谷作为环境依托,其内部企业生存于自然生物栖息地般的环境中,它们构成互相竞争、协作、演化的关系。该书与上面提及的《区域优势:硅谷与 128 号公路的文化和竞争》一书共同体现了硅谷的环境优势,显现了其对生态学的应用。

学界的研究继而引发政界对硅谷的关注。美国总统科技顾问委员会(PCAST)在系列报告中将"创新系统"过渡至"创新生态系统",正式提出"创新生态系统"概念。概念指出,创新不应被视为线性或机械的过程,而应是研究机构与科研人才、发明创造与市场眼光、经济与社会等多方面不断相互作用的生态系统,涉及各级政府、学术界、产业界、基金会、科学和经济组织等一系列行动者,而他们的交互行为以及法律监管等环境条件会持续不断地对创新生态系统产生影响,进而决定一个国家的国际创新地位(PCAST,2004a;PCAST,2004b;PCAST,2008)。也即,创新生态系统是在一定区域内各个创新主体在创新环境的作用下基于共同的目标相互作用而形成的统一整体(李海艳,2022)。

为论证创新在知识经济中的战略核心地位,Adner(2006)提出"企业创新生态系统"概念。概念指出,企业自身技术的突破并不意味着创新成功,合作伙伴的创新支持以及他们之间的创新协作也是重要影响因素。创新生态系统基于系统内众多的互补性主体,可开展单个主体无法开展的价值创造活动,在此过程中,实现了系统内多个主体间的紧密联结,最终使得创新生态系统得以形成。

Lundvall(1992)从微观角度分析了国家创新系统的构成,指出国家创新系统是以正反馈和再生产为特征的一个动态系统,认为国家创新系统的核心就是生产者和用户相互作用的学习活动。Nelson(1993)对 15 个国家的创新系统进行了比较分析,指出企业、大学体系与国家技术政策之间的相互作用是国家创新系统的核心。

我国学者张杰和柳瑞禹认为国家创新系统由企业、大学、科研机构、中介机构和政府部门构成,其中企业是创新主体,科研机构和大学是重要的创新源和知识库,政府的作用是营造良好的创新环境,中介机构是沟通知识流动的重要环节。

曾国屏等(2013)认可了创新生态系统是从创新系统发展而来的基本观点,并进一步指出创新生态系统是创新价值链和创新网络形成并拓展的开放系统。

创新生态系统以生态学隐喻视角为切入点,将生态学与技术创新理论做融合研究,探讨创新发展和价值实现的全新范式。然而作为一种新的范式,由于理论视角以及研究对象等的差异,研究者们对其概念的阐述不尽相同。

学者们普遍认同创新生态系统包括来自学术界、产业界、金融机构、科

学和经济组织,以及政府等一系列行动者,系统内各主体间广泛互联。创新
生态系统覆盖从基础研究到创新成果商业化的整个过程。它是一个具备松
散联结特征的企业网络,主体联系并在共享技术、知识和技能的基础上共同
进化,寻求效率和生存(韩少杰,2020)。

　　多数人认可一致的利益目标是创新生态系统创建的前提。在系统内,
各个主体可以共享彼此的信息、技术、知识等资源,形成互帮互助的合作共
赢机制,并互相对对方产生影响,同时也形成了主体在市场竞争中的优势地
位,维护和稳定了系统的正常运行,使得系统能够动态地适应环境的变化。
研究者们大多表示创新生态系统是一个相对复杂的动态系统,自身的结构
及其演变会对内部主体的技术创新产生影响。

　　目前,存在诸多与创新生态系统内涵相类似的概念,其中较有代表性的
是创新系统(innovation system)、产业集群(industrial cluster)、创新平台
(innovation platform)、创新网络(innovation network)、产学研合作(indus-
try-university-research cooperation)等。这些关联概念均反映出创新生态
系统的群体性和网络结构特征,差别主要体现在不同术语的关注重点和概
念内涵的完善程度(表 1.1)。

表 1.1　创新生态系统与其他概念的对比

| 相关概念 | 联　系　与　区　别 |
| --- | --- |
| 创新网络 | 创新生态系统本质上是一种网络组织,是更广泛多样的网络形式中的一种,具有层次化结构,其所处的外部环境被视为由交易关系构成的网络。因此,生态系统由许多子网络构成,同时又是更大范围的网络的一部分,但只有具有生态系统特征的网络才可称为生态系统 |
| 创新系统 | 二者都体现了创新的系统特性。创新系统是静态概念,强调制度的作用和结构与功能的关系;创新生态系统具有动态性,重视市场机制及文化等非正式因素的重要性,强调结构、功能、过程,实际上是系统结构和环境动态关联的自组织演化的创新系统 |

| 相关概念 | 联 系 与 区 别 |
|---|---|
| 创新平台 | 创新平台是创新生态系统内核心企业用于协调的重要手段,是生态系统架构创新的重要体现。一个成功的创新平台通常会有一个生态系统围绕在其周围,但生态系统不一定以一个创新平台为核心,其核心也可能包括一个单独的企业、许多企业或一个非营利组织等 |
| 产业集群 | 产业集群强调地理的集聚性,而在生态系统中,地理位置不是最重要的决定因素;产业集群以产业和竞争力为分析基础,而生态系统超越了产业的界限,强调主体间的竞争与合作;产业集群中也存在产业层面共享的价值主张,但产业集群内各主体往往追求各自的目标,相互依赖程度较低;产业集群侧重于生产方,而生态系统同时包含了生产方和需求方;产业集群可看作生态系统中的一个群落 |
| 产学研合作 | 二者都体现了主体之间的合作与互动。创新生态系统更强调用户导向的创新的重要性,由"三螺旋"扩展为政府、企业、大学和科研机构、用户的"四螺旋"创新范式,强调创新主体的嵌入性和共生性 |

资料来源:陈健,高太山,柳卸林,等,2016.创新生态系统:概念、理论基础与治理[J].科技进步与对策,33(17):153-160.

本书认为,创新生态系统可从广义和狭义两个层次上加以理解。从狭义角度而言,创新生态系统特指在区域经济社会环境中,各创新主体之间、主体与环境之间通过创新要素供给与交换等方式构成的集体协作式创新群落集合。

从广义视角出发,创新生态系统不局限于传统创新科技领域,而是指在区域经济、文化、生态等维度中,各种创新种群之间、创新种群与创新环境之间,基于共同的创新发展目标,通过物质流(物质、信息、能量)、人才流的联结传导,形成动态演进、共生竞合的具备自组织性的复杂系统。创新生态系统既可以是一个地理空间,也可以是一个基于价值链和产业链的虚拟网络(秦雪冰,2022)。

## 1.1.2　创新生态系统研究层次

关于创新生态系统的现有研究可划分为 3 个层次,即宏观层面的国家创新生态系统、中观层面的区域创新生态系统和产业创新生态系统、微观层面的企业创新生态系统。具体分析如下。

(1) 创新生态系统的概念最初应用于国家层面产生了国家创新生态系统。在创新生态系统的基础上,弗里曼(Freeman)在《技术和经济运行:来自日本的经验》一书中,首次提出了"国家创新系统"(national innovation system,NIS)概念(Freeman,Christopher,1987),指出国家创新系统是基于公共部门和私营部门联合形成的网络,相关主体利用系统内各种要素实现相关新技术的发展、创新与扩散(Adner,Kapoor,2015)。随着全球经济一体化的趋势加强,愈来愈多国家加入到扩大资源投入以进行技术研发的行列中,因而国家创新生态系统作为政府推动创新和经济灵活适应性的创新政策广受关注。因此,国家创新生态系统不仅受到了学者的认可,也得到了政府管理者的追捧,促使国家创新生态系统从国家层面受到了格外重视。例如,2004 年美国总统科技顾问委员会发表《维护国家的创新生态体系、信息技术制造和竞争力》研究报告,报告中明确提到必须在国家层面形成创新生态系统。中国在《国家中长期科学和技术发展规划纲要(2006—2020年)》中指出,政府部门在国家创新生态系统的构建中发挥领导作用,配合市场于资源配置中的基础作用,最终促使不同的创新组织高效互动、紧密配合。

(2) 创新生态系统在区域和产业层面进一步衍生形成区域创新生态系统和产业创新生态系统。

一方面,区域创新生态系统建立在地理邻近性影响创新生态系统功能的基础上。Cooker 等(1997)提出"区域创新系统"(regional innovation systems)概念,他指出区域创新生态系统是由地理上具有邻近性的企业、高校科研院所、政府机构等形成的,从而促进了一定地理范围内的创新产出。

另一方面,产业创新生态系统与技术或知识邻近性具有密切关系。这是由于同一产业内的技术/知识具有相似性,因此,较短的技术/知识距离对某项技术/知识在创新生态系统中的采纳和普及有积极影响。但技术不断发展、经济一体化影响逐渐加深,伴随着企业开展跨区域、跨国家创新合作的态势,地理局限已难以阻碍创新活动的发生,"产业创新生态系统"应运而生。

综合而言,目前中观层面的创新生态系统研究主要聚焦与产业创新生态系统相关的 6 个主题,即方法模型与框架研究主题、公共政策和服务设施研究主题、系统特征与机制研究主题、物质资源与环境研究主题、创新主体关系研究主题、生态系统平台管理研究主题。

(3) 创新生态系统进一步向微观发展形成了企业创新生态系统,这是由于创新并非单个企业可完成的飞跃,需伙伴协同合作构建基础。Lambooy 指出企业创新生态系统是以核心企业为依托,依靠高校、科研院所、政府和金融服务机构等组织相互作用而形成的网络。企业层面的研究主要关注创新生态系统中的主导企业,如何建立和推广技术与市场标准,以及创新生态系统的构建和管理。部分学者也关注高校创新生态系统等系统内的其他主体驱动形成创新生态系统。

创新生态系统起源于宏观国家层面并呈现出逐渐向中观的产业创新生态系统演化,以及进一步向微观的企业创新生态系统演化的趋势。现有关于创新生态系统的研究大多集中在国家和区域/产业等宏观和中观层面。

## 1.1.3 创新生态系统研究现状

随着研究的不断深入,有学者提出应关注创新生态系统模式间的差异,并提出枢纽型创新生态系统(hub ecosystem)(Nambisan,Baron,2013)、开放式创新生态系统(open innovation ecosystem)(Radziwon,Bogers,2019)、平台型创新生态系统(platform-based ecosystem)(Teece,2018)等一系列细分模式。

当前国内外学者关于创新生态系统的研究较为丰富,主要是围绕汽车产业、智能制造产业、高新技术产业、文化创意产业、战略性新兴产业等构建创新生态系统并提出实施路径。还有不少学者根据创新生态系统的构建路径研究系统在初期阶段、成长阶段、成熟阶段如何通过不断完善自身组织结构和运行模式来促进创新生态系统的可持续发展(李海艳,2022)。

对于创新生态系统的研究可从宏观、中观、微观的视角切入,而对于创新生态系统现有研究现状的梳理也可依据层次进行划分,按照"由内而外"的顺序可划分为四大层次:① 内核层,指针对创新生态系统自身的研究,包括源起、演变、概念界定、特征、理论框架等。② 核心层,指聚焦于核心企业(尤其是高科技企业)、企业技术、复杂产品等方面的创新生态系统研究,包括形成机制、边界与结构、风险管理、运行与治理机制、定价模式、模型与演化等。③ 扩展层,指针对特定产业或产业集群、区域技术乃至国家战略层面的创新生态系统宏观研究。④ 衍生层,指与知识管理、螺旋理论、开放式创新范式等相关理论相融合而衍生出的新型创新生态系统研究,这是近两年来创新生态系统研究的新方向(图 1.1)。

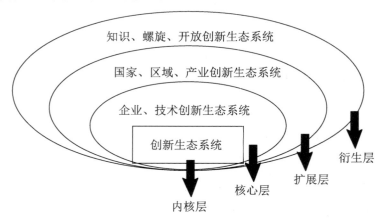

图 1.1　创新生态系统研究现状的四大层次划分

自 20 世纪 80 年代以来,创新生态系统在内核层、核心层、扩展层和衍生层均取得了一些颇有价值的研究成果,但已有研究在内容和方法方面仍存在诸多不足和空白:① 内核层的创新生态系统研究大多局限于创新生态系统的基础性分析,不同学者在下定义时所选择的视角不同;② 核心层的创新生态系统研究多是针对某个或多个案例研究对象展开的例证分析,研究对象大多使用国内外高科技、高新技术企业作为样本,侧重于研究这些企业及其技术创新生态系统的演化、运行、风控、评价等内容,这些研究成果在多大程度上可以扩展到其他领域或行业还有待进一步检验;③ 扩展层的创新生态系统研究之中,以区域创新生态系统和国家创新生态系统的研究居多,但多针对某一特定对象或地区,缺乏代表性,亦缺少针对中国经济技术变革背景下的实证研究以及国内外经验借鉴研究;④ 衍生层的创新生态系统研究刚刚起步,当前研究成果多集中在衍生型创新生态系统的概念、特征、构成要素等理论基础,而对创新生态系统与知识管理、开放式创新及螺旋理论之间的相互作用机制、实施路径及应用的研究较为缺乏。此外,创新生态系统与知识链理论、大众创业万众创新、知识优势等新兴论域的关联性研究,也将成为新兴研究领域(李其玮 等,2016)。

## 1.2 创新生态系统的特征

### 1.2.1 多样性

学者们普遍认可了创新生态系统具有多样性的特征。

第一,参与主体多样。Adner(2006)通过对高清电视产业的案例研究发现创新生态系统中不同类型组织存在的必要性,创新生态系统包括一系列的参与者,如高校、企业、政府、科研院所、投资机构、中介机构等。

第二,结构多样。创新生态系统内部存在着多种结构。张运生等(2011)识别分析了俱乐部型、辐射型和渗透型 3 类创新生态系统治理结构;吴绍波和顾新(2014)认为创新生态系统需要选择多主体共同治理模式;陈健等(2016)认为创新生态系统存在 4 类治理模式,包括平台型创新生态系统、集群型创新生态系统、承包商型创新生态系统、技术标准型创新生态系统,并针对 4 种类型的创新生态系统的治理重点进行了进一步分析。

第三,发展关系多样。在创新生态系统中,关系网络不是纵向的分工关系,而是彼此间形成网状的节点网络。关系网络不是围绕单个企业为中心节点建立的主导型网络,而是分散型网络,网络中的主体之间可以便捷地交换信息、建立合作。创新生态系统的创新传导机制包括物质流、能量流、信息流的传导,创新传导促进创新主体对偶发事件、经济波动和技术浪潮保持灵敏的感知力和转化力,及时识别有潜力的发明和创新。

多样性是创新生态系统赖以生存、发展、繁荣的基础,是不断创新的前提。物种类型越多,基因库越丰富,创新活力越强,创新行为发生的可能性就越大。多样性包含着异质性,创新是异质性的来源,创新包括激进式创新与渐进式创新,创新产生不同形态的产业组织。

## 1.2.2　动态性

创新生态系统的动态性可以体现为参与主体的动态性、系统内要素的动态性和创新生态系统本身的动态性。

第一,从参与主体的动态性来看,创新生态系统的系统结构尽管相对稳定,但是参与主体会伴随着系统的发展发生动态的变化,例如供应商的更换和替代、旧客户的退出和新客户的生成、合作高校科研机构的转换等。

第二,从系统内要素的动态性来看,多数情况下,创新生态系统内的资金、技术、产品等要素会沿着产业链配置的方向进行动态的流动。

第三,从创新生态系统本身的动态性来看,创新生态系统内部始终处于变化的状态,系统的功能结构等会发生演变。创新生态系统所嵌入的技术、市场、制度环境是时刻动态变化的,从而促使系统内部以及系统与环境之间相互影响,而系统为了适应环境会不断地进行自我调整,从而达到系统内部和系统外部的动态平衡。

### 1.2.3　模糊性

系统边界的模糊性和节点边界的模糊性是创新生态系统模糊性的主要表现。一方面,创新生态系统的系统边界与其他创新生态系统的系统边界相互交叉,难以清晰界定单一的创新生态系统的边界所在,导致其边界是模糊的。Iansiti 和 Levien(2004)指出创新生态系统已经难以局限在某一个产品生产者的边界范围内,其早已经完成了基于产业集群的地理边界的突破。另一方面,节点的边界的模型性。这主要体现在创新生态系统内部的各节点之间会存在知识、信息、资金、技术等要素交流,以及存在联合开发、合作机构组建等行为,从而促使创新生态系统内部各节点之间的边界模糊。

### 1.2.4　生态性

自然生态系统是在一定空间和一定时间内,由生物群落与其环境组成的具有一定大小和结构的整体,其中单个生物借助物质循环、能量流动、信息传递而相互联系、相互影响、相互依赖,形成具有自适应、自调节和自组织功能的复合体。创新生态系统作为自然生态系统的类比概念,Moore 认为任何一个企业都应该与其所处的生态系统"共生进化",而不仅仅是竞争或协作关系。

　　创新生态系统基于生态观反思创新系统的进一步发展,因此,创新生态系统具有自然生态系统的生态特性。创新生态系统内各个创新主体之间的关系与自然生态系统中不同生物之间的关系相似,而创新生态系统内不同创新主体和系统情境之间的关系与自然生态系统中各种生物和生态环境之间的关系相似。主要体现在以下 3 个方面。

　　第一,从参与主体来看,创新生态系统可以划分为创新生产者和创新消费者两类,创新生产者是指利用各种资源进行基础研究的组织,而创新消费者则是指吸收、使用创新成果并发挥市场化功能的各类组织。这与自然生态系统中的生产者和消费者具有一定的相似性。

　　第二,从要素来看,创新生态系统内存在人、财、物、技术和信息等要素,而且这些要素在节点之间具有流动性。这一点与自然生态系统所体现的物质和能量要素的生态流动类似。

　　第三,从结构来看,创新生态系统内创新主体间形成的技术创新种群与自然生态系统中生物体之间形成的生物种群、技术创新群落与生物群落、技术创新链与食物链、技术创新网与食物网的相似性主要体现在形态和功能上,从而,创新生态系统内部各节点之间存在一定的生态位,这与自然生态系统的生态位相类似。各主体、种群间竞合共生。Moore 认为,创新生态系统内企业间存在一种“竞合共生”关系,而不仅仅是竞争或合作,因为单一的竞争或合作战略都无法使企业有效应对变幻的经济环境和外部挑战(梅亮等,2014)。创新生态系统内的创新主体间既有激烈的竞争,也有大量的合作,形成相互依存、相互制约、深度融合、互惠互利的共生体,推动创新生态系统的共同演化与协同增值。

## 1.2.5　协同性

　　产业创新生态系统的开放式协同。创新生态系统不是孤立封闭的“生态圈”,而是处于开放的产业环境中,新的创新组织不断移入,促使创新生态系统不断发生着竞争、演替,甚至系统的整体性涨落,完成群落演替。在开放式协同中,产业创新生态系统与外部保持着密切联系,创新主体逐渐突破地理边界、业务边界,进行创造性累积、创造性破坏或根本性创新,形成新的创新链、产业链和价值链,平台型或主导型公司的竞争转换成产业链和价值链的竞争。

开放式协同推动自我革新。在内生动力的驱使下,创新主体不断地进行创新活动,新技术、新产业不断涌现以提升原有的技术和产业。随着技术的不断创新和相关的政策、硬件、技术的不断完善发展,产业创新生态系统的结构、规模、内容、行为、特征都会不断发生变化,通过创新、扩散、市场选择完成自我革新,从有序走向无序再走向有序的更高的网络系统,趋向从低水平、低势能向高层次、高势能的产业状态演化。

## 1.3 创新生态系统的构成要素

在创新生态系统结构方面,Adner 等(2010)指出企业创新系统由上游组件商、下游互补件商以及集成商构成,并构建了企业创新生态系统价值蓝图。冉奥博和刘云(2014)则将创新生态系统的各个主体划分为生产者、消费者和分解者。通过功能层级模型刻画创新生态系统结构,将创新生态系统分为网络要素、网络运营商、连通性、中间件、导航、搜索和创新平台、内容、应用和服务以及最终消费层。

在新近的创新生态系统形成和演化机制讨论的文献中,"架构者"理论是考察生态系统内部的结构特征以及生态系统的价值创造和价值分配模式而形成的。研究认为,生态系统其实是一种特定类型的产业架构,这种架构的不同模式依赖于生态系统内部不同主体之间的关系。具体来看,创新生态系统由创新主体和外部环境两大部分组成。创新主体包括直接主体和间接主体两部分,直接主体是创新企业,而间接主体包括提供技术和人才等支撑的大型企业、政府、高校及科研机构、融资机构、中介机构。外部环境包括自然环境、基础设施、文化支撑、市场环境、政策法规及专业服务等。

1910年,美国学者约翰孙第一次提出"生态位"一词。生态位是指种群在一定时间空间范围内的生态系统中所占据的位置及其与相关种群之间的作用与联系(Polechov,Storch,2008)。从生态学的观点来看,任何一个特定范围的系统便可以被视为一个生态系统,不同的系统元件就是分布在生物系统内的族群(Auyang,1998)。结合以上研究结论,本书主要基于生态位视角将创新生态系统的构成要素分化为直接主体、间接主体与外部环境三个部分。直接主体为生产者,间接主体包括分解者与消费者,外部环境指代自然生态系统中的无机环境。自然生态系统与创新生态系统要素对比如表1.2所示。

表1.2 自然生态系统与创新生态系统要素对比

| 自然生态系统构成要素 | 定 义 | 创新生态系统构成要素 | 内 涵 |
|---|---|---|---|
| 生产者 | 生产者是连接无机环境和生物群落的桥梁(湛泳,唐世一,2018),以简单的无机物制造食物的自养生物 | 高校、科研院所、企业研发机构 | 使用各种要素进行技术创新、理论研究以促进信息传递与价值增值的创新者 |
| 分解者 | 分解者可以将生态圈中的各种有机质分解为可被生产者重新利用的物质 | 政府管理部门以及各类社会化、市场化、专业化的中介服务机构 | 创新生态系统中的资源再分配者,同时也是创新环境的维护者以及创新氛围的塑造者,在生态薄弱环节发挥补偿机制的主要辅助者 |

| 自然生态系统构成要素 | 定　义 | 创新生态系统构成要素 | 内　涵 |
|---|---|---|---|
| 消费者 | 消费者是在生态圈中直接或间接依赖于生产者制造的有机物质,属于异养生物 | 创新成果使用者 | 吸收使用创新成果的各类创新组织(张仁开,2016),是检验和反馈创新成果者 |
| 无机环境 | 生物生存的基础环境,如光、气温、水、土壤等 | 创新生态环境 | 由支撑创新主体生存、创新活动开展的各类资源所构成的综合性环境,包含政策环境、市场环境、法律制度环境、技术环境、文化氛围等综合性基础环境 |

### 1.3.1　生产者

生产者是连接无机环境和生物群落的桥梁,通过简单的无机物制造食物的自养生物,在创新生态系统中,生产者是使用各种要素进行技术创新、理论研究以促进信息传递与价值增值的创新者。作为创新生态系统的起始端,高校和科研院所等机构在创新生态系统中是能量的主要供应者,为外界环境与企业提供知识、技术、信息、人才等生存所必需的能量(张省,袭讯,2017)。它是创新生态系统中参与创新活动的主体要素,包括企业、高校和科研院所,是人才要素和技术成果要素的主要载体,也是核心的创新要素之一。

企业、高校及科研机构等核心主体扮演生态圈中生产者角色。生物生态圈中的生产者发挥着基础性作用,将无机环境中的能量同化,维系着整个生态圈的稳定,其中同化量指输入生态圈的总能量。作为生产者的创新核心主体首先进行基础研究工作,然后逐步完善创新项目并投入市场与创新成果使用者对接,实现创新项目在整个自主创新生态圈的价值增值与传输。

创新主体具有不同的优势和功能,彼此间形成互补,对整个创新生态系统的运行和完善发挥着主导作用,其中,企业是科技创新的主导者,"引擎"企业或龙头企业是城市和区域科技创新的发动机,对整个城市的科技创新活动具有带动和组织作用。一般来说,企业作为技术创新及其商业化活动的关键主体,是创新空间的主要驱动主体,也是创新网络中最重要的组成部分,赋予了创新空间技术生成、传播和使用的功能(胡雯,周文泳,2021)。高校是人才培养的摇篮,是科学研究特别是基础研究的主阵地,现代高校集人才培养、科学研究和创新创业于一体,为城市科技创新发展提供源源不断的优质人才。

### 1.3.2　分解者

分解者可以将生态圈中的各种有机质分解为可被生产者重新利用的物质,它是创新生态系统中的资源再分配者,同时也是创新环境的维护者以及创新氛围的塑造者,是在生态薄弱环节发挥补偿机制的主要辅助者。自然生态系统中的分解者主要承担将动植物遗体和动物的排泄物等有机物所含的有机成分转化为无机物的责任,自然生态系统中如果没有分解者,物质循环将会中止。类比自然生态系统中的分解者,创新生态系统中的分解者属于服务性要素,主要包括政府管理部门以及各类社会化、市场化、专业化的中介服务机构。伴随创新过程的高度复杂化、网络化,分解者在创新生态系统中的作用日益凸显。

其中,政府管理部门是创新生态系统中"游戏规则"的制定者、创新环境的维护者和创新氛围的塑造者。中介服务机构作为创新网络的节点,虽然不是创新主体,但作为创新活动的主要辅助者,在促进企业创新和发展以及促进区域创新网络的形成和发展方面,发挥着一种重要的黏合作用,并能对创新生态系统结构中的薄弱环节或"空洞"提供补偿。

当项目不适应产业、市场需求或其他原因不能继续推进时,政府需要引导其重新确定目标,聚焦市场需求、围绕产业政策,将创新项目分解、拆离,使其能被企业、高校及科研机构等核心创新主体重新使用。由于分解者在自主创新生态圈中发挥的特殊作用,故将其认定为辅助创新主体。

### 1.3.3 消费者

消费者是在生态圈中直接或间接依赖于生产者制造的有机物质,属于异养生物。在创新生态系统中,消费者指创新成果使用者,他们吸收使用创新成果的各类创新组织,是检验和反馈创新成果者。创新生态系统中的消费者具有多样性,他们既可能是使用个体,也可能是类似于企业的使用群体。

自主创新项目完成后,产品投入市场销售供用户使用。使用该自主创新产品的用户就好比生物生态圈中的消费者,消费者越多,生态圈中的能量流动和物质循环速度越快。而在自主创新生态圈中,使用创新项目产品的用户越多,自主创新创造的价值增值越多,价值传输、价值循环速度越快。

作为创新生态系统的消费者,企业在系统中起承上启下的作用,承接并转化高校及科研院所生产的能量,为市场提供产品与服务。总体而言,企业生态位的主要职能包括生产创新产品或服务、向市场销售创新产品与服务、筹集资金、引进人才和研发创新技术(罗国锋,林笑宜,2015)。除此之外,企业作为高校及科研院所的经纪人,其自身还担负着反馈的职能,即企业以报告或其他形式将用户的意见与建议反馈给高校及科研院所,以便在其协助下使企业的产品和服务得到提升与改善。

### 1.3.4　无机环境

无机环境在生态学理论中指代生物生存的基础环境,如光、气温、水、土壤等。在创新生态系统中,它指代创新环境,是由支撑创新主体生存、创新活动开展的各类资源所构成的综合性环境,包含政策环境、市场环境、法律制度环境、技术环境、文化氛围等综合性基础环境。

创新环境要素构成了整个创新生态系统创新活动的背景条件,是创新生态系统形成和发展的支撑。其中,政策环境包括国家或地方的政策、法律法规等;经济环境包括雄厚的经济资本、庞大的生产消费市场、完备的基础设施条件等;社会环境主要包括区域内人们的价值观、文化水平、风俗习惯等;自然环境包括水、空气、土地、矿产等基本自然资源,以及森林绿地、动植物等生态资源等。

## 1.4　创新生态系统的功能

所有系统都具备一定的功能。系统的功能是指系统实现或从事某种事情的能力(埃德奎斯特,2009)。以此类推,所有的创新生态系统也都具备功能。

创新生态系统作为具备完善合作创新支持体系的群落,内部各创新主体能够各自发挥异质作用性,与其他主体协同创新、创造价值,通过共生演进形成具有生态系统特性的网络系统(叶爱山 等,2022)。

Lundvall 进一步指出国家创新生态系统的核心功能在于生产者和用户之间的相互学习与相互作用,其决定了创新生态系统对科技创新和经济发展的贡献程度。Negro 和 Hekkert 在归纳创新生态系统前期研究成果和总结不同国家或地区创新生态系统建设经验的基础上,提出了创新生态系统的分析框架,指出创新生态系统的功能主要体现在对知识技术创造、传播扩散和应用推广的促进作用。

生态系统之所以能够处于一种动态平衡的状态,在于其与外界经常保持一定的活动性功能,即生态系统与外界环境之间不断进行着物质、能量交换和信息交流,通过物质、能量、信息的持续性输入和输出,进行系统的自我反馈和调节,从而维持系统的存在和演化。依托创新生态系统的构成要素,可凝练出创新生态系统的 3 种结构化功能:创新能量生产与流动功能、创新物质循环功能以及创新信息传递功能。

### 1.4.1　创新能量生产与流动功能

物质生产是指各种类型的生物不停地吸收地理环境中的物质能量,再将其转化成完全新的物质和能量的形式,从而确保生命的延续和不断成长,物质生产包括初级生产和次级生产。初级生产是指绿色植物的光合作用,进行光合作用的绿色植物称为初级生产者,是最基本的能量贮存者;次级生产是指消费者或分解者对光合作用所形成的有机物及其中的能量进行再生产和再利用。

创新生态系统的能量是生产者在某种极为复杂的作用下产生新单元的创新动力、创新能力、创新意识、创新欲望等一些非物质要素的总和,是创新生态系统中支持和推动创新活动的综合性力量。创新能量不仅包括知识、技能、资金和物质资源,还涉及激励机制、合作网络、文化环境和高素质人才等多方面因素。通过这些要素的协同作用,创新能量能够有效地推动知识和技术的创造与应用,促进新产品和新服务的开发,推动创新生态系统的持续发展。

在自然生态系统中,能量来源主要是太阳能、化学能、地热能、潮汐能、有机物质的摄取和分解过程,这些能量来源共同维持了地球上各种自然生态系统的运作和动态平衡。自然生态系统中的能量转移是通过生产者、消费者、分解者之间的相互作用实现的,各种能量沿着食物链形成的营养级<sup>①</sup>单向传递,逐级减少,呈金字塔形。各营养级利用前一级的部分生物量,所获取的能量一部分用于呼吸代谢和维持生命,最后变成热能消散在环境中;一部分被同化用于生长繁殖存储于体内,剩下的部分变成粪便排出体外。而生物残体和排泄物经分解为无机化合物,又可被植物利用,参与养分循环。生物群落之所以能维持有序状态,就依赖于这些能量的转化和流动(黄敏,2011)。

在创新生态系统中,同样把始于生产者的能量称作初级生产量,其中一部分被生产者内部层级的创新单元的创新活动(呼吸)消耗掉,剩下的可用于进行流动的能量为净初级生产量。与自然生态系统不同的是,自然生态的能量是单向流动的,而创新生态系统存在一种特殊情况,能量在由生产者流向消费者层时,会有少部分消费者在能量的作用下,产生少部分新的创新能量,并可以将这种能量反馈给生产者及其他消费者(图 1.2)。

能量在创新生态系统中不断地产生,不停地流动。在流动中有消耗,也有损失,但无论怎样,能量的流动始终是创新生态系统的功能之一,也是系统正常运行的重要特征之一。因此,只有系统本身产生的能量越多,能量的损失越少,能量的利用率越高,创新生态系统才能运行得越稳定、越顺畅,系统进行的创新活动成功率才会越高;而创新成果越多,系统的生命力也就越旺盛。

生物体生命必需的各种营养元素如水、二氧化碳、氮、磷等均来自自然环境,物质循环是指组成生物体的 $C,H,O,N,P,S$ 等基本元素在生态系统

---

① 营养级指生物在生态系统食物链中所处的层次,生态系统的食物能量流通过程中,按食物链环节所处位置划分为不同的等级。营养级可进行如下划分:第一营养级,作为生产者的绿色植物和所有自养生物都处于食物链的起点,共同构成第一营养级;第二营养级,所有以生产者(主要是绿色植物)为食的动物都处于第二营养级,即食草动物营养级;第三营养级,包括所有以食草动物为食的食肉动物。以此类推,还会有第四营养级、第五营养级等。

的生物群落与无机环境之间的反复循环运动(图1.3)。与能量来自太阳不同,物质来自地球本身,是构成生态系统生命和非生命组分的原材料,既是维持生命活动的物质基础,又是能量的载体。在生态系统中,物质循环是以食物链为主渠道进行的,生物群落和无机环境之间的物质可以反复出现、反复利用,周而复始进行循环,不会凭空消失。

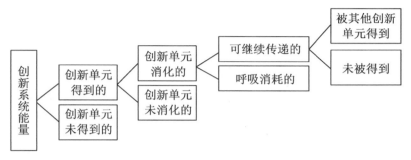

图1.2　创新单元能量流动普适图

资料来源:周大铭,2012.企业技术创新生态系统运行研究[D].哈尔滨:哈尔滨工程大学.

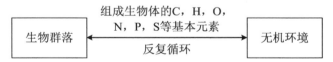

图1.3　物质循环流动图解

资料来源:张仁开,2016.上海创新生态系统演化研究:基于要素·关系·功能的三维视阈[D].上海:华东师范大学:26.

创新生态系统的维持不但需要能量,而且依赖于各种创新资源物质的供应,与能量流动不同的是,物质在系统中是可以被循环利用的。自然生态系统的物质循环是指无机化合物和单质通过生态系统的循环运动,创新生态系统的循环则是指各种创新资源在系统中的循环运动,其中包括创新资金、创新人才、设备、土地、知识、技术等。

创新生态系统中的物质循环可以借用库(pool)和流通(flow)两个概念

加以概括。库是由存在于创新生态系统某些创新主体或非创新主体中一定数量的某种创新资源构成的,对于某一创新资源而言,在一个系统中可能存在一个或多个主要的蓄库,物质在系统中的循环实际上就是在库与库之间的流通。比如,在一个创新生态系统中,创新资金在高校中的含量是一个库,在科研院所中是一个库,在企业的研发机构中又是另一个库,资金在库与库之间转移就构成了该创新生态系统中的资金循环。库与库在单位时间内的转移就称为流通,转移量称为流通量。

　　流通过程有量的大小和时间的长短之分,为了表示一个特定流通过程的相对重要性,需要引入物质循环的周转率和周转时间。在创新生态系统的物质循环中,流通量的周转率越大,周转时间就越短,系统的创新效能也就越大,技术创新的成果转化就越快,系统因而具有很强的创新活力。

　　创新生态系统物质循环大致可分为四大类型。

　　第一类为资金循环,系统中所有的物质循环都是在资金循环的推动下完成的,因此,没有资金循环,也就没有创新生态系统的循环功能,系统也将崩溃。

　　第二类为人力循环,创新生态系统是一个人为的系统,人的流动促使系统内部间的沟通更加顺畅,联系更加紧密,并伴随着知识和技术的循环。前两类循环的速度比较快,资源相对充沛。

　　第三类为固定资产循环,该循环是一个速度缓慢的、量能较大的、单向的物质转移过程。

　　第四类为有害物质循环,这类循环是指那些对创新主体有害的,对系统创新活动产生阻力和负面影响的物质进入创新生态系统,借助上述 3 类物质循环过程,流通到系统各个部分。

## 1.4.2　创新信息传递功能

在生态系统中,生物信息是调节和控制生命活动的信号,它与物质、能量一起构成生物体的三大要素。生物信息主要有营养信息、化学信息、物理信息和行为信息等。通过营养关系,把信息从一个种群传递给另一个种群,或从一个个体传递给另一个个体,即为营养信息。生物在某些特定条件下,或某个生长发育阶段,分泌出某些特殊的化学物质,这些物质在生物种群或个体之间起着某种信息作用,这就是化学信息。生物通过声、光、色、电等向同类或异类传达的信息构成了生态系统的物理信息。有些动物可通过特殊的行为方式向同伴或其他生物发出识别、挑战等信息,这种信息传达方式称为行为信息,如蜜蜂通过舞蹈告诉同伴花源的方向、距离等。生物信息与生物的生存和进化密不可分。

生物信息传递是沟通生物群落与其生活环境之间、生物群落内部种群生物之间关系的纽带,在信息传递过程中伴随着一定的物质和能量的消耗,但传递路线既不像物质流那样是循环的,也不像能量流那样是单向的,而往往是双向的。有输入一输出的信息传出,也有输出一输入的信息反馈,这种反馈特点使生态系统产生了自动调节机制。生态系统的调控能力,与其具有的反馈机制是分不开的。没有反馈就无法实现控制,没有信息就无从反馈,信息乃是控制的基础和反馈的推动力(黄敏,2011)。

信息传递是在能量流动和物质循环的过程中进行的,但它不属于两者中的任何一个,只是在信息传递的过程中会伴随着一定的能量和物质的消耗。其特别之处在于,信息传递往往是双向的,有从输出到输入的传递,也有从输入到输出的反馈。

在创新生态系统中,环境就是一种信息源。例如,在一个系统中,市场需求的变化和技术的变革会带来创新能量,同时也带来了信息:实验室的研究成果、政府宏观政策的方向等。这些信息在空间和时间上存在不均匀性和差异性。另外,不同的创新生态系统单元对相同信息的处理和反应是不同的。信息的传递要求信源和信宿有信息通道,信源和信宿间要存在信息势差,因为信息只能从高信息态传递到低信息态,所以,当创新生态系统中各创新单元间的信道多且通,信息势差大时,信息的传递功能强,信息流量也大。这对处在信息时代的创新单元来说是至关重要的。

## 1.5　创新生态系统的协同机制

### 1.5.1　创新生态系统协同创新网络运行机制

一个开放的生态系统需要在系统内部、系统与外界之间进行稳定的能量交换,同时能量在生态系统中不断循环,促进系统的自我完善和发展(赵中建、王志强,2013)。在创新生态环境下,创新过程中的种种要素及发生环节已成为一种共存共生、协同进化的创新系统,具备近似于自然生态系统的基本特征。

创新生态系统包含创新过程中各个环节的参与主体互利共生,以及外部环境影响下的演化共生。在创新生态系统中,各主体仅依靠自身所控制的资源来获取利益是不够的,还要借助于其他主体控制的资源以及整个网络组织的资源整合能力。创新主体为追求创新价值最大化而进行创新活动,形成了由创新群与内外部环境协同的创新生态系统,创新生态系统协同创新网络的运行机制如图 1.4 所示。创新生态系统的协同创新主要涉及 3 个层面:创新主体间的节点协同、创新群间的关系协同、创新环境协同。

#### 1.5.1.1　创新主体间的节点协同

创新节点是创新生态系统的枢纽,是知识、信息和技术传递扩散的关键渠道,也是扩散过程中创造价值或知识增值的"价值链",发挥着传递信任、信息及社会关系资源的桥梁作用。创新生态系统中的节点是由企业、政府、高校及研究机构等核心要素和金融机构、中介组织、创新平台、非营利性

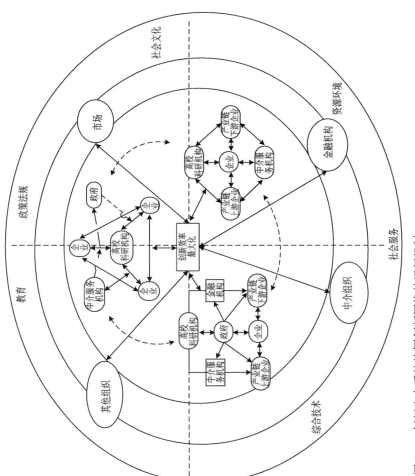

图1.4　创新生态系统协同创新网络的运行机制

资料来源:黄海霞,陈劲,2016.创新生态系统的协同创新网络模式[J].技术经济,35(8):31-37,117.

组织等辅助要素构成的,它们在创新生态系统中扮演着不同的角色。

　　创新生态系统中的节点以提高协同能力、实现创新为目的,通过积极活动将各自的物质和信息等资源联系起来,使行为主体可通过利用互补性资源实现彼此渗透,在突破原有边界的前提下使知识、技术和信息等资源在生态系统中迅速扩散开来,最终使得创新资源在流动中实现重新组合,形成一种协同创新能力,促使创新活动产生。在节点协同阶段,创新主体间的关系不再是传统组织结构中的垂直等级关系,没有确定的契约和组织结构、没有支配和依附,所有创新主体都以平等的身份和地位参与到网络关系中,共享节点创新界面。

### 1.5.1.2　创新群间的关系协同

　　"创新群"(innovation community)概念是由 Lynn,Reddy 和 Aram 于 1996 年首先提出的,它的提出源于组织理论和组织生态学理论。

　　创新群位于创新生态系统的最核心层,具有如下显著特点:第一,创新群具有稳定性和边界可渗透性;第二,创新群以技术为核心,技术变化会引起创新群变化,而创新群变化也会引起技术变化,在彼此相互作用下,技术与创新群共同进化;第三,适宜创新群生长的生态因子对促进创新群的形成和发展具有重要作用。

　　根据优势创新主体的类型,创新生态系统中较为典型的创新群模式有核心企业群模式、政府主导群模式、高校及科研机构衍生群模式。

　　1. 核心企业群模式

　　在核心企业群模式中,企业是创新群的核心主体,在创新群中居于核心地位。在企业创新网络耦合互动过程中,个别节点企业凭借位置优势和资源优势在创新网络中占据重要位置,其他节点企业对之高度依赖,它们对整体网络具有较大的影响力。核心企业不断跨越自身组织边界,主动寻求网络联系,在与其他行为主体的交流中实现资源共享,进而自主地与其他行为主体合作开发新技术,进行技术创新。值得注意的是,在核心企业群模式中,企业之间不仅具有合作关系,同时也具备竞争关系,这种竞合关联可以促进资源价值最大化的配置。

2. 政府主导群模式

在政府主导群模式中,政府在创新群中的生态位决定了政府既能为生态系统营造良好的环境,又能提供相关的法律、法规、制度,为创新生态系统营造一个良好的投资环境。政府通过充分发挥其制度、职能优势,吸引异质的创新主体不断加入创新生态系统,异质的创新主体与系统内原有的创新主体竞争、合作,形成新的创新群,增加系统整体创新主体的多元性和活力。

3. 高校及科研机构衍生群模式

在高校及科研机构衍生群模式中,通过不断地生产、创造新的知识和技术(包括基础知识、应用知识和实验发展技术),通过企业、政府等的互动,形成良好的反馈回路。这个过程加快了知识在系统内的流动,促进了以高校及科研机构为核心的相关企业的集聚。

除了以企业、政府、高校及科研机构为代表的典型模式外,创新生态系统中还有后发企业与先发企业、企业与高校及科研机构联合等模式。协同关系中的竞争强度、知识相似性、知识溢出程度、产业环境与制度等因素都会对协同创新的模式选择产生影响。

### 1.5.1.3 创新环境协同

创新生态系统是一个开放的自组织系统,与环境交互不仅仅是创新的需求,更是生存的需要。创新生态系统中的组织通过网络获取所需资源,同时会通过网络转移自身能提供的资源,由此形成"共赢"状态,该状态强化了组织与环境之间的依赖关系。要获取最大化的创新价值,就必须进行大规模的资源整合,使各核心要素能对其他创新主体产生正反馈效应,培育出一个互利共生的创新生态环境。

创新生态环境汇集了大量市场、技术、中介组织、社会政治、法律和文化等相关信息,是影响节点创新能力与作用发挥的一个重要因素。它将不同来源、不同层次、不同拥有者的资源或能力连接为创新共同体,按照合作竞争机制和协同规则进行识别与选择、汲取与配置、激活和有机融合,通过互利和契约将企业外部既参与完成共同使命、又拥有独立经济利益的合作伙伴,整合成为一个有特定目标的价值创造系统。

## 1.5.2　基于"架构者"理论视角的创新生态系统协同

作为一个复杂适应系统,创新生态系统的"演化"是指创新生态系统在与外部环境之间的相互作用的过程中,其构成要素、内部结构、系统功能等随时空变化而不断发展的过程。一般而言,创新生态系统的演化是一个由小到大、由低级向高级、由简单到复杂的质变和量变的叠加过程。在这个过程中,系统内创新主体不断增加,异质性和多样性增强(林婷婷,2012)。

完整的产业链条创新要求更多关注创新生态系统的形成和演化。基于"架构者"的理论视角,考察了创新生态系统内部各主体之间的互动关系,从而为说明创新生态系统的形成和演化提供微观基础(蔡杜荣,于旭,2022)。

现有的文献认为,在生态系统形成和演化过程中,一些关键主体可能起到了至关重要的作用,正是这些关键主体与其他部分之间的相互关系,促成了生态系统由初创到成熟。"架构者"作为生态系统内部的关键主体,通过设定目标、协调其他主体的行动,推动整个生态系统发展(欧阳桃花 等,2015)。研究发现,核心的企业组织可以起到"架构者"的作用。

但是,很多时候创新主体并不能承担这一角色,因为在生态系统形成和发展过程中,"架构者"有时还承担了构建创新网络、首先从事创新活动等诸多活动,而这些活动本身具有公共产品性质,并非全部创新主体愿意承担。这意味着,创新生态系统内部的创新主体之间具有异质性,部分具有公共服务属性的主体可以担任"架构者"的角色,支撑起创新生态系统的结构。

从动态角度看,随着生态系统的演化,内部各主体之间的相互关系也会发生变化,而且这种变化可能是"架构者"自身变化带来的。在生态系统演化过程中,有可能是同一主体承担了"架构者"的角色,但每一个阶段发挥了不同的关键作用,而更可能的是承担"架构者"角色的主体发生变化推动了生态系统的演化。

基于这样的认识,本书参考生命周期理论和组织生态系统理论,将创新生态系统的演化分为 3 个阶段:新生期、成长期和成熟期,从"架构者"理论的视角,考察生态系统内部"架构者"转变,以及这种转变如何改变生态系统内部各主体之间的相互关系,从而共同推动生态系统的演化。

### 1.5.2.1 新生期

新生期是指创新生态系统实现从 0 至 1 的突破期,是创新生态系统构建的初级阶段。由于创新生态系统内部各种创新要素缺乏,企业创新活动尚未展开,政府在这一阶段扮演了突破瓶颈的角色。

这种角色主要体现在两个方面:一是通过政策吸引相关的主体进入,从而完善创新生态系统的基本架构;二是通过创新政策鼓励少数企业进行创新,催生创新的"先驱者",克服创新公共产品性质带来的创新不足问题。特别是在创新生态系统构建过程中,先进行创新的企业不仅要投入资源进行创新,还要构建相关的创新网络,而一旦这种创新网络构建完成,其他企业就可以享受这种创新网络带来的好处,这种创新网络的构建实际上是一种公共产品的提供行为。

在创新生态系统新生期,要实现创新从 0 到 1 的突破,政府通过相关政策吸引和调动其他创新主体和资源是至关重要的。在中国经济发展的现实中,对应上述两个方面的政府政策通常如下:一是通过战略规划布局发展高新技术产业,在创新生态系统内引进高等院校和拥有知识背景的大企业,从而完善生态系统的基本架构;二是通过直接的补贴、税收减免以及创新基础设施建设等鼓励各类创新主体开展创新活动。

另外的一些研究发现,在这一阶段,其他参与主体对政府无可替代的需求,决定了政府在系统中处于最高的地位,而政府制定的政策是区域创新环境形成动力,可以促进创新生态系统的雏形构建和发展;许多先驱企业受益于早期的融资和政府赞助,并成为新产品核心服务的开发基础。

### 1.5.2.2　成长期

成长期是创新生态系统进入从 1 到 N 的阶段。在创新生态系统成长期,初步形成了简单的创新网络,先驱类创新主体作为"架构者",其创新的溢出效应推动创新网络形成。先驱者充当"架构者",在先驱者示范创新的作用下,跟随者会相继加入,这一阶段是先驱者与跟随者共同生存发展的阶段。

进入成长期以后,创新生态系统的基本架构已经搭建,各种主体逐渐齐备,但系统内的生产网络尚未有效构建起来。在政府政策的作用下,虽然少数先驱者企业已经开始进行创新,先驱者企业与跟进者企业的互动多体现在后进入的跟进者企业单方面接受先驱者的创新溢出。但是,不同于前阶段的是,先驱者企业的创新活动使得它们逐渐成为系统内部新的知识来源和关键节点,跟进者企业会选择与先驱者企业互动,获取先驱者企业的知识。在这一阶段,政府角色从"架构者"转变为系统维护者,企业取代政府成为创新系统内部各主体互动关系的核心。先驱者企业是创新生态系统参与主体中的关键用户,充当该时期的"架构者"。

### 1.5.2.3　成熟期

在创新生态系统成熟期,创新网络发展成熟,先驱者企业作为"架构者"起到了创新枢纽节点的作用,对跟进者企业创新带动存在"乘数效应"。走向成熟的创新生态系统包含多个枢纽节点,拥有的基于共同创造价值的目标形成共生关系的结构和关系嵌入的创新网络,而创新生态系统的共生网络是各种创新主体之间的连接纽带,而且一个系统的形成或改变是社会网络结构和行为共同演化的结果。在成长期,先驱者企业是生态系统内部构建的创新网络的关键,它们的创新具有公共产品性质,从而方便了跟进企业进行创新,跟进企业从先驱者企业那里获得知识,从而构建生产网络。

因此,先驱企业的创新网络是创新枢纽节点,而这些关键节点一旦出现,就会协调生态系统内部创新主体的行动,从而推动形成更为强大的共生创新网络。原因在于网络效应的存在,也即随着跟进者企业的不断进入,创新网络会不断变大,越是后进入的企业创新越便利,从而越有动力从事创新活动,创新投入和产出都会随进入的企业数量增加而增加。

在这一阶段,政府的角色进一步转变为市场秩序的守护者。譬如创新公司拥有科技专利但缺乏创新资金,政府参与的天使投资公司设定优先级,以投资人的角色主动给配对资金,以此来解决创新企业的生存问题。在成熟期,政府通过双创中心打造服务平台,将创新企业变成整个创新生态系统的创新节点,利用这些节点积极主动地连接生态系统内的其他节点,通过正式和非正式的接触方式增加人员、企业的互动机会,建立更大的关系网络。创新往往是在连接、连通、互动中形成思想的交流,最终出现涌现的现象,因此,创新生态系统一旦进入成熟阶段,跟随企业或其子公司的协同创新效应和网络效应都会呈指数增长。

### 1.5.3 基于"系统论"理论视角的创新生态系统协同

美籍奥地利生物学家 L. V. 贝塔朗菲于 1952 年提出了系统论的思想。其基本思想就是把所研究和处理的对象当作一个系统,分析系统的结构和功能,研究系统、要素、环境三者的相互关系和变动的规律性,从而调整系统结构,协调各要素关系,使系统达到整体优化目标(魏宏森,2009)。

创新生态系统是由多个主体协同推动,在多个子系统的相互影响和促进下所形成的一个综合系统,是创新主体充分利用社会资源和能力,通过制度创新、技术创新、组织创新、环境创新和组合创新等,培育新兴产业或使得原有产业获得突破性发展或实现质飞跃的社会活动过程和系统性管理过程。

　　从不同的研究视角出发,现有学者将创新系统划分为不同的结构模式并进行针对性的研究。比较有代表性的如魏江等,根据要素之间联系的紧密性将传统产业集群创新系统划分为三大子系统,即核心网络系统(供应商、竞争企业、用户和相关企业)、辅助网络系统(研究开发机构、实验室和大学、人力资源与培训机构、金融机构、行业协会、技术服务机构等)和环境网络系统(政府、市场等);刘洪涛等(1999)则按照要素在产业创新活动中的功能将创新系统划分为四大子系统,即搜寻子系统(从事产业创新活动的核心企业)、选择子系统(政府、市场)、生产子系统(在产业创新中从事具体的创新活动的工厂和部门)、环境子系统(政府部门、高校、研发机构、中介机构等)。

　　本书结合以上两种结构划分方法,将创新生态系统分为:战略子系统、核心网络子系统、知识技术子系统、环境子系统四大子系统,其特性分析及系统结构如表1.3所示。

表1.3　创新生态系统子系统要素分析

| 子系统 | 主要功能 | 能力来源 | 主体要素 | 重点内容 |
|---|---|---|---|---|
| 战略子系统 | 筛选国家战略性新兴产业,对创新活动进行引导或激励 | 依据国家/区域战略、市场需求、科技前沿、发展趋势以及产业竞争、产业结构等进行选择 | 政府、市场 | 战略创新、经济创新、政策创新 |
| 核心网络子系统 | 协同研发满足和引领未来需求的新技术和产品并推动实现产业化 | 教育与培训、科技环境、科学研究与试验发展投入、人才市场、企业家市场、系统的学习要素间的交互作用、产业科技链、金融市场等 | 政府主管部门、核心企业与关联企业群、行业中介等各类联盟等 | 产品创新、市场创新、服务创新、组织创新、管理创新 |

| 子系统 | 主要功能 | 能力来源 | 主体要素 | 重点内容 |
|---|---|---|---|---|
| 知识技术子系统 | 创造和应用产业基础知识、自主创新、掌握产业核心技术 | 基础知识创新、系统的学习与开放性创新 | 技术联盟、生产企业、研发部门等 | 观念创新、知识创新、技术创新 |
| 环境子系统 | 支撑和保障产业自主创新活动的顺利开展 | 产业资源基础、人才资源状况、政策激励以及文化氛围等 | 各类资金、人才、信息、技术装备、资源及制度、文化、服务平台等 | 文化创新、制度创新、机制创新 |

从系统视角来看,创新生态系统的发展其实就是一个同质化和异质化的交互过程:在同质化的过程中,需要不断从外界获得资源,为产业创新系统提供营养,同时通过内部的各种循环将资源消化吸收为产业内部的创新要素;在异质化的过程中,产业创新系统将输入的资源消耗并生产出市场需要的新产品、新技术以及形成新的产业状态。同化与异化互为条件,缺一不可,相互转化。

同时,创新生态系统也需要自我积累、不断创新,使自身的技术水平、人员素质不断提高,其规模才能不断扩大,结构才能不断优化,能力才能不断增强。系统内外环境的变化,如经济政策的变化、技术创新的成功、人力资源素质的提高、竞争态势以及用户需求等各种因素的改变,都可能使创新系统的运行状况产生突变或实现质的飞跃。

因而,在这个过程中,四大子系统之间的相互作用关系如图1.5所示。

战略子系统是基于市场前景、产业基础、能力和各种内外因素所作出的战略性决策的系统,核心网络子系统是实施产业创新活动、培育并推进产业发展的主力军,知识技术子系统是创新生态系统发展的内在源泉,环境子系统是影响所有子系统相互作用规律的各种因素的综合。

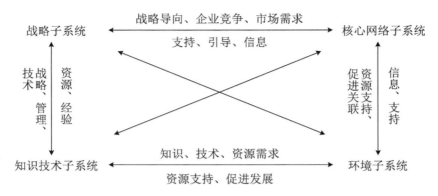

图 1.5　创新生态系统子系统的互动与作用

在这个大系统中,知识技术子系统的培育需要发挥核心网络子系统的力量,需要集成各种资源,在战略子系统的引导下,为战略性新兴产业的发展提供知识、技术储备,并建立多层次的技术体系等。同时,多方主体也为战略性新兴产业的发展营造了良好的环境氛围和条件,在战略子系统的引导以及环境子系统的支持下实现知识技术子系统的完善和修正战略子系统升级。只有四大子系统协同推进,创新生态系统的发展才可能实现质的飞跃。

# 第 2 章
# 量子科技创新生态系统分析

2016 年、2018 年和 2021 年的"两会"政府工作报告均提及量子科技,肯定其发展成果。2016 年,国务院印发了《"十三五"国家科技创新规划》,将"量子通信与量子计算机"列入"科技创新 2030 年重大项目";"十四五"开局之年,无论是作为顶层设计的《"十四五"规划》,还是进一步细化的《"十四五"数字经济发展规划》,均提到量子信息,要求推进这一具备战略性、前瞻性的高新技术。2023 年 2 月,中央经济工作会议上再一次强调要加快量子计算等前沿技术研发和应用推广。

2020 年 10 月 16 日,中央政治局就量子科技研究和应用前景举行第二十四次集体学习,习近平总书记在主持学习时强调,"量子科技发展具有重大科学意义和战略价值,是一项对传统技术体系产生冲击、进行重构的重大颠覆性技术创新,将引领新一轮科技革命和产业变革方向"。当前,以量子信息科学为代表的量子科技正在不断形成新的科学前沿,激发革命性的科技创新,孕育对人类社会产生巨大影响的颠覆性技术,该领域的迅猛发展标志着第二次量子革命的兴起。

当前,中国的量子科技产业蓬勃发展,在高等院校、科研机构、高新技术企业、政府管理部门、社会组织、科普专家等社会化多元主体的推动下,已经呈现出井喷的状态,具备生态系统性特征。在对创新生态系统理论梳理的基础上,本章将对"量子科技"概念进行阐释,进而界定"量子科技创新生态系统"的内涵与外延,分析其功能特征,对中国量子科技的发展现状、创新生态系统协同现状进行刻画,并研判其发展趋势。

## 2.1　量子科技概念界定及纵向发展分析

### 2.1.1　量子科技概念界定及各子领域发展脉络

量子是能表现出某物质或物理量特性的最小单元,既可以是光子、电子、原子等微观粒子,也可以是宏观尺度下的量子系统,是不可分割的最小单位(中国信息通信研究院,2021)。从量子力学理论建立、发展迄今,基于量子力学科学原理的第一次量子科技革命带来了包括以微电子技术为代表的计算机、互联网、手机、激光、人工智能等现代信息技术和产业的深刻变革,极大地促进了经济繁荣、社会进步、人类生活方式的便捷、全球信息的互联互通。第一次量子科技革命的基本物理特征是充分利用了微观粒子的集体行为,如电子的流动、电子的发射和隧穿、集体跃迁等,奠定了现代信息技术的基础(俞大鹏,2018)。

当前,人类对于单个微观粒子(光子、电子、原子等)的光电力热磁性质的精确操控能力已经达到了空前的高度,加工、集成技术也发展到崭新的水平,充分发挥出微观粒子世界最本质的特征——量子态的叠加与纠缠的奇异属性,可以实现众多量子态之间的耦合、纠缠,制备新型量子器件与量子系统,包括实现量子光学的保密通信、远距离量子隐态传输、量子成像、量子传感等量子精密测量。尤其是为基于各种不同量子体系的量子计算等量子科学与工程研究与应用打下了坚实基础、提供了极大的可能性,例如:

量子通信是利用量子叠加态和纠缠效应进行信息传递的新型通信方式,基于量子力学中的不确定性、测量坍缩和不可克隆三大原理提供了无法被窃听和计算破解的绝对安全性保证,主要分为量子隐形传态(quantum teleportation,QT）和量子密钥分发（quantum key distribution,QKD）两种。

量子计算是一种遵循量子力学规律调控量子信息单元进行计算的新型计算模式。对照于传统的通用计算机,通用的量子计算机,其理论模型是用量子力学规律重新诠释的通用图灵机。从可计算的问题来看,量子计算机只能解决传统计算机所能解决的问题,但是从计算的效率来看,由于量子力学叠加性的存在,某些已知的量子算法在处理问题时速度要远远快于传统的通用计算机。

量子精密测量旨在利用量子资源和效应,实现超越经典方法的测量精度,是原子物理、物理光学、电子技术、控制技术等多学科交叉融合的综合技术。

在第一次量子革命中,人类基于量子力学原理,研制出计算机、互联网等,促成人类社会半个世纪的繁荣昌盛,现代的信息技术就是源于量子力学的经典技术。第二次量子革命将为人类开拓基于量子力学的量子计算技术,它的性能突破了经典技术的物理极限,将信息技术推进到新的发展阶段,必将促使人类社会发生翻天覆地的变化（张俊,吴兰,2023）。

结合以上论述,本书认为量子科技是一种基于量子力学原理的前沿科技,涉及多个科学领域,如物理学、计算机科学、通信和材料科学等。量子力学是描述微观粒子（如电子、光子和原子）行为的科学理论,与经典物理学相比,它揭示了许多独特且反直觉的现象。量子科技利用这些独特的量子特性开发新技术,推动各个领域的发展。

量子科技是新一轮科技革命和产业变革的必争领域之一,它将催生一系列新兴产业,对社会、经济和国家安全都将产生重大影响。例如量子计算将加速新药开发、破解加密算法、系统促进人工智能和金融发展等。具有高安全性的量子通信,可广泛应用于对信息安全要求很高的领域,例如军事、国防、政务、金融和互联网云服务等（余泽平,2020）。量子科技在提高运算速度、提升测量精度、确保信息安全等方面突破了传统技术的瓶颈,成为信息、能源、材料和生命等领域重大技术创新的源泉,为保障国家安全和支撑国民经济高质量发展提供核心战略力量（图2.1）。

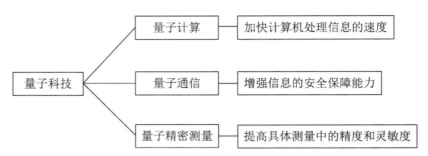

图 2.1　量子科技当前的核心技术范畴分类

### 2.1.1.1　量子计算领域

量子计算是量子力学与计算机科学相结合的一种通过遵循量子力学规律、调控量子信息单元来进行计算的新型计算方式,它以微观粒子构成的量子比特为基本单元,具有量子叠加、纠缠的特性。通过量子态的受控演化,量子计算能够实现信息编码和计算存储,具有经典计算技术无法比拟的巨大信息携带量和超强并行计算处理能力。随着量子比特位数的增加,其计算存储能力还将呈指数级规模拓展(光子盒,2020b)。量子比特与传统二进制比特对比如表 2.1 所示。

表 2.1　量子比特与传统二进制比特对比

| 项　目 | 量　子　比　特 | 传 统 二 进 制 比 特 |
|---|---|---|
| 操作性质 | 非确定性 | 确定性 |
| 运行方式 | 针对整个系统进行大量的并行计算 | 进位制 |
| 状　态 | "0"和"1"两个状态的叠加态 | 二进制代码"0"和"1" |
| 运算速度 | 极快 | 慢 |
| 发展速度 | 较缓慢 | 快 |
| 涉及领域 | 人工智能、大数据、区块链、物联网、互联网、网络空间安全等 | |
| 危及领域 | 对于传统加密技术会带来破坏性解密速率 | |

迄今为止，量子计算的发展可分为 3 个阶段，其发展简史如图 2.2 所示。

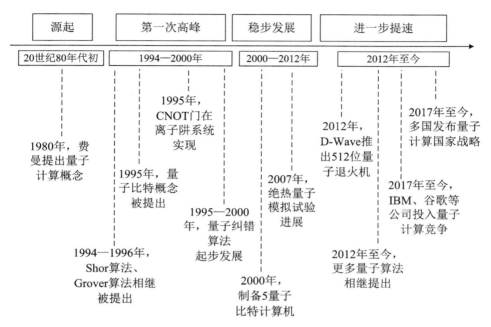

图 2.2 量子计算发展简史示意

资料来源：唐豪，金贤敏，2020.量子人工智能：量子计算和人工智能相遇恰逢其时[J].自然杂志，42（4）：288-294.

第一阶段是 20 世纪 90 年代以前的理论探索时期。量子计算理论萌生于 20 世纪 70 年代，在 20 世纪 80 年代仍处于基础理论探索阶段。1982 年，贝尼奥夫（Benioff）提出量子计算机概念，费曼（Feynman）也提出利用量子系统进行信息处理的设想，1985 年，Deutsch 算法首次验证了量子计算并行性。

第二阶段是 20 世纪 90 年代的编码算法研究时期。1994 年和 1996 年，Shor 算法和 Grover 算法分别被提出，前者是一种针对整数分解问题的量子算法，后者是一种数据库搜索算法。这两种量子算法在特定问题上展现出优于经典算法的巨大优势,引起了科学界对量子计算的真正重视。

第三阶段是 21 世纪以来,随着科技企业积极布局,量子计算进入了技术验证和原理样机研制的阶段。2000 年,迪文森佐(DiVincenzo)提出建造量子计算机的判据,此后,加拿大 D-Wave 公司率先推动量子计算机商业化,IBM、谷歌、微软等科技巨头也陆续开始布局量子计算。2018 年,谷歌发布了 72 量子位超导量子计算处理器芯片;2019 年,IBM 发布最新 IBM Q System One 量子计算机,提出衡量量子计算进展的专用性能指标——量子体积,并据此提出了“量子摩尔定律”,即量子计算机的量子体积每年增加一倍。若该规律成立,则人类有望在 10 年内实现量子霸权①。

### 2.1.1.2　量子通信领域

量子通信(quantum communication)是利用物理实体粒子(如光子、原子、分子、离子)的某个物理量的量子态作为信息编码载体,通过量子信道将该量子态进行传输达到传递信息目的的通信方法,是量子科技的重要研究分支。其核心在于以量子态来编码信息并传输,其通信过程服从量子不确定性、量子相干叠加和量子非定域性等量子力学的基本物理原理。量子通信主要包含量子密码(quantum cryptography)、量子隐形传态、量子密集编码(quantum dense coding)、量子信息论等研究分支。

美国哥伦比亚大学的科学家斯蒂芬·威斯纳(Stephen Wiesner)最早于 1969 年在论文《共轭编码》(Conjugate Coding)中提出利用量子现象进行加密。20 世纪 80 年代,法国物理学家艾伦·艾斯派克特(Alain Aspect)和他的小组成功完成一项实验,证实了微观粒子之间存在一种被称作“量子纠缠”的关系。在量子纠缠理论基础上,1993 年美国科学家贝内特(Bennett)

---

① 量子霸权(quantum supremacy),亦称量子计算优越性(quantum advantage),是指用量子计算机解决古典计算机难以解决的问题,虽然问题本身未必需要有实际应用,但是从计算复杂性理论的角度而言,这通常代表量子计算机相对最佳古典算法的计算加速是超多项式的,例如:量子计算在舒尔整数分解算法、玻色子抽样、对随机量子电路的输出分布抽样等算法上,对已知的最好的古典算法提供了超多项式加速。

提出量子通信的概念,随后,6位拥有不同国籍的科学家基于量子纠缠理论,提出量子隐形传送方案。2006年,美国洛斯·阿拉莫斯国家实验室、中国科学技术大学潘建伟团队、慕尼黑大学、维也纳大学联合研究小组均在远距离量子通信研究上取得重大突破,开启了量子通信应用大门。

### 2.1.1.3　量子精密测量领域

量子精密测量是对物理量的高精度、高灵敏度的测量方法和技术应用,目标是实现单量子水平的极限探测、精准操控和综合应用。精密测量是获取物理量信息的源头,随着量子光学、原子物理学等领域的发展,诺贝尔物理学奖成果的推动,以及国际计量单位7个国际基本物理量实现"量子化",精密测量已经进入量子时代(图2.3)。

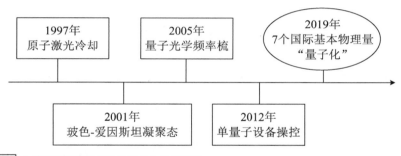

图 2.3　量子测量重要发展节点

资料来源:ICV,光子盒,2022b. 2022 全球量子精密测量产业发展报告[EB/OL].(2022-06-10)[2023-11-03]. https://www.djyanbao.com/report/detail? id=3078423&from=search_list.

## 2.1.2    中国量子科技重点领域发展历程

### 2.1.2.1    中国量子计算发展重要事件

为抢占量子技术革命的制高点,我国在国家自然科学基金、国家高技术研究发展计划(简称"863 计划")、国家重点基础研究发展计划(简称"973 计划")等项目中不断加强对量子科技的理论研究和技术创新的支持。目前,我国主要以高校及科研机构开展的理论研究为主,核心论文数量、研究机构数量处于世界前列,基础研究能力仅次于美国。

2023 年 10 月,中国科学技术大学潘建伟、陆朝阳等组成的研究团队与中国科学院上海微系统与信息技术研究所、国家并行计算机工程技术研究中心合作,宣布成功构建 255 个光子的量子计算原型机"九章三号"。这项成果再度刷新光量子信息技术世界纪录,求解高斯玻色取样数学问题比目前全球最快的超级计算机快 $10^{16}$ 倍,在研制量子计算机之路上迈出重要一步(徐海涛 等,2023)。

2021 年,中国科学技术大学科研团队在超导量子和光量子两种系统的量子计算方面取得重要进展,成功研制"祖冲之二号"和"九章二号",使我国成为目前世界上唯一在两种物理体系达到"量子计算优越性"里程碑的国家。

中国科学技术大学潘建伟、朱晓波、彭承志等组成的研究团队与中国科学院上海技术物理研究所合作,成功构建 66 比特可编程超导量子计算原型机"祖冲之二号",求解"量子随机线路取样"任务的速度比目前全球最快的超级计算机快 $10^7$ 倍以上。

中国科学技术大学潘建伟、陆朝阳、刘乃乐等组成的研究团队与中国科学院上海微系统与信息技术研究所、国家并行计算机工程技术研究中心合作,近期成功构建 113 个光子 144 模式的量子计算原型机"九章二号",求解高斯玻色取样数学问题比目前全球最快的超级计算机快 $10^{24}$ 倍,在研制量子计算机之路上迈出重要一步。

2020 年,中国科学技术大学潘建伟、陆朝阳等组成的研究团队,与中国科学院上海微系统所、国家并行计算机工程技术研究中心合作,构建了 76 个光子的量子计算原型机"九章",实现了具有实用前景的高斯玻色取样任务的快速求解,其速度也等效地比 2019 年谷歌发布的 53 个超导比特量子计算原型机"悬铃木"快 $10^{10}$ 倍。这一突破使中国成为全球第二个实现"量子优越性"的国家。

2020 年 11 月,《量子计算 术语和定义》制定项目正式立项,由中国科学技术大学和济南量子技术研究院牵头,科大国盾量子技术股份有限公司(以下简称"国盾量子")、中国科学院计算所、中国信息通信研究院等 20 余家单位共同起草。2023 年,我国首个量子信息技术领域国家标准《量子计算 术语和定义》(GB/T 42565—2023)通过国家市场监督管理总局(国家标准化管理委员会)批准,于 2023 年 12 月 1 日起实施。该标准是全国量子计算与测量标准化技术委员会首个获批发布的国家标准,规范了量子计算通用基础、硬件、软件及应用方面相关的术语和定义,为量子计算领域相关科研报告编写、标准制定、技术文件编制等工作提供规范指导。

2017 年,中国科学技术大学潘建伟主持的研究小组,首次实现从地面观测站到低地球轨道卫星的纠缠光子发射,量子隐形传态实验通信距离达 1400 km。

2016 年,国务院印发《"十三五"国家科技创新规划》,将量子计算列入面向 2030 年的科技创新重大项目,重点研制通用量子计算原型机和实用化量子模拟机。为贯彻执行此创新规划,我国科技部门就量子计算研究部署了相应的国家科技计划项目,其中,科技部国家重点研发计划于 2016 年设立了量子调控与量子信息重点专项,2016—2018 年间资助了一系列的量子计算研究项目,具体的项目名称和承担机构如表 2.2 所示。

《国家自然科学基金"十三五"发展规划》指出,重点支持量子信息技术

的物理基础与新型量子器件等研究,大力推动量子计算等重大交叉领域的
研究,主要包括可扩展性的固态物理体系量子计算与模拟、新型量子计算模
型和量子计算机体系结构。

表 2.2　2016—2018 年国家重点研发计划资助的量子计算项目

| 资 助 时 间 | 项 目 名 称 | 承 担 机 构 |
|---|---|---|
| 2016 年 | 基于人造规范势与光晶格中超冷原子气体的量子模拟 | 中国科学院物理研究所 |
| | 基于超冷原子气体的量子模拟 | 山西大学 |
| | 半导体量子芯片 | 中国科学技术大学 |
| | 超导量子芯片中多比特相干操控及可扩展量子模拟 | 南京大学 |
| | 离子阱量子计算 | 清华大学 |
| | 面向量子混合系统的量子模拟 | 中国科学技术大学 |
| 2017 年 | 固态量子存储器 | 中国科学技术大学 |
| | 基于光晶格超冷量子气体的量子模拟 | 山西大学 |
| | 具有量子纠错和存储功能的多超导量子比特集成系统 | 中国科学技术大学 |
| | 生物体系量子计算通用软件平台及示范应用 | 吉林大学 |
| 2018 年 | 拓扑超导等关联体系的量子态 | 北京大学 |
| | 量子程序设计理论、方法与工具 | 中国科学院软件研究所 |
| | 半导体复合量子结构的量子输运机理及量子器件研究 | 中国科学院半导体研究所 |

资料来源:王立娜,唐川,田倩飞,等,2019. 全球量子计算发展态势分析[J]. 世界科技研究与发展,41
(6):569-584.

　　2010 年,中国科学技术大学获批了“超级 973 项目”(国家重点基础研
究发展计划项目 A 类)“固态量子芯片信息处理单元的研究”,旨在支持半

导体量子计算研究,开发固态量子芯片。

2004 年,中国科学技术大学潘建伟研究小组首次展示了五光子纠缠。

### 2.1.2.2　中国量子通信发展重要事件

1984 年,从加拿大多伦多大学留学回国后的中国科学技术大学教师郭光灿主持召开了全国第一个量子光学学术会议。此后,他在中国科学技术大学开设了国内第一门量子光学课程,组建了第一个量子信息实验室,并于 2001 年入选中国首个量子信息技术"973 计划"(国家重点基础研究发展计划),组建起一支由全国十多个科研单位 50 余名学者组成的团队。

中国量子通信科技的发展大致经历了 4 个阶段:从 1995 年至 2000 年是学习研究阶段,1995 年中国科学院物理研究所首次实现了量子密钥分发实验,在 2000 年完成了单模光纤 1.1 km 的量子密钥分发实验;2001—2005 年中国经历了量子通信技术的快速发展阶段,中国科学技术大学先后实现了 50 km 和 125 km 的量子密钥分发实验;2006—2010 年进入了实践尝试阶段,中国科学技术大学分别实现了 100 km 的量子密钥分发实验和 16 km 的自由空间量子态隐形传输,在芜湖建成芜湖量子政务网,在合肥建成世界首个光量子电话网络;2010 年之后进入了一定程度的规模化应用阶段。

2013 年 7 月 17 日,习近平总书记在中国科学院考察工作时发表讲话时指出:"量子通信已经开始走向实用化,这将从根本上解决通信安全问题,同时将形成新兴通信产业。"

"十三五"规划建议指出,以 2030 年为时间节点,再选择一批体现国家战略意图的重大科技项目,力争有所突破,量子通信一马当先。从 2010 年至今,中国陆续建立了多个量子通信城域示范网络,主要应用于政府、金融领域加密通信。

2016 年京沪杭量子加密通信干线建设完成后,将目前北京、济南、合肥、上海等量子加密通信城域网联通,需求最大的广域量子网络被打通,并在京沪量子长途干线上测试大量高容量、低时延、高保密性的应用业务。同时,部分金融机构将借助京沪量子通信干线网实现北京和上海的金融数据同步、备份等高等级的业务,而更多的量子保密通信应用也将推动量子加密通信网络,使其节点更多,覆盖地域面积更广。

中国量子通信发展的重要事件如表 2.3 所示。

表 2.3　中国量子通信发展重要事件梳理

| 时　　间 | 重　要　事　件 |
| --- | --- |
| 2021 年 | 中国实现跨越 4600 km 的天地一体化量子通信网络 |
| 2021 年 | 中国科学技术大学团队联合济南量子技术研究院基于“济青干线”现场光缆,利用国盾量子硬件平台及中国科学院上海微系统与信息技术研究所的超导探测系统,突破现场远距离高性能单光子干涉技术,创下现场无中继光纤量子密钥分发传输最远距离纪录 |
| 2020 年 | 中国科学技术大学团队利用“墨子号”量子科学实验卫星在国际上首次实现千公里级基于纠缠的量子密钥分发 |
| 2019 年 | 中国科学技术大学团队与奥地利研究人员合作,在国际上首次成功实现高维度量子体系的隐形传态。这是科学家第一次在理论和实验上把量子隐形传态扩展到任意维度,为复杂量子系统的完整态传输以及发展高效量子网络奠定了坚实的科学基础 |
| 2017 年 | “墨子号”与正式开通的量子保密通信“京沪干线”成功对接,实现了洲际量子保密通信,全球首个星地一体化的广域量子通信网络初具雏形 |
| 2017 年 | 中国第一条量子加密通信干线“京沪干线”正式开通,可基于可信中继方案实现远距离量子安全密钥分发 |
| 2016 年 | 中国科学院战略性先导科技专项“量子科学实验卫星”发射 |
| 2015 年 | 阿里巴巴集团控股有限公司与中国科学院合作推出全球第一款采取量子加密技术的安全通信产品,未来将提供给对于安全有高需求的行业,如金融业等,作为更高安全强度的防护机制 |
| 2015 年 | 中国科学院量子信息重点实验室首次成功研制出高位固态量子存储器 |

| 时　间 | 重　要　事　件 |
|---|---|
| 2013 年 | 千公里光纤量子通信骨干网工程"京沪干线"正式由发展和改革委员会批复立项,将于 2016 年前后建成连接北京、上海,贯穿济南、合肥等地的千公里级高可信、可扩展、军民融合的广域光纤量子通信网络,建成大尺度量子通信技术验证、应用研究和应用示范平台,推动量子通信技术在国防、政务、金融等领域的应用,同时带动相关产业的发展 |
| 2013 年 | 济南量子保密通信试验网建成并投入使用,山东省的 50 个省直机关事业单位、金融机构实现了语音电话、传真、文本通信和文件传输等量子保密传输业务 |
| 2012 年 | 世界首条规模化量子通信网络在安徽合肥建成并投入使用,该网络有 46 个节点,可为用户提供高安全保障的实时语音、文本通信及文件传输等功能 |
| 2012 年 | 中国科学家潘建伟等人在国际上首次成功实现百公里量级的自由空间量子隐形传态和纠缠分发 |
| 2011 年 | 中国科学技术大学潘建伟、彭承志、陈宇翱等人,与中国科学院上海技术物理研究所王建宇、光电技术研究所黄永梅等组成联合团队,在青海湖首次成功实现了百公里量级的自由空间量子隐形传态和纠缠分发 |
| 2010 年 | 中国科学技术大学和清华大学的研究人员完成自由空间量子通信实验,将通信距离从先前的数百米纪录一步跨越到 16 km |
| 2009 年 | 中国科学技术大学郭光灿团队在芜湖市建成了国际上首个量子政务网 |
| 2008 年 | 潘建伟团队利用冷原子量子存储首次实现了具有存储和读出功能的纠缠交换,完美演示了量子中继器 |
| 2008 年 | 中国科学技术大学潘建伟团队在合肥市实现了国际上首个全通型量子通信网络,并利用该成果在 60 周年国庆阅兵关键节点间构建了"量子通信热线",为重要信息的安全传送提供了保障 |

| 时　间 | 重　要　事　件 |
| --- | --- |
| 2005 年 | 华人科学家王向斌、罗开广、马雄峰和陈凯等共同提出了基于诱骗态的量子密钥分发实验方案,从理论上把安全通信距离大幅度提高到 100 km 以上。至此,量子通信得以从实验室演示开始走向实用化和产业化 |
| 1995 年 | 中国科学院物理研究所吴令安小组在实验室内完成了我国最早的量子密钥分发实验演示 |

## 2.2　量子科技创新生态系统界定

### 2.2.1　量子科技创新生态系统的内涵

前沿科技领域的竞争已经从单个主体技术竞争演化为整个相关科技领域的创新生态系统之争。虽然目前学术文献中尚未提出"量子科技创新生态系统"的概念,但是实验室半导体量子点量子芯片研究方向带头人、国家重点基础研究发展计划项目 A 类首席科学家郭国平在第十届后量子密码国际会议中已建议,中国量子计算机研发应重视整个生态系统。

从广义角度而言,创新生态系统不局限于传统创新科技领域,而是指在区域经济、文化、生态等维度中,各种创新种群之间、创新种群与创新环境之间,基于共同的创新发展目标,通过物质流(物质、信息、能量)、人才流的联结传导,形成动态演进、共生竞合的具备自组织性的复杂系统。创新生态系统由生产者、分解者、消费者、无机环境四大主要素构成,具备多样性、动态性、模糊性、生态学、协同性特征。

量子科技产业的构成要素与创新生态系统相同。相比较而言,量子科技产业的生产者、分解者、消费者及无机环境要素均缩小为涉及量子科技的相关机构及环境自然生态系统、创新生态系统、量子科技创新生态系统三者,其构成要素对比如表 2.4 所示。

表 2.4 自然生态系统、创新生态系统、量子科技创新生态系统三者构成要素对比

| 自然生态系统<br>构成要素 | 创新生态系统<br>构成要素 | 量子科技创新生态系统<br>构成要素 |
| --- | --- | --- |
| 生产者 | 高校、科研院所、企业研发机构 | 涉及量子科技教育与研发工作的高校、科研院所、企业 |
| 分解者 | 政府管理部门以及各类社会化、市场化、专业化的中介服务机构 | 涉及量子科技的政府管理部门以及各类社会化、市场化、专业化的中介服务机构 |
| 消费者 | 创新成果使用者 | 量子科技创新成果的直接使用者 |
| 无机环境 | 创新生态环境 | 量子科技创新生态环境,包括相关文化环境、商业环境、政策环境、制度环境等 |

量子科技产业具备创新生态系统的特征。量子科技产业的主体由高校、科研院所、企业等构成,它们并不以某一创新单元为主要节点而是彼此相互关联,形成分散但是相互影响的多关系网络。基于演化的需求,各主体间不断进行信息、技术等的交换,与此同时不断吸纳合适的成员扩充系统,并从外界环境获取有利于量子科技发展的能量,由此构成了多样性、动态性、生态性的特征。

量子科技产业的进步可以带动每一个参与主体的发展,因此多主体具有相同的发展目标,并且每一个体都参与到协同中。但是由于各主体所具备的功能在一定程度上重合,因此,各主体间存在边界的模糊性。

量子科技创新生态系统与创新生态系统之间具备从属关系,量子科技创新生态系统是创新生态系统的子系统。

综合而言,本书认为量子科技创新生态系统是指基于获取更多量子科技创新资源、提升创新能力的共同发展目标,量子创新群落内、群落间、群落与环境间通过物质、能量、信息等交换方式联结,不断促进量子科技创新知识的生产、应用、扩散而形成的动态演进的战略生态系统。

量子属于前沿科技领域,其发展具有较大风险性。构建量子科技创新生态系统可破解当前创新环境下前沿技术创新的不确定性、组织自主创新能力的有限性以及创新资源的稀缺性三者间的突出矛盾,进而引导创新组织更好地利用外部创新资源来强化核心技术,以实现创新发展。构建量子科技创新生态系统可从整体上提高创新网络的风险抵抗力和竞争力,所有系统成员最终都将从中获益。

## 2.2.2　量子科技创新生态系统的外延

20 世纪 90 年代开始,特别是 21 世纪以来,中国的研究者已将创新生态系统的理念应用到多种具体领域中,量子科技创新生态系统作为创新生态系统的子系统,是对创新组织及其活动规律的一种"隐喻"。了解同属创新生态系统的其他子系统概念,对理解量子科技创新生态系统的概念具有参考意义。国内创新生态系统相关子系统的概念如表 2.5 所示。

表 2.5　国内创新生态系统相关子系统概念梳理(部分)

| 概　　念 | 提出者/提出时间 | 主　要　内　涵 |
| --- | --- | --- |
| 区域技术创新生态系统 | 黄鲁成/2003 年 | 在一定的空间范围内技术创新复合组织与技术创新复合环境,通过创新物质、能量和信息流动而相互作用、相互依存形成的系统 |
| 城市创新生态系统 | 隋映辉/2004 年 | 城市创新的扩散效应和科技产业聚集效应的矢量集合,以及一个独特科技、经济、社会结构的自组织创新体系和相互依赖的创新生态系统 |

续表

| 概　念 | 提出者/提出时间 | 主　要　内　涵 |
|---|---|---|
| 高科技企业创新生态系统 | 张云生/2008 年 | 面向客户需求，以技术标准为纽带，基于配套技术由高科技企业在全球范围内形成的共存共生、共同进化的创新体系 |
| 企业技术创新生态系统 | 陈斯琴，顾力刚/2008 年 | 在一定时期和一定空间内由企业技术创新复合组织与企业技术创新复合环境，通过创新物质、能量和信息流动而相互作用、相互依存形成的整体系统 |
| 知识创新生态系统 | 贺团涛，曾德明/2008 年 | 该系统将组织知识创新视为一个生态系统，认为组织中的知识资产是生态系统内不同的知识族群，这些知识族群在组织内形成一个稳定的分布态势，彼此具有互动、竞争的关系，并且受到环境压力的影响而不断地进行演化 |
| 学科创新生态系统 | 黄敏/2011 年 | 在一定时间和一定空间内由大学学科创新复合组织与创新复合环境，通过创新物质、能量和信息流动而相互作用、相互依存、相互促进形成的一个良性生态循环系统 |
| 创意产业创新生态系统 | 曹如中，史健勇，郭华，邱羚/2015 年 | 该系统是创意产业创新主体、创新网络和创新环境联合演进的结果，是由创意产业组织、创意消费市场、政府机关、科研院所以及其他社会中介机构之间，在特定时间和空间范围内通过物质、能量与信息的交换，形成的相对独立又相互影响且能够实现价值增值的复杂经济体系 |
| 众创空间生态系统 | 贾天明，雷良海，王茂南/2017 年 | 该系统是指在某个地理区域内，以创客为中心，众多围绕创新、创业紧密联系的组织以及相关环境支撑要素在特定地理空间上的集聚 |

| 概　念 | 提出者/提出时间 | 主　要　内　涵 |
| --- | --- | --- |
| 创新创业教育生态系统 | 成希，李世勇/2020 年 | 该系统是一个共生竞合、动态演化的开放复杂系统，是一种基于特定的区域环境和教育要素分配形成的纽带关系，由诸多参与创新创业的主体构成的、主体之间存在着内在的关联且时常发生复杂的动态交互过程 |

以上创新生态系统相关子系统的概念都突出了在一定的时间、空间内，相关群落通过物质流纽带连接，并在复杂系统中不断演化，进而形成了各自领域的创新生态系统。

量子科技创新生态系统与其他领域的创新生态系统的区别体现在它面向前沿技术量子领域，具有很强的国际战略博弈价值和高度不确定性，在不同的成长阶段中，会由不同的主体发挥更大力量的指向作用。因此，量子科技创新生态系统目前无明确的中心节点。

## 2.3　量子科技创新生态系统功能特征分析

创新意味着知识的产生、使用和扩散。而在自然生态系统中，按照能量关系，生物群落包括生产者、消费者和分解者。与此相对应，量子科技创新生态系统按照知识关系，也可将创新种群（群落）划分为知识生产者（创新生产者）、知识应用者（创新消费者）和知识转移（传播扩散）者（创新分解者）。生产者研发新技术，消费者利用发展技术，分解者扩展技术外延、分配资源（张仁开，2016），三者相对应的功能特征即量子科技创新知识的生产、应用、扩散。

### 2.3.1　创新知识生产特征

在现代社会中,最重要的资源就是知识化(Lundvall et al.,2002),创新的本质是发现蕴藏在产品、流程及服务当中的新知识(Afuah,1998)。可以说,知识生产是创新的核心和本质(杨荣,2013),新知识的生产是决定原始创新的重要因素。

艾米顿将知识创新定义为:通过创造、演进、交流和应用,将新的思想转化为可销售的产品和服务,以取得企业经营成功、国家经济振兴和社会全面繁荣。在我国,中国科学院原院长路甬祥院士等认为知识创新的目的是追求新发现、创造新方法和积累新知识(孙洪昌,2007)。

量子科技创新生态系统的知识生产功能是指高校、科研院所、研发机构、高新技术企业等系统内的创新主体利用已知知识,以个体及交互合作研发相结合的方式产出新知识、新技术的过程。创新知识生产功能是量子科技创新生态系统演进发展的基本功能,创新知识生产的目的不同,决定了知识生产模式以及所生产知识类型的差异。

#### 2.3.1.1　巴斯德象限性

司托克斯根据科学研究是否"追求基本认识"和是否有"应用考虑",把科学研究划分为 4 个象限:第一类为纯基础研究,是在认知需求的引导下、无实际应用考虑的研究,被称为"玻尔象限"。第二类为应用激发的基础研究,因为基础研究既有扩展知识的目标,又有应用目的,被称为"应用激发的基础研究",而法国巴斯德对发酵的基础研究是这类研究的典型,所以又被称为"巴斯德象限"。第三类为纯应用导向研究,只求应用目标,而不管"所以然"的研究,这是纯应用研究,被称为"爱迪生象限"。第四类为兴趣导向研究,既不以追求基本认知为目标,又不以追求应用价值为目的,而是对某种特殊现象进行了系统性研究(图 2.4)。

量子科技创新生态系统的知识生产一方面要满足占据学术理论研究优势地位的需求,另一方面也要满足可将理论成果转化为应用成果并不断推进产业化进程的需要。

应用考虑

| | 否 | 是 |
|---|---|---|
| 是 | 玻尔象限<br>纯基础 | 巴斯德象限<br>应用基础 |
| 否 | 皮特森象限<br>过自由探索 | 爱迪生象限<br>技术创新 |

追求基本知识

图 2.4　科学研究的象限模型

以量子计算领域为例,该领域正在与其他领域的实际应用问题相结合,以探索更多契合需求的量子计算潜在解决方案。随着量子计算优越性得到实验验证,量子计算已进入实用化优势应用场景探索的新阶段,近期已在科学研究、科普教育、行业应用等多方面开展布局并取得进展(符晓波,吴长锋,2024)。

### 2.3.1.2　主体多样性

创新知识生产已不再是"自容性"活动,其生产方法、技术已从大学蔓延出来并且越过机构的边界。美国哥伦比亚大学计算机科学家亨利·埃茨科威兹提出"三重螺旋理论"(图 2.5),其核心思想是指大学、产业和政府 3 种实体在知识生产、传递与应用过程中以连动键和螺旋模式组合协调在一起来进行知识的生产,并且三者之间的边界已经慢慢模糊,原先分割的各个领域正在逐渐聚合。

而在量子科技创新生态系统中,知识生产的主体是科研院所、大学、研发机构,它们基于生产知识的共同需求,形成了多主体知识生产合作新模式。

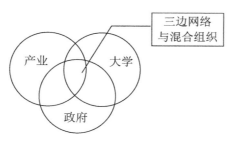

图 2.5 政府、产业和大学关系的三重
螺旋模型

作为首批获建未来技术学院的高校之一,中国科学技术大学未来技术学院于 2022 年 5 月正式揭牌,该学院将主要依托中国科学院量子信息与量子科技创新研究院、合肥微尺度物质科学国家研究中心等一流前沿基础交叉研究的科研优势,紧密围绕量子科技发展等方向对未来创新人才的需求,打造体系化、高层次量子科技人才培养平台,助力量子科技创新知识生产。

为推动量子计算事业发展,培养国内量子计算人才队伍,本源量子计算科技(合肥)股份有限公司(以下简称"本源量子")在研发量子计算软硬件系统的同时,开辟了量子教育业务板块。本源量子教育将基于量子计算体验中心、全物理体系量子学习机和专业化的量子计算培训团队,联合国内量子计算领域的重点高校与科研单位,为社会大众建设一流的科普教育基地,为行业用户提供实训结合的职业教育方案,打造量子计算教育生态,培养中国量子计算的人才队伍。

## 2.3.2 创新知识应用特征

知识作为创新最核心的支撑资源,对其应用具有深刻的战略意义和实际价值。知识应用是创新主体在对现有知识进行理解的基础上进行的创造性活动,其本质是指利用已有的知识,形成新的技术和产品。知识应用包括知识的转化和示范应用,具体包括新技术、新产品等科技成果的转化和产业化及示范推广应用等(刘丛军,武忠,2008)。

量子科技创新生态系统的知识应用功能是指创新生态系统中的主体在一定技术标准和创新政策的约束下,将技术研究成果转化,设计开发新产品,满足特定的市场需求,创新知识应用是量子科技创新生态系统价值创造的关键。现阶段,量子科技创新生态系统中,量子通信、量子计算、量子测量三大领域的创新知识应用和转化进程的推进各不相同。

### 2.3.2.1　应用主体交叉

量子科技创新生态系统中的三大领域,在近 5 年有效专利聚类分析显示,各领域间互有交叉。在量子计算领域,有越来越多的应用主体,如银行、互联网公司、移动支付机构等围绕量子计算与人工智能的交叉领域,提出量子数据分类的模型训练方法、量子数据分类方法、数字签名方法等信息安全领域专利。在量子通信领域,相关企业关注连续变量量子密钥分发方法和系统芯片化。量子测量领域侧重消除量子噪声方法和应用领域创新,例如有科研单位提出原子干涉重力仪在地质勘测领域的应用解决方案。

### 2.3.2.2　商业应用规模有限

总体而言,量子通信为量子信息技术中最接近商业化的技术,量子计算和量子测量则距商业化尚远。

量子计算优越性已获得实验验证,但在可扩展性、操作复杂度、噪声抑制能力和集成化水平等方面仍有诸多挑战,实现大规模通用量子计算未来仍需长期艰苦努力。

量子保密通信技术在工程和应用层面还存在较为明显的局限性,商用化推广和产业化发展仍处于探索培育阶段。量子通信领域包含多种协议和应用方向,发展和应用程度各异,基于 QT 构建量子信息网络仍是远期发展目标,尚无实用落地前景。

量子测量技术的科学研究不断探索极限,工程样机逐步发展成熟,各领域应用积极探索,产业化发展初步启动。量子测量技术方向众多,应用领域覆盖面广,其中部分成熟技术方向已开始进入从工程样机向商用产品的过渡阶段。但是总体而言,量子测量技术方案多元、系统复杂度高、应用场景较为分散,民用推广门槛较高,其商业化应用和产业化规模仍较为有限,发展还处于初级阶段,产业链及生态尚不成熟。

### 2.3.3 创新知识扩散特征

创新活动不是孤立进行的,而是不同参与者交互学习的过程,因此,对创新而言,知识的扩散与知识生产、应用同等重要。从某种意义上说,知识只有通过扩散和传播,才可能得到更大范围和更深层次的应用,知识扩散促进知识应用,反过来,知识的应用又会促进新知识的产生。

知识扩散之所以成为创新生态系统的基本功能之一,关键就在于,创新生态系统在本质上是不同创新联系的有机组合,是一个网络的结构关系,这种网络的结构关系为不同创新主体之间的交互学习和知识扩散提供了极为有利的条件(张仁开,2016)。

传统意义上的扩散活动可从两个视角展开。在抽象意义上,技术在空间上选择性移动的过程被称为扩散(塔尔德,2008);在具象意义上,扩散主体通过扩散渠道将技术等形式的成果传递给公开的或者潜在的使用者接纳和使用。在此过程中,各种成果可能出现多次位移的情况,最终产生对社会经济发展的贡献(吕希琛 等,2019)。

量子科技创新生态系统中的创新知识扩散活动指的是创新技术、创新理念、创新知识、创新方法等多种创新成果在各创新主体间、时空范围内的持续延伸演化及拓展应用的过程。相较于创新知识应用,扩散过程更强调交互共享,进而扩展新产品的应用场景,最终实现创新生态系统的经济和社会价值创造功能。

根据量子科技创新生态系统多样性、动态性、生态性、协同性等的特征，其进化扩散具有如下特征。

### 2.3.3.1　网络样态的复杂性

量子科技创新生态系统中各创新主体间均存在复杂的连接关系，它们之间所构成的创新网络为进化扩散提供了传播渠道。创新网络的复杂结构对于创新资源的共享和创新成果影响范围的扩大都有促进作用，并且不同拓扑结构也会影响到进化扩散的速度和阈值（徐莹莹，綦良群，2016）。复杂网络能够架起联系宏微观的桥梁，从一个动态、演化的角度更加深入地理解创新扩散。

在量子科技创新生态系统中，生产者、消费者、分解者群落并非完全分散于创新知识的生产、应用与扩散中，三者间的功能并非绝对界限分明，存在交叉重合现象。由于创新生态系统间存在创新知识、方法、理论等元素的共享机制，在多元传播路径的辅助下，各群落均可通过网络承载一定的扩散功能。

在量子计算探索发展过程中，算法和编程比赛成为生态培育与推广重要舞台，科技公司和行业企业积极举办赛事，为参赛者提供软件平台、奖金、就业机会、认证证书等多种激励手段，既有助于发现和培育量子计算人才，也对软件和云平台进行了有效宣传推广，一定程度上盘活了软件生态。

2020 年 10 月，"百度之星"大赛首设量子计算赛题，参赛选手针对量子电路优化设计任务开展激烈竞逐，取得多项创新成果；2022 年，中国计算机学会（CCF）主办了"司南杯"量子计算编程挑战赛。这两项比赛分别隶属于消费者与分解者群落的创新单元主办，一方面助力量子计算宣传推广、推动量子计算人才的挖掘与培养，另一方面在比赛中产出的相关知识成果也可被进一步挖掘研究与应用。

### 2.3.3.2 重塑与时滞性

创新成果的扩散未必满足各创新主体的直接需要,部分创新主体会根据自身实际和市场需求进行二次加工,完成创新成果的重塑也会加速进化扩散的进程。在扩散过程中,创新成果重塑是创新主体惯用手段,因此,不能单纯考虑进化扩散时效,还应考虑创新主体对创新成果的学习吸收和转化时间,这体现出进化扩散的时滞性。

量子科技创新知识的运用存在场景差异,创新单元往往会基于实际需求对技术进行重塑,其中也存在一定时滞。2021 年 6 月,俄罗斯研究团队在自动驾驶车辆上安装 QKD 设备,在加油或充电期间通过光纤连接与控制中心进行密钥分发,在基于无线通信的车辆软件升级和关键信息传输等过程中,提供量子加密 VPN 保护,提升自动驾驶车辆的信息安全性,对 QKD 技术在车联网中的应用进行了初步探索。

然而,对于智能手机等小型无线终端而言,直接集成 QKD 设备并提供光纤或空间光路连接尚不具备现实可行性,一种退而求其次的解决方案是将 QKD 密钥通过 SIM 或存储卡充注等方式,离线加载到无线终端,供通信过程加密使用。近期,国内相关企业推出了上述手机加密解决方案并开展商用方面的探索。例如,2017 年国盾量子与中兴通讯股份有限公司合作推出全球首款商用"量子加密手机";2020 年,三星(中国)投资有限公司联合 SK 电讯有限公司发布了全球第一款 5G 量子智能手机 Samsung Galaxy A Quantum。

量子科技创新生态系统之所以能够形成并持续发展,是因为生产者、消费者和分解者在知识网络、研发网络和应用网络中能够促进创新知识存量的增长,加速知识的转移、扩散与吸收,创造价值,使得各创新单元能够获得未加入前无法获得的资源和价值,并实现参与主体价值持续增值。

量子科技创新生态系统现阶段主要发挥了创新知识生产功能,而在创新知识应用和创新知识扩散功能方面相对欠缺,主要因为量子科技作为前沿领域,创新生态系统中的构成要素相对单一,以高等院校与科研院所为主,创新主体之间及创新主体与创新环境之间的交互协作不深入,因此,量子科技创新生态系统的功能尚不完善。但随着量子科技创新生态系统主体更加多元化、异质化,要素协同度进一步提升以及技术标准的制定,量子科技创新生态系统的功能也将不断完善。

### 2.3.4　创新功能演化的基本机制：集聚与扩散

量子科技创新生态系统的功能伴随演化形成,在功能不断形成、完善的进程中,创新要素的集聚与扩散起着基础性作用。量子科技创新生态系统的集聚指代系统利用自身资源优势从系统外部纳入新知识、技术、理念、人才等要素的过程,其扩散是指系统内部形成的知识、文化、理念等要素对外界产生影响力的过程。集聚与扩散机制是相对的,在两种机制互相作用的过程中,量子科技创新生态系统得以建构与发展,并在不同的演化阶段具备相应的功能特征,具体如表 2.6 所示。

表 2.6　量子科技创新生态系统功能演化的集聚与扩散机制

| 演化阶段 | 主　导　机　制 | 创　新　模　式 | 创　新　功　能 |
| --- | --- | --- | --- |
| 形成阶段 | 集聚机制发挥主导作用,以汇集系统外部的创新要素为主 | 以引进、消化、吸收、再创新为主 | 以既有知识和技术的应用、转化为主 |
| 成长阶段 | 集聚机制仍发挥主要作用,开始出现创新要素的有序扩散 | 以集成创新为主 | 知识应用占据主导地位,开始出现知识生产与知识辐射功能 |

续表

| 演化阶段 | 主导机制 | 创新模式 | 创新功能 |
|---|---|---|---|
| 成熟阶段 | 创新要素的集聚和扩散基本均衡,既具有较强的集聚能力,也具有较强的辐射能力 | 集成创新和原始创新 | 知识的生产、应用、扩散呈现良性互动发展 |
| 衰退阶段 | 扩散机制发挥主导作用,系统对创新要素的集聚力减弱,创新要素大量流失 | 系统创新模式固化 | 创新功能逐步弱化 |
| 再生阶段 | | 呈现与形成阶段类似情景 | |

资料来源:张仁开,2016.上海创新生态系统演化研究:基于要素·关系·功能的三维视阈[D].上海:华东师范大学:124.

　　根据量子科技创新生态系统的集聚与扩散互动机制,可将其划分为以下 4 种不同的情境(图 2.6)。

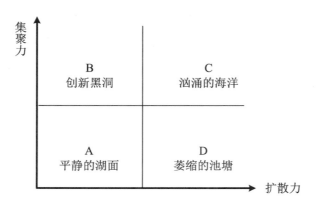

图 2.6　创新生态系统功能演化的集聚与扩散机制

资料来源:张仁开,2016.上海创新生态系统演化研究:基于要素·关系·功能的三维视阈[D].上海:华东师范大学:124.

### 2.3.4.1　A 象限：平静的湖面

在量子科技创新生态系统形成初期,系统对创新要素的吸引集聚能力以及对外辐射扩散能力均处于弱势阶段,系统活性不足,被束缚于实验室内部,类似"平静的湖面"。例如,中国科学技术大学 2000 年前后涌现出一批量子科技相关实验室,但仅限于理论研究与实验,并未产生太大影响。

此时期,量子科技创新生态系统内部开始出现少量创新活动,但产出较少,其创新重要性尚未得到研究者或产业人员的广泛关注,创新资源分散,对社会发展的影响不显著,量子创新生态系统的功能尚未真正显露。

### 2.3.4.2　B 象限：创新黑洞

伴随量子科技创新生态系统的演化发展,尤其在政府、产业服务机构等中介者的积极介入下,创新的基础设施和环境条件逐步改善,创新环境渐趋优化,系统对创新资源的吸引和集聚力开始增强,集聚机制开始发挥作用并逐步居于主导地位。

此时,创新生态系统如同"黑洞",有能力大量集聚系统外的先进创新理念、优秀人才等要素,创新生态系统的功能主要呈现为对系统内外的知识转化和运用。随着知识应用能力的增强,扩散机制开始发挥作用,一些具备更强生态适应性的创新单元开始集成现有的技术、知识进行产出,系统的知识生产能力开始出现,量子科技创新生态系统对外界的服务、辐射和影响力开始形成。比较显著的是中国科学技术大学量子科技学术衍生模式,培育出国盾量子、本源量子、国仪量子(合肥)技术有限公司(以下简称"国仪量子")等一批产业界的"独角兽"企业。

### 2.3.4.3　C 象限：汹涌的海洋

在量子科技创新生态系统的成熟阶段,集聚与扩散机制的互动逐渐达到最佳状态,创新知识生产、应用和扩散形成良性互动。创新生态系统不仅能够高效配置系统内外的各类创新资源和要素，还能形成对其他系统的强大辐射和扩散能力，其竞争力和影响力达到最优状态。此阶段，系统对内对外的创新知识、技术交流频繁，呈现出"大出大进"的态势。

#### 2.3.4.4　D 象限：萎缩的池塘

创新生态系统的繁荣现状不完全代表未来的发展态势，随着创新环境的改变，如政策的转向、技术的变更等，系统可能迎来衰败的局面。如果在新的创新环境中，量子科技创新生态系统无法自我调节，则系统内部的自组织演化功能可能被打破，系统运行紊乱，对内外部资源的集聚能力下降，扩散机制起主导作用，资源外迁，进而形成衰退性演化。如果量子科技创新生态系统能够适应环境改变，并做出相应调整，则会进入新一轮演化周期，集聚和扩散机制将在新一轮的演化中继续保持动态平衡。

## 2.4　量子科技发展现状及发展趋势研判

### 2.4.1　中国量子科技发展现状

我国在量子科技领域的研究和应用虽然起步稍晚，但与国际先进水平没有明显代差，在量子计算、量子通信和量子精密测量三大技术领域均有相关研究团队和工作布局。受益于国家前瞻部署和战略布局，目前我国在量子通信的研究和应用方面处于国际领先地位，在量子计算方面与发达国家整体处于同一水平，在量子精密测量方面发展迅速。

我国在科研经费投入、研究人员和论文发表数量、研究成果水平、专利申请布局、应用探索和创业公司等方面具备较好的实践基础和发展条件。

我国已经成为全球量子信息技术研究和应用的重要推动者,与美国和欧洲国家共同成为推动量子信息技术发展的重要力量。

### 2.4.1.1　量子计算领域

近年来,我国在量子计算领域研究发展较快,但主要以理论研究为主,参与者主要为高校、科研机构,在核心论文及研究机构数量上处于世界前列,基础研究能力仅次于美国。尤其在多光子纠缠领域,我国目前在国际上保持领先的地位,已经实现了 18 个光量子的纠缠,国内第一台“玻色取样”在特定任务上超越最早期两台经典光 30 量子计算原型机。但在专利产出方面,我国明显弱于美国、英国、德国、日本等国家,基础研究成果转化有待加强。在工程化及应用推动方面,我国与美国差距明显,国内企业的发展远远落后于 IBM、谷歌、微软等超大型企业。

在高校和科研机构方面,中国主要有中国科学院、中国科学技术大学、浙江大学、清华大学、南方科技大学、北京计算科学研究中心等高校和科研机构参与量子计算的人才培养和产业发展,在相关领域已取得一定成果。

在企业方面,阿里巴巴集团控股有限公司(以下简称“阿里巴巴”)、腾讯计算机科技有限公司(以下简称“腾讯”)、百度(中国)有限公司(以下简称“百度”)和部分 ICT 企业①也积极参与量子产业生态建设,纷纷建立相关实验室或组建研究团队参与量子科技研究。2018 年,华为技术有限责任公司(以下简称“华为”)发布了量子计算的云服务平台,可模拟十万级纠错码电路。而在量子芯片方面,已有科研院所、企业正在进行深入研究,并将其作为未来战略发展重点。例如 2024 年中国科学院量子信息与量子科技创新研究院研发出“骁鸿”超导量子计算芯片,加速了中国量子计算生态的发展进程。

---

① ICT(information and communications technology)企业目前主要有三大类,分别是电信运营商、设备生产商以及互联网公司。在中国,较为知名的企业有中国移动通信集团有限公司、中国电信集团有限公司、中国联通集团有限公司等。

### 2.4.1.2　量子通信领域

量子密钥分发、量子随机数发生器（quantum random number generator，QRNG）和量子隐形传态是量子通信的3种主要技术。目前，量子密集编码技术处于基础研究阶段，实验条件尚不成熟；量子隐形传态技术近期取得突破性进展，但不具备实用化条件；量子密码，特别是量子密钥分发发展最为成熟，正迅速走向实用化。

中国的量子通信相关专利申请数量居于世界前列，在多年深耕下具备较多行业成果。根据国家知识产权局专利审查协作北京中心发表的《量子通信技术专利布局及发展趋势研究》，截至 2021 年 5 月 27 日，在德温特世界专利索引（DWPI）数据库中检索"量子"相关关键词，我国在量子通信领域专利申请数量为 2599 件，为世界各国中专利申请数量最多国家（图 2.7），具备相对竞争优势。

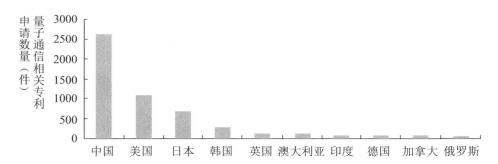

图 2.7　各国量子通信相关专利申请情况

中国在量子保密通信技术的产业化方面已经走在世界前列，并且已经基本实现了核心设备全链生产。中国从科研到产业应用在国际竞争中处于领先地位，量子保密通信网络已成为国家信息安全基础设施的一部分，在大数据服务、政务信息保护、金融业务加密、电力安全保障、移动通信等领域形成一系列示范应用和试商用项目。中国的相关技术已经逐渐走到了世界前列,并初步形成了一条探索型产业链,具有相对优势。

在城际量子保密通信方面,我国建成了国际上首条远距离光纤量子保密通信骨干网"京沪干线",在金融、政务、电力等领域开展远距离量子保密通信的技术验证与应用示范。

在卫星量子保密通信方面,我国研制并发射了世界首颗量子科学实验卫星"墨子号"。"墨子号"量子卫星在国际上率先实现了星地量子保密通信,充分验证了基于卫星平台实现全球化量子保密通信的可行性。

国家发展和改革委员会办公厅《关于组织实施 2018 年新一代信息基础设施建设工程的通知》提出,重点支持"国家广域量子保密通信骨干网络建设一期工程",在京津冀、长江经济带等重点区域建设量子保密通信骨干网及城域网,并在若干地区建设卫星地面站,形成量子保密通信骨干环网。

目前,"国家广域量子保密通信骨干网络建设一期工程"项目正在建设中,量子保密通信"齐鲁干线"、合肥量子通信城域网、南京市城域量子保密通信网等多地的城际网、城域网也在规划和建设过程中。目前我国已经在政务、金融、电力、国防、通信等领域开展了量子保密通信应用研发和推广,但产品从市场接受,到各行业、单位、个人的普及应用仍需要一定的周期。

### 2.4.1.3 量子精密测量领域

在量子精密测量领域,世界纪录大多由欧美国家保持,中国在量子测量五大领域中,大部分领域均处于跟随状态,量子测量应用与产业化尚处于起步阶段,同时在核心基础原材料、器件和高性能测控系统等方面仍有明显短板。

在量子测量部分领域的高性能指标样机研制方面,我国已基本赶上或达到国际先进水平,如中国计量院研制并正在优化的 NIM6 铯喷泉钟指标与世界先进水平基本处于同一数量级;中国科学技术大学在《科学》杂志上报道基于金刚石 NV 色心的蛋白质磁共振探针,首次实现单个蛋白质分子磁共振频谱探测;2020 年北京航空航天大学、华东师范大学和山西大学等联合团队研制完成基于原子自旋 SERF 效应的超高灵敏惯性测量平台和磁场测量平台,其灵敏度指标达到国际先进水平。

但在量子测量的很多领域,我国技术研究和样机研制与国际先进水平仍有较大的差距。在光钟的前沿研究方面,我国样机精度指标与国际先进水平相差两个数量级;我国核磁共振陀螺样机在体积和精度方面都与国际先进水平存在一定差距;量子目标识别研究和系统化集成与国际先进水平仍有差距;微波波段量子探测技术研究与国际领先水平差距较大;量子重力仪方面性能指标与国际先进水平接近,但在工程化和小型化产品研制方面则仍处于起步阶段。

较为成熟的量子测量产品主要集中于量子时频同步领域,代表性的如成都天奥电子股份有限公司从事时间频率产品、北斗卫星应用产品的研发,主要产品为原子钟;中国电子科技集团有限公司、中国航天科技集团有限公司、中国航天科工集团有限公司和中国船舶重工集团有限公司下属的一些研究机构正逐步在各自优势领域开展量子测量方向研究。

近年来,高校和研究机构对于科研成果的商业转化支持力度逐步增大:中国科学技术大学的国耀量子雷达科技有限公司将量子增强技术应用于激光雷达,面向环境保护、数字气象、航空安全、智慧城市等应用,生产高性价比的量子探测激光雷达;国仪量子以量子精密测量为核心技术,提供以增强型量子传感器为代表的核心关键器件和用于分析测试的科学仪器装备,主要产品包括电子顺磁共振谱仪、量子态控制与读出系统、量子钻石原子力显微镜、量子钻石单自旋谱仪等;国盾量子近年针对高精度重力测量需求,开发出基于冷原子干涉的重力仪原型产品;浙江工业大学历时 15 年开展小型化原子重力仪研究,于 2019 年开发出第三代系统样机,后续正逐步推进商业化和应用落地。

我国量子测量的系统和分系统级别的核心组件主要基于自主研发,但设计和研制样机所需的基础材料和元器件,以及高端测控仪表等仍然有很大一部分需要依赖进口。

## 2.4.2 中国量子科技创新生态系统协同现状

近年来,我国量子科技发展的主要研究力量集中在高校和科研院所,中国科学技术大学、北京大学、清华大学、中国科学院等机构是主力军。随着量子信息技术的深化发展,在政策的引领指导下,资本市场纷纷加快在量子领域的布局,其中包括阿里巴巴、腾讯、百度和华为等科技巨头通过与科研机构合作等方式成立量子实验室,布局量子科技。同时,在政府、投资机构的推动下,量子领域的初创企业大量涌现,如本源量子、国仪量子等,其中大部分依托科研机构或高校。总体而言,在我国政府战略支持下,以高校、科研院所、企业为主体群落联动的创新生态系统处于萌芽发展期。

### 2.4.2.1 群落内协同现状

1. 生产者群落内协同:高校合作为主,未成主流

量子科技属于前沿领域且其细分类目众多,每一项理论、技术的突破相当于在无人区的开拓,创新难度大、研制风险高,需要结合多个创新知识生产单元的力量才能结合各自既有创新知识优势产生突破性成果、缩短研制时间、降低创新风险。

在中国科学院-阿里巴巴量子计算实验室、国家自然科学基金委员会、科技部和教育部等资助下,2017 年 5 月,中国科学技术大学、浙江大学、中国科学院物理研究所等协同研发出世界首台超越早期经典计算机的光量子计算原型机(基于 10 光子纠缠操纵);在超导体系,该团队自主研发了 10 比特超导量子电路样品。

2021 年 9 月,上海交通大学陈险峰团队和江西师范大学李渊华等人合作构建了一个 15 个用户的量子安全直接通信(QSDC)网络。他们利用量子安全直接通信原理,首次实现了网络中 15 个用户之间的安全通信,传输距

离达 40 km,这为未来基于卫星量子通信网络和全球量子通信网络奠定了基础。

总体而言,生产群落内协同以科研院所和高校创新主体为主,案例有限,其合作尚待进一步开发。

2. 消费者群落内协同:企业合作为主,成果商用

量子科技逐渐走出实验室,走向商业化、产业化。在此过程中,消费者也在不断利用现有基础进行群落内合作,以实现产业技术二次生成、品牌与产品营销等的合作。另外,由于部分创新单元专注于应用层或硬件层,其最终产品的呈现需要与互补者协同才可实现。

2021 年 7 月,国盾量子与紫光云引擎科技(苏州)有限公司、安徽中科锟铻量子工业互联网有限公司达成战略合作。三方将在量子信息、产业数字化和数字产业化等领域实现协同合作:基于各自技术优势共建量子工业互联网创新中心,深入量子工业互联网应用场景,输出产品与解决方案,共同致力于相关领域的人才培养。

2021 年 9 月,国盾量子与长虹美菱股份有限公司、合肥中科类脑智能技术有限公司(以下简称"中科类脑")等合作的"基于量子安全的工业互联网边缘计算网关关键技术研发及示范应用"项目获得安徽省科技重大专项立项。该项目发挥各方的技术领先优势及工程经验,推动实现关键数据采集、传输、控制等大规模应用场景化部署,实现用量子保密通信技术为工业数据精准交互提供安全保障。

华为 2018 年发布了 HiQ 量子计算云平台,提供多种在线开发环境,开发环境已预集成量子计算编程框架,开发者可任意选择环境进行编程体验,这个平台正在成为一个量子计算研究和教育普及赋能平台,推动中国量子计算的技术研究进步和产业化。此外,2022 年,华为欧洲公司(位于德国杜塞尔多夫)等 25 家欧洲组织撰写了《迈向量子技术的欧洲标准》(Towards European Standards for Quantum Technologies),其中总结了欧洲主要标准化机构在量子技术方面的进展,展示了华为的国际合作成果。

综合以上案例,消费者群落内的协同以企业合作为主,其成果均为实验室研究成果和行业内部的商用成果,尚未实现民用领域的大规模应用。相较于群落内其他创新单元的协同现状,消费者群落内协同实践案例最为丰富。

3. 分解者群落内协同:资讯合作为主,内容有限

目前量子科技产业化首先遇到的难题是,市场不了解这个行业,所以需要分解者从媒体开始切入行业,从研究切入产业,为创新主体提供信息与咨询服务。国内量子产业服务平台出现时间晚,平台内资讯较少。以下选取较有代表性的两家量子科技服务平台进行分析。

北京鹬鸟科技有限公司旗下的成都光子盒科技有限公司(以下简称"光子盒")定位为量子产业服务平台,通过推送前沿量子科技新闻、科普量子知识、解读量子技术、发布年度和专题报告等形式,连接企业、专业人才、投资者、个人用户等社群,加速信息、人才、资金、技术等要素的充分流动,推进中国量子科技产业发展。

截至 2022 年 5 月,"光子盒"已公开发布了 40 余份量子科技领域的专题报告,并且为 10 余家中国量子科技领军企业提供量子行业咨询和数据服务等。"光子盒"正在不断扩充自有量子科技产业数据库的广度与深度,建立多维量子产业数据信息,提供客观、专业、深入的且具有时效性的量子行业报道与咨询服务。近年来,"光子盒"与 ICV(全球前沿科技咨询机构)合作发布了《2022 全球量子精密测量产业发展报告》《2022 全球量子计算产业发展报告》等研究型资讯报告。

2018 年 4 月,由中国科学技术大学甄一政博士牵头,联合国内外高校数位博士共同创办了"量子客"平台,致力于为量子计算技术、量子通信技术、基础研究落地提供在线资源服务以及产业服务。"量子客"平台服务于高校、研究机构、大型科技企业等,为新一代产业创新企业和机构提供媒体报道、研究咨询、量子教育、数据支持、视频/栏目制作、品牌公关、投融咨询等业务。

量子科技创新生态系统内分解者协同尚未形成稳定的合作形式,单个平台内呈现的内容有限,其发展尚需时间,也需在企业进行信息共享方面打开新局面。

### 2.4.2.2　群落间协同现状:产学研协同为趋势,生产群落为主体

量子科技创新生态系统的创新知识生产具备应用导向性,这为产学研的协同提供了天然的合作原动力。目前群落间的协同主要为产业联盟,包括依托高校或科研院所成立公司、与其合作开发应用两种形式。

2019 年 12 月,国内首个量子计算产业联盟 OQIA(Origin Quantum Industry Alliance)正式揭牌,致力于培养量子计算生态圈。OQIA 依托国内第一家以量子计算机的研制、开发和应用为主营业务的初创型公司本源量子,已集结计算科技、机器学习、区块链、人工智能、低温制冷、信号处理、生物医药、大数据等八大行业,共有 11 家企业成员(图 2.8)。

OQIA 目前已同清华大学、哈尔滨工业大学、华中科技大学等高校在量子计算的科研教育方面展开合作;与哈工大机器人集团有限公司、中国船舶重工集团有限公司、中科类脑等跨行业用户共同探索量子计算应用场景。

OQIA 将为成员提供量子语言和量子程序的开发指导,全行业应用场景的量子应用算法定制,量子芯片和设备优先使用权,基于本源量子云技术的私有云服务的定制和培训,基于行业应用场景需求的量子硬件系统的专属定制开发。

2021 年,在工业和信息化部指导下,中国信息通信研究院联合我国量子科技领域高校、科研机构、初创企业、科技企业和信息通信企业,共同发起和筹备组建量子信息网络产业联盟。

其主要计划包括:开展量子计算、量子通信和量子测量三大领域的量子信息网络技术、应用、产业发展趋势问题研讨;组织技术交流研讨,技术创新与实用化研究,促进应用场景探索与通用共性技术的协同研发;开展产业发

展需求与问题分析,促进产业要素聚集和生态培育;推动技术标准前期研究,研制测试测评方法规范,开展测评验证;举办论坛会议、科普培训和竞赛展示等多种形式活动,推广优秀技术产品、解决方案和应用案例,组织开展对外交流合作等。

图 2.8 本源量子计算产业联盟布局

资料来源:本源量子,2021b. 对标 IBM,本源量子联盟引领国内量子计算新风向[EB/OL].
(2021-06-16)[2023-12-01]. http://www. 163. com/dy/article/GCKQB4UC05385VQN.
html.

除了 OQIA 以及量子信息网络产业联盟(QIIA)等联盟形式的群落间协同形式,依托高校或科研院所成立公司、与其合作开发应用也是群落间协同的主要方式。

中科酷原科技(武汉)有限公司成立于 2020 年,致力于原子重力传感器及其相关光学、电子等产品的研发和技术服务。公司由中国科学院精密测量科学与技术创新研究院(由中国科学院武汉物理与数学研究所和中国科学院测量与地球物理研究所联合组建)持股,技术源自中国科学院精密测量科学与技术创新研究院冷原子物理研究团队,是国内最早开始中性原子量子信息技术研究的团队之一。2010 年研制出高精度的原子绝对重力仪实验室样机,测量精度达到了 4 $\mu$Gal;2020 年团队将原子重力仪相关技术实施了科技成果的转移转化,成立了产业化公司,同时研制出了第二代集成化原子重力仪 WAG-C5-02,测量精度已可达到 2 $\mu$Gal 的世界先进水平。

中国电子科技集团有限公司成立于 2002 年,是中央直管企业,旗下单位在量子雷达、量子成像、量子导航等方面开展了大量前沿性基础研究和关键技术攻关。2020 年,中国电子科技集团有限公司与南京大学合作研制了超导阵列单光子探测系统,实现全天时、超衍射极限三维成像,实现了对数百千米外移动小目标的实时跟踪探测,是单光子雷达(一种量子雷达)技术的应用,这意味着未来一部分隐形战机将有望通过该系统被识别。

2015 年 7 月,中国科学院与阿里云在上海宣布,共同成立中国科学院-阿里巴巴量子计算实验室。2017 年 3 月,云栖大会・深圳峰会上,阿里云公布了首个云上量子加密通信案例。2017 年 5 月,世界上第一台超越早期经典计算机的光量子计算机在中国诞生,该计算机由中国科学技术大学、中国科学院-阿里巴巴量子计算实验室、浙江大学等共同研制完成,将可高精度操纵的超导量子比特数从此前的 9 个提升到 10 个。

目前,群落间协同是 3 种协同中成果较为丰硕的一类。产业联盟成立时间较短,其协同成果弱于企业依托高校或科研院所成立公司、与高校或科研院校合作开发应用的形式。对照其他量子科技先进国家纷纷设立产业联盟的布局,未来产业联盟的兴起是国内量子科技协同发展的一大趋势,从现有跨群落协同的力量来源可推断,现阶段生产群落为主体力量。

### 2.4.2.3　群落与环境协同现状

在群落与环境的协同中,环境可划分为政策环境、经济环境、社会环境、技术环境 4 类。在国家战略布局下,量子科技创新生态系统内群落与政策、经济、文化环境协同状况良好,但与技术环境协同存在不平衡现象,量子通信技术环境良好,量子计算与量子通信有待进一步发展。

1. 群落与政策、经济环境协同情况

量子科技已被写入国家层面的发展战略中,各地政府均增加创新投入采取专项引导基金等措施,鼓励中小型企业积极参与技术研发。然而各地政府的支持较为分散,未能集中资金支持重点项目开展。

2021 年 3 月,《中华人民共和国国民经济和社会发展第十四个五年规划和二〇三五年远景目标纲要》正式发布,明确提出:聚焦量子科技等重大创新领域,组建一批国家实验室;瞄准量子信息等前沿领域,实施一批具有前瞻性、战略性的国家重大科技项目;在量子科技等前沿科技和产业变革领域,组织实施未来产业孵化与加速计划,谋划布局一批未来产业;加快布局量子计算、量子通信等前沿技术,加强基础学科交叉创新;深化军民科技协同创新,加强量子科技等领域军民统筹发展。

2021 年以来,北京、安徽、广东、上海、山东等 21 个省(自治区、直辖市)在地方"十四五"科技与信息技术产业发展规划中,对量子信息领域基础科研、应用探索和产业培育等方面做出具体部署,提供政策引导与项目支持。

由于中国独特的科研财政制度以及中国空前加大对量子科技的投入,当前可以发现在各国对量子技术领域的财政拨款中,中国政府财政拨款的力度最大,高达 100 亿美元(表 2.7)。这里的数据包含未来的规划投入,并非实际已经投入额数据,但能够体现中国政府对量子技术的重视程度。2021 年 3 月 5 日,中国宣布从 2021 年开始的第十四个五年计划中,将以年均 7% 以上的速度增加研发投入,并将人工智能、半导体以及量子技术作为重要领域。

表 2.7 国家量子倡议基金

| 国家/地区 | 消 息 来 源 | 金额(百万美元) |
|---|---|---|
| 澳大利亚 | IOP Science(IOP 科学平台) | 94 |
| 加拿大 | IOP Science | 766 |
| 中国 | CNAS(中国合格评定国家认可委员会) | 10000 |
| 欧洲 | Quantum Flagship(量子旗舰) | 1100 |
| 法国 | 《The Quantum Daily》(《量子日报》) | 1800 |
| 德国 | Federal Ministry of Education and Research(德国联邦教育与研究部) | 3117.5 |
| 印度 | Department of Science and Technology(科学技术部) | 1000 |
| 以色列 | 《Haaretz》(《国土报》) | 360 |
| 日本 | IOP Science | 470 |
| 荷兰 | Australia's National Science Agency(澳大利亚国家科学局) | 177 |
| 俄罗斯 | 《Nature》(《自然》) | 663 |
| 新加坡 | National University of Singapore(新加坡国立大学) | 109 |
| 韩国 | The Sociable("社交"网) | 37 |
| 英国 | UK Government(英国政府) | 1300 |
| 美国 | 《Technology Review》(《技术评论》) | 1275 |

注:财政拨款包括历史记录和未来倡议,特别是中国。

### 2. 群落与技术环境协同情况

目前,中国在量子科技产业化探索之路上披荆斩棘,特别是在量子通信领域,在国际上率先实现了广域量子保密通信技术路线图,在国际标准化方面也取得了重要的话语权。

2021 年,工业和信息化部批准并正式发布实施中国首批量子通信行业标准《基于 BB84 协议的量子密钥分发(QKD)用关键器件和模块》《量子密钥分发(QKD)系统技术要求》《量子密钥分发(QKD)系统测试方法》,适用于采用光纤信道传输的基于诱骗态 BB84 协议的 QKD 系统。上述标准由中国信息通信研究院牵头,国科量子通信网络有限公司(以下简称"国科量子")、国盾量子、安徽问天量子科技股份有限公司(以下简称"问天量子")等参与编制,将进一步推动中国量子保密通信产品成熟和产业发展。

量子计算与测量领域相对仍处于标准化的早期阶段。2020 年申报立项的《量子计算 术语和定义》是量子计算领域首个国家标准,《量子测量术语》也于 2021 年启动立项,两大领域的标准制定仍需更多的协同合作。

3. 群落与社会环境协同情况

近年来,量子科技飞速发展,学术与应用成果迭出,政府在各类文件中为量子科技发展添砖加瓦,全社会创新氛围逐渐浓厚,创新文化与价值观念逐渐形成与扩散。

在量子科技领域,安徽合肥的社会科技文化建设成果突出,城市已形成融合创新的文化理念。2022 年,安徽省人民政府办公厅印发《安徽省实施计量发展规划(2021—2035 年)工作方案》(共提及"量子"关键词 19 次),其中进一步提到,各级科技、文化等主管部门要加强计量科普宣传和文化建设,培育建设一批计量博物馆、科技展览馆,建设量子计量科普基地,以弘扬新时代量子科技精神。

## 2.4.3　量子科技发展趋势研判

当前世界经济进入新旧动能转换期,经济持续低速增长且分化态势持续,经济全球化遇到波折并进入深度调整期。从历史经验来看,经济危机往往孕育着新的科技产业革命,而近年来量子科技三大领域的研究和应用探索不断突破,标志性成果和热点话题层出不穷,利用量子理论来变革信息技术,有望实现对信息处理能力的革命性突破,量子科技的创新应用有望引领新一轮科技变革和产业变革,为新的经济增长注入动能。未来,量子科技领域的竞争将会进一步依托量子科技创新生态系统,生态系统的建立与完善将是重要布局。

### 2.4.3.1 量子计算领域

目前,量子计算硬件物理平台各技术路线仍未收敛,实现量子逻辑比特的门槛尚未跨越,软件算法和应用探索还处于新构阶段,量子计算测控系统和工作环境等方面的要求仍存在诸多挑战。

在今后的 5～10 年中,量子计算将主要围绕突破量子叠加和量子纠缠的长时间保持、多粒子纠缠、超越容错阈值的高精度量子比特操作等技术,朝着实现数百个量子比特的相干操纵,研制专用量子模拟机以解决若干经典计算机难以解决的具有重大实用价值的问题方向努力,同时为实现通用量子计算机奠定基础。基于目前的技术和发展水平,若想实现最终大规模可编程容错的通用量子计算机仍是 10 年以上或者更长时间的远期目标,所以,未来经典计算机和量子专用机的结合使用将有可能是量子计算机发展的一种可行模式。

未来量子计算的发展将集中在两个方面:一是继续提升量子计算性能。为了实现容错量子计算,首先考虑的就是如何高精度地扩展量子计算系统规模,在实现量子比特扩展的时候,比特的数量和质量都极其重要,需要实验的每个环节(量子态的制备、操控和测量)都要保持高精度、低噪声,并且随着量子比特数目的增加,噪声和串扰等因素带来的错误也随之增加,这对量子体系的设计、加工和调控带来了巨大的挑战,仍需大量科学和工程的协同努力。二是探索量子计算应用。预计未来 5 年,量子计算有望突破上千比特,虽然暂时还无法实现容错的通用量子计算,但科学家们希望在带噪声的量子计算(noisy ineermediate scale quantum,NISQ)阶段,将量子计算应用于机器学习、量子化学等领域,形成近期应用(长春桥6号,2021)。

在产业应用上,整体来看我国的科研水平与国际基本保持同步,星地量子通信研究和示范应用探索处于领先,国内企业纷纷布局,其中三大运营商一方面助力量子通信的应用落地,另一方面也不断创新应用技术,提升通信等行业的安全标准。

### 2.4.3.2　量子通信领域

目前,量子通信已初步具有实用价值,正处在从实验室走向实际应用的过程中,基于QKD的量子保密通信技术的理论研究比较活跃,应用探索和产业发展也取得一定成果,但仍面临系统性能与实用化水平待提升,应用场景和市场化发展程度有限,产业内生增长动力不足等诸多瓶颈。

未来,突破高速高精度调制、高效低噪声探测、大规模网络交换和控制、长寿命高读出效率量子存储、全天时自由空间量子通信及卫星组网等技术将成为关键。依靠更强的系统性能,挖掘更广阔的应用场景,融合量子隐形传态、量子卫星、量子中继、量子计算等技术,由量子通信网络搭建而成的量子互联网将成为各国量子信息的战略方向,人类将朝着更安全、高效、稳定的量子互联世界迈进。但基于目前研究水平有限,量子互联网的研究和探索仍处于设想阶段,距离真正的使用还有很长一段路。

在量子通信领域,未来的可能性之一是发展出完整的天地一体广域量子通信的相关技术,并推动量子通信在金融、政务、能源等领域的广泛应用。同时,利用广域量子通信发展出来的高精度光量子传输技术和空间量子科学实验平台,构建高精度的时间频率传输网络,对下一代“秒”定义作出重要贡献,在此基础上能够开展对引力波探测、暗物质搜索等物理学基本问题的研究(徐海涛 等,2021)。

与国外发达国家和地区相比,我国的前沿研究、样机研制和应用推广仍存在较大差距,但也在加速追赶进程中。科技巨头阿里巴巴、腾讯、百度和华为通过与科研机构合作等方式成立量子实验室,布局量子处理器硬件、量子计算云平台等领域;而本源量子等初创公司则在量子处理器硬件、开源软件平台和量子计算云服务等方面进行了积极探索。

### 2.4.3.3　量子测量领域

精密测量是科学研究的基础,可以说,整个现代自然科学和物质文明是伴随着测量精度的不断提升而发展的。以时间测量为例,从古代的日晷、水钟,到近代的机械钟,再到现代的石英钟、原子钟,随着时间测量的精度不断提升,通信、导航等技术才得以不断发展,不仅给社会生活带来极大的便利,也为新的科学发现提供了利器,更高的测量精度一直是人类孜孜以求的目标。随着量子力学基础研究的突破和实验技术的发展,人们不断提升对量子态进行操控和测量的能力,从而可以利用量子态进行信息处理、传递和传感。量子精密测量是利用量子力学规律,特别是基本量子体系的一致性,对一些关键物理量进行高精度与高灵敏度的测量。利用量子精密测量方法,人们在时间、频率、加速度、电磁场等物理量上可以获得前所未有的测量精度(长春桥 6 号,2021)。

目前,量子测量已在生物与医疗、食品安全、化学与材料科学等领域显示出其独特的优势和广阔的应用前景,原子相干叠加测量、核磁/顺磁共振测量、无自旋交换、弛豫原子自旋(SERF)测量、纠缠态/压缩态测量和量子增强测量等技术方向的研究与演进正逐步明晰,量子测量技术正加速赋能各行业。

随着原子运动和黑体辐射等的精确控制、精密光谱、原子自旋操控和原子冷却以及原子干涉、单光子单电子单原子水平的量子灵敏探测等技术的突破,将有望研制出一批在国家安全、环境监测、前沿科学、生命健康等领域有重要应用价值的量子精密测量设备。

整体来看,我国量子精密测量相关技术和器件的产业化应用尚处于起步阶段,落后于欧美国家。量子测量的主要应用方向和技术路线均有国内企业、高校及科研院所布局,由于量子测量技术范围十分广泛,不同的应用领域量子技术的应用和发展呈现出不均衡的状态。目前,超精密、小型化、低成本的传感器、生物探测器、定位导航系统等关键传感测量器件的市场需求量处在不断增长的状态,属于较为成熟的应用领域,量子技术的应用程度较高、发展速度较快。

### 2.4.3.4　量子科技未来发展趋势

随着量子科技的不断演进,成果不断涌现,预计未来 5 年将呈现 3 个主要特点:

一是目前量子科技相关技术仍处于科研攻坚阶段,随着技术竞争进入白热化阶段,预计科研论文和专利数量将迎来爆发期,且频率将明显提高,各国将更加重视知识产权保护和国际标准制定,抢占制高点。

二是根据 2021 年各国政府政策战略的制定和投资金额的数额预判,全球各国将迎来政策密集期,各国都已认识到量子科技的战略意义,科技支持政策将越来越细化,资金支持将在科技和产业上各有侧重,地方政府响应程度也将逐步攀升,未来竞争将会愈加激烈。

三是国际合作将越来越密切,近年来,以欧美为主的国家,在量子科技赛道上非常注重国际合作,联盟发展,通过联合攻关的形式,共同提升和稳固量子科技发展层次和水平。预计在全球将会形成几大量子科技联盟发展阵营,量子科技创新生态系统的构建成为趋势,主要以国家为主导,企业和机构为辅助,全链条共同促进量子科技的发展。

# 第 3 章
# 量子科技创新生态系统的建构

    量子科技创新生态系统是以创新主体在量子科技方面的自身资源(生态位、知识资源、技术资源)与动态能力为基础,跨越组织边界,与创新生态系统中的主体协同进化、共生演化、竞合博弈,形成具有知识网络、研发网络和技术应用网络的科技创新生态系统(覃荔荔,2012)。量子科技创新生态系统具有高科技创新生态系统的特征,遵循创新生态系统建构的原则。通过量子创新生态系统建构模型,把握系统建构过程,并从中提炼出系统运行的关键驱动因素以及驱动因素如何作用于系统,即该系统的运行机理,是探究量子科技创新生态系统未来发展的基石。

## 3.1　量子科技创新生态系统的构建原则

    创新生态系统的作用是通过系统内的能量流动、物质循环和信息传递,促进创新知识的生产、扩散和使用,从而优化资源配置,提高竞争力和抗风险能力,获得优秀的创新成果,促进系统的发展和进化,最终使所有系统成员共同受益。为了能够实现预定的目标,在构建创新生态系统时需要符合一些基本原则(杨荣,2014),既要站在系统整体视角规划,又要关注量子科技发展及阶段性演化的特征。

### 3.1.1　战略规划原则

创新生态系统的构建基础是协同目标的建立,需要在宏观上把握创新生态系统的发展方向,站在"战略导向"上对系统的建构进行规划设计。同时需要掌握创新发展的演化阶段,考量量子科技当前发展现状,尤其是前沿科技发展前景,充分考虑此类系统建构后运行可能带来的影响,包括对社会经济、技术改革、创新环境等诸多方面。

### 3.1.2　动态平衡原则

创新生态系统是由多元主体构成的集群结构,存在着复杂的共生关系、竞争关系等,而且与环境之间通过物质、能量和信息的交换也进一步揭示了创新生态系统的动态性。动态平衡原则反映的是事物内部总量组成要素之间具有相对平衡的关系,个体都遵循平衡运行规则,在创新生态系统这一集群中必然也需要遵循动态平衡原则,充分考虑各主体之间协同关系的变动以及所处集群环境的变动,从而对创新生态系统进行动态调整。针对量子科技创新集群所处的不同阶段、不同地域等特征,需要因时制宜、因地制宜构架相应的协同方式与组织形态,并基于系统的自组织性,不断平衡各创新种群及创新群落以及与创新环境之间的动态关系,实现动态平衡。

### 3.1.3　开放合作原则

创新生态系统的开放性表现为在一定的环境下,需要与外部环境进行能量、物质、信息的交流,才能维持系统的发展。加强系统的开放性以促进创新资源、创新成果的快速流动是量子科技创新生态系统持续演化发展的关键点。量子科技作为前沿科技、战略性新兴科技,其本身的性质决定了该领域科技创新需要保持高度开放才能站在国际舞台视角,宏观把握量子科技发展方向,才能在系统中完成创新元素的顺畅流动。创新主体之间的通力协作是系统运行的基础,表明创新生态系统内部也一直处于相互沟通交流的状态,因此,遵循开放合作原则构建创新生态系统是必要的。

### 3.1.4 创新政策原则

创新范式的升级直接引发创新政策的转型需求,创新政策应该随着创新发展阶段调整以适应创新生态系统的发展,而创新政策又进一步指引创新生态系统按照预定的方向演化。当创新生态系统依据不同的创新政策变化时,其系统内部行为也会被改变,从而进一步导致系统整体功能以及创新效率的改变(刘兰剑 等,2020)。遵循创新政策原则,从优化创新政策的角度出发,建构科技创新生态系统,为创新政策适应创新生态系统提供现实依据,同时在建构过程中,也可以深度了解当前创新政策与创新生态系统的匹配程度,为系统结构及创新政策的调整提供支持。

### 3.1.5 运行效率原则

创新生态系统的运行效率决定了系统整体发展水平,一般对运行效率的评估主要从创新产出和创新投入两个方面出发,创新投入可分为创新主体和创新环境两个方向的投入,创新生态系统的构建就是对创新主体以及创新环境的组织形式、运行结构等进行协同的过程。遵循运行效率原则,就是从建构初期即以追求高效运行为目标进行创新元素的分布。

## 3.2　量子科技创新生态系统的构成要素

　　创新生态系统的构成要素研究是当前学术界关于创新生态系统研究的关键一环,构成要素的组合形态体现了创新生态系统的复杂性和动态性。创新生态系统以生态为核心理念,在创新环境下通过各要素之间的协同,保持创新生态系统的平衡,实现创新主体的共同发展,并促进创新生态系统发展演化。科技的发展作用于社会的同时也依存于社会,并依赖于一定的社会条件,尤其是高科技的发展需要社会提供适宜的创新沃土,也就是说,从影响因素而言,外部环境对于科技创新生态系统的作用是十分关键的。基于此,科技创新生态系统的构建应重点关注创新主体及创新环境。本书结合量子科技发展所需要素的特性,将量子科技创新生态系统的构成要素概括为核心层和外围层,其中核心层由创新主体构成,其功能为科技创新知识的生产、扩散与应用;外围层由创新环境构成,包括政策环境、经济环境、文化环境、技术环境,如图 3.1 所示。在整个系统中,资源、人才、信息等要素在各群落互动交流中流转并作用于每一个群落。

### 3.2.1　核心层:创新主体

　　在科技创新生态系统中,最小的单位是创新主体,即高校、科研院所、企业、政府等独立组织;创新种群是指由基本属性相同的创新主体集合而成的群体,如企业种群、政府种群等;创新群落则是不同性质的种群集合而成的群体(吕鲲,2019)。

　　在量子科技创新生态系统中,创新群落被划分为创新知识的生产群落、创新知识的开发应用与扩散群落以及创新知识的保障群落,各个群落由各创新种群构成,包括高校种群、科研院所种群、研发机构种群、企业种群、用户种群、政府种群、金融机构种群、科技服务中介种群等,另外基于量子科技作为国家战略性新兴科技的定位,其保障群落还重点包括了国家科技项目群的支撑。

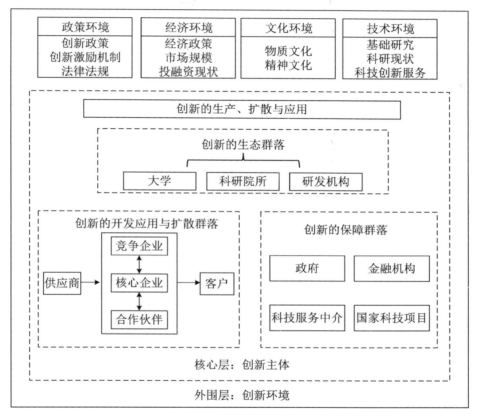

图 3.1　量子科技创新生态系统

创新主体指具有创新能力并实际从事创新活动的人或社会组织。在科技创新生态系统中,创新主体即为从事科技创新活动的个体或组织(赵明,2014),具有以下特点:① 具有进行科技创新活动的能力;② 具有从事科技创新相关实践的自主性和目的性；③ 能够承担创新活动的责任与风险；④ 承接创新活动的收益。

创新种群不仅仅是物种的集合，也是功能和作用的集合。在科技创新生态系统中，种群的特点也决定了种群的功能如何作用于整个创新生态系统。在科技创新生态系统中，由创新主体集合而成的种群具有以下特点：① 高度聚集性，创新主体在同一种群中相互交织，信息高速流动，创新资源在种群内部实现紧密结合；② 内部稳定性，某一创新种群的形成通常是因为内部创新主体的性质、功能等具有一致性，这也导致了种群具备内部稳定的结构和清晰的边界，也为能够聚集种群力量通过种群独特价值与其他种群耦合形成群落创造基础条件；③ 技术创新导向性，实现技术创新正是创新种群的核心目标，但同时又反作用于创新种群，创新种群的形成可以通过同类竞合关系大大提高技术创新的空间，但技术的变革也会造成创新种群内部扰动，致使创新种群发生改变甚至重组，两者的共生演化是创新生态系统进化的重要动力，也促进全新的创新群落以及创新环境的产生。种群的内部特点是同类创新主体紧密结合的结果，也是多元创新种群能够协同形成创新群落的基石（杨剑钊，2020）。

创新群落由各个创新种群依据功能动态集合而成，既囊括了种群特征优势，也因种群集合产生了创新力量的集聚效应。创新群落具有以下特点：① 创新群落是以某一固定的创新要素为中心而聚合的，这一创新要素可以是某一创新资源或某种创新支撑等；② 创新主体、创新种群、创新活动 3 方面在不同的创新群落中具有各自的特性（吕鲲，2019），这也进一步说明了分布于创新生态系统中的创新群落具有高度异质性，也是创新生态系统能够发展演化的内在原因；③ 创新群落中各创新要素及其分布会对创新群落产生影响，同时创新群落的演化也会对内部创新要素产生影响，促成其改变或重组，这种相互作用也是促进创新生态系统演化的动力机制。

在充分了解核心层创新元素即创新主体、创新种群、创新群落的内涵和特征之后，才能在把握其共性的基础之上探究量子科技创新生态系统的创新主体特性及其如何作用的路径和机制。

### 3.2.1.1　创新的生产群落

创新的生产群落包括大学、科研院所、企业研发机构。该群落着眼于新知识、新技术的基础研究与探索，是量子科技创新生态系统中的"生产者"。完成创新项目可以促使整个创新生态圈的信息传递、价值增值。《中共中央关于制定国民经济和社会发展第十四个五年规划和二〇三五年远景目标的建议》关于创新驱动发展中，明确提到要瞄准量子信息在内的前沿领域，实施一批具有前瞻性、战略性的国家重大科技项目。

1. 高校

高校作为国家科技创新体系的重要组成部分，具有人力资源优势、学科基础优势、学科交叉优势和学术交流优势，是科技创新特别是原始创新的重要源泉（曹琼，2013）。

在量子科技领域，我国高校是原始创新的重要发源地。以中国科学技术大学、山西大学、清华大学等为代表的国内高校是我国量子科技领域原始创新的聚集地。中国量子科技的起源，也可以说是高校，在 20 世纪 80 年代初期，中国科学技术大学的郭光灿和山西大学的彭堃墀在国外访学时了解到量子学科的进展，促使他们开始对量子学科进行研究。起初，国内对量子科技的研究不仅薄弱且仅仅停留在理论层面，国内的理论研究起步的标志是 1994 年郭光灿获得国家自然科学基金面上项目"量子非破坏性测量和量子态的制备"，国内对量子调控与量子技术的研究从此正式启幕。

高校作为量子科技基础研究的核心阵地，是量子科技创新生态系统在科学研究阶段的关键创新主体，我国高校致力于量子科技基础研究集中表现在各类高校依托于自身资源以及项目资助建立量子科技领域研究实验室，进行包括量子通信、量子计算、量子测量等领域的基础研究。中国科学技术大学建立的中国科学院量子信息重点实验室是我国量子信息领域第一个省部级重点实验室，该实验室长期从事量子通信与量子计算的理论与实验研究，做出了一系列国际一流水平的原始创新科研成果，是中国量子信息领域人才的重要培养基地之一,承担多项重大项目;山西大学量子光学与光量子器件国家重点实验室长期从事量子光学基础研究及光量子器件应用开发,是国内最早开展量子光学研究的单位之一,经过 30 多年发展,已建成能够开展国际前沿课题研究的实验平台;北京大学于 1959 年建立的量子电子学研究所,面向国家重大战略需求和前沿基础科学发展,开展量子技术领域多个研究方向的研究工作。另外,还包括清华大学的量子信息科学与技术研究中心、南京大学的微结构国家实验室等也有较高显示度。

这些实验室之所以能够和高校相依相存,共同发展,主要原因在于以下 4 个方面的优势:

(1) 人力资源优势。高校是培养科技人才的重地,量子科技作为颠覆性创新科技以及国家战略性新兴科技,尤其需要战略科学家宏观统领以及无数精英科技人才的科研付出。我国量子科技领域研究发端于中国科学技术大学,其原因就在于这里拥有以郭光灿、潘建伟、杜江峰为代表的战略科学家,奠定了中国量子领域的研究基石。他们基于自身丰厚的学科知识基础,对学科未来发展有着战略性、前瞻性的眼光,站在科学前沿,通过聚焦国内外量子科技发展状况,凝练出根本性的重大科学问题,建立独创性研究体系,开辟新的研究领域,引领中国量子科技发展。也正是基于高校这种雄厚的师资力量,由科学家带领的研究团队随着量子科技领域的研究进程培育出一批又一批新生科研力量。

(2) 学科基础优势。通过学科建设培养高级人才是高校的核心任务,因此,学科是大学的基本元素(刘献君,2000),科学研究水平在很大程度上取决于学科发展水平。只有把握学科前沿,才能把握高水平的科研;只有高水平的学科,才能聚集一批高水平的科研人才,从科学研究与学科的关系来看,学科的基本优势也是高校能够在各个学科中进行探索和研究的根本原因。量子力学是物理学理论,坚实的物理学科基础是量子科技领域研究的基石。据全国第四轮学科评估结果显示,目前在物理学科方面,北京大学和中国科学技术大学评估结果为 A+,清华大学、复旦大学、上海交通大学、南京大学 4 所学校评估结果为 A,南开大学、吉林大学、浙江大学、武汉大学、华中科技大学以及中山大学 6 所大学评估结果为 A－。通过学科评估结果可以大致了解到以上高校是中国高校中物理学科建设的翘楚,各自也在不同程度上对量子科技领域进行了相应的前沿性研究。北京大学于 1913 年设立物理学专业,开启了我国物理学本科教育,北京大学的物理系聚集了饶毓泰、吴大猷、丁燮林等中国物理界第一代领军人物,也培养了郭永怀、杨振宁、邓稼先等享誉世界的杰出科学家。2021 年,量子信息科学被列入普通高等学校本科专业目录的新专业名单,量子信息科学是量子物理学和量子信息学的交叉学科,中国科学技术大学新增了"量子信息科学"本科专业,同时还获批了我国第一个量子科学与技术方向的博士学位授权点,标志着中国科学技术大学在量子科技领域的学科建设中取得了阶段性成果。实际上在 20 世纪 90 年代,中国科学技术大学就已经面向研究生开设了量子光学、量子信息导论等选修课,之后也对本科生开设了相关课程。中国科学技术大学正是依托于自身的物理学科基础优势,在量子科技领域研究发挥了重要作用。另外,清华大学也于 2021 年 5 月建立了量子信息班,旨在为我国培养量子信息领域的拔尖创新人才,服务国家重大科技战略计划。

（3）学科交叉优势。量子科技研究与应用涉及多门学科,高校是一个丰富的学科集合体,能够在学科交叉融合发展上为量子科技研究方向带来更多的可能。量子信息是计算机、信息科学和量子物理相结合产生的新兴交叉学科,以量子力学为基础的革命是颠覆性的,也正是因为量子信息的交叉特性才更有可能带来突破性创新。利用高校自身丰富的学科资源,更容易协同多学科力量开展量子相关交叉研究,从而不断带来突破性学术及科研进展。中国高校目前也建立了不少量子科技领域交叉研究中心,如天津大学的量子交叉研究中心,主要研究方向涵盖量子场论、引力理论、高能理论物理、凝聚态物理、量子光学和量子信息等前沿学科,并特别鼓励这些研究方向上的交叉与融合。浙江大学于 2016 年成立了量子信息交叉中心,在量子信息领域的多个研究方向取得了丰硕成果。国防科技大学的量子信息学科交叉研究中心成立于 2015 年,汇聚国家在量子研究领域的重大战略需求,围绕量子计算、量子通信、量子成像和纳米材料等 10 个国际前沿科研方向开展集中攻关,是该校为抢占未来新军事变革制高点部署的又一科研要塞。

(4) 学术交流优势。前沿科学领域探索需要保持高频次的学术交流,这也是高校从创新主体聚集为高校创新种群,发挥种群作用的过程。中国各大高校集聚成长为高校种群,通过学术交流这一渠道完成不同学校间多方面资源的共享和互补,实现不同学校间的科研合作机制,产出学术成果。在量子科技领域,高校间资源的流动也带来了创新的活力以及产出的效率。从国家科学基金委员会的项目数据库中以"量子"为关键词搜索可以发现,网站"资助成果"栏记录的从 2003—2022 年可搜索到的 39 项量子科技领域的资助项目中,24 项科技成果均明确为某几个大学的合作成果,如中国科学技术大学潘建伟、陈帅教授研究团队与北京大学刘雄军教授研究团队的合作成果以《利用三维自旋轨道耦合量子气体实现理想外尔半金属能带》(Realization of an ideal Weyl semimetal band in a quantum gas with 3D spin-orbit coupling)为题,于 2021 年 4 月 16 日发表在《科学》(Science)上;南京大学祝世宁院士、王振林教授、张利剑教授与王漱明副教授团队、香港理工大学蔡定平教授团队、中国科学技术大学任希锋副教授团队和华东师范大学李林研究员组成的联合团队的合作成果以《基于超构透镜阵列的高维纠缠和多光子量子光源》(Metalens-array-based high-dimensional and multi-photon quantum source)为题,于 2020 年 6 月 26 日发表在《科学》杂志上。

高校基于自身优势能够充分发挥作为创新主体所拥有的创新能力,同时也会因其自身的特质对于群落的发展起到助推创新元素流动的作用。一是表现在高校教育培训的性质,对于科技人才的培养助推了知识资源在创新生态系统中的流动。二是高度聚集性的高校种群内的文化相异促使创新活力的产生,高校聚集内部具有潜在的文化互动,而且是相异的文化,相异才会更有创新的活力。在量子科技领域,上述提及的每所学校都有各自的发展方向与特色,甚至一所学校中某几个团队的研究方向也不同,如中国科学技术大学以郭光灿、潘建伟、杜江峰为带头人的研究团队分别在量子计算、量子通信、量子测量 3 个不同方向获得了重要成果。三是高校在产学研中的核心地位表现在高校不仅带动研究势头,还会从中分离初创公司成为量子产业的中坚力量,如由中国科学技术大学潘建伟团队衍生的国盾量子已于 2020 年 7 月登陆科创板上市,成为国内量子通信行业的龙头企业。

### 2. 科研院所

科研院所作为科技资源、科技人才、科技成果等的聚集地,引领着我国科技创新发展,是培养科技研发人才的摇篮,承载着科技创新的未来。科研院所从事的科学研究通常具备探索性、创造性,承担了大量的国家基础科学研究,在突破前沿性技术以及实现原创性技术方面占据核心位置,是构建创新型国家的重要力量。

量子科技领域的发展中,科研院所扮演着重要的角色。我国在量子科技领域的研究除了依托高校建设的重点实验室之外,还布局了相当一部分科研院所。其中中国科学院所属的相关科研院所就包括中国科学院物理研究所,其下涵盖固态量子信息与计算等 11 个实验室,它们与国际量子结构中心、量子模拟科学中心等 8 个中心构成了物理所的研究体系,为量子科研模式的形成奠定了团队基础。还有于 2016 年成立的中国科学院量子信息与量子科技前沿卓越创新中心,即量子创新研究院,主管部门为中国科学院重大科技任务局。该研究院致力于量子通信、量子计算、量子测量方面的研究,并将研究的相关技术应用于物质科学、能源科学、生命科学等学科领域,实现中国在量子科技应用领域全面进入国际制高点。除了中国科学院下属研究院所,还有一些独立科研院所,如北京量子信息科学研究院,其发起主体为北京市政府,在政府协调整合资源的优势下,聚集了北京多家顶尖学术单位,整合了北京现有量子领域的骨干力量,共同构建了该研究机构。

研究院所与高校在创新生态系统中的角色都是创新的生产者,它们的性质虽大相径庭,但都是基于自身资源优势造就了生产者的角色,而科研院所存在相异于高校优势的方面。

(1)丰富的科技资源。科技资源是科研活动的物质基础(李柏洲,董恒敏,2018),主要由科技人力、财力、物力、信息及成果等要素构成。科研院所具备数量可观的科研人员以及科技管理人员,以中国科学院物理研究所为例,截至 2021 年底,在中国科学院物理研究所工作和学习过的院士专家共有 80 余人,目前在该所工作的有中国科学院院士 14 人、中国工程院院士 1人、发展中国家科学院院士 9 人。同时,科研院所学术交流资源丰富且渠道多样,与高校以及其他科研院所之间的桥梁搭建的便利性,促使科研院所能够整合多种学术力量进行科研交流,如中国科学院理论物理研究所通过联合全国多所高校和科研院所共同从事科学研究,并积极举办前沿科学论坛和交叉学科论坛专题学术报告。在财力方面的优势体现在科学资助方面,部门内的科技计划有效增加了科研院所能够获得的科技资金支持,中国科学院是最大的政府类研究机构,拥有自己的国家级资助计划,如知识创新工程、国家先导计划等,这些经费主要用于中国科学院各研究院所的科研活动。

(2)科研院所具有从事科学研究的专一性以及针对性。科研院所的科研性质就决定了其作为创新主体在从事科研活动时是具有高度自主性的,科研院所具有浓厚的科研氛围,且科研团队稳定,与高校还需兼顾教研项目相比,科研院所专注于科研项目,领域专业性更加明显。在量子科技领域研究上,科研院所能够发挥自身专长,利用院所特性,聚焦量子科技研究,纵向深耕。另外,科研院所治理目标社会化的特质使得科研目标也同样具有社会属性(李慧聪,霍国庆,2015),相较于企业追求经济利益最大化的目标,科研院所的宗旨和使命更具有社会意义,在追求科研发展的过程中,实现培养高科技人才、建设一流科研基地、取得先进科研成果以及加快实现成果转化等多方面社会利益,对于整个量子科技创新生态的可持续发展具有重大意义。

3. 企业研发机构

企业研发机构包括企业研发中心、技术研发中心等承担研发活动的组织机构,是企业从事创新研发的载体平台(张杰 等,2022),是企业创新的核心源泉,决定了企业的自主创新能力和核心竞争力。从创新主体需要具备的特性来说,只有设立了研发机构的企业才具有自主创新的能力,即具备成为创新主体的基础条件。

在《国家中长期科学和技术发展规划纲要(2006—2020年)》中,把建成若干世界一流的企业研究开发机构,作为形成比较完善的中国特色国家创新体系的重要内容(李旭东 等,2013)。在2013年《国务院办公厅关于强化企业技术创新主体地位全面提升企业创新能力的意见》中明确提出"支持企业建立研发机构",在此基础上引导企业建设国家重点实验室,围绕产业战略需求开展基础研究。企业研发机构的服务对象是企业本身,研发活动包括技术创新、技术引进、消化吸收等环节,企业研发机构的作用就是通过研发活动,形成企业自有的技术体系和技术能力。因此,无论是从国家创新发展战略上来说,还是从企业自身发展及企业的研发机构相较于高校和科研院所科研活动而言,都更趋向于产业及应用方面。百度量子计算研究所由百度于2018年3月组建,聚焦的研究方向有量子人工智能、量子算法、量子体系架构等方面,发掘人工智能等前沿应用,并不断将技术融入百度核心业务中。中国科学院-阿里巴巴量子计算实验室是阿里巴巴联合中国科学院成立的研究性实验室,也是中国首次由科研单位引入民间资本全资资助的基础科学研究平台。阿里巴巴拥有全球最大的电子商务平台,全球领先的云计算平台以及大规模、多元化的业务场景,是催化量子信息技术成功商用的最佳合作企业,在该联合实验室的研究计划中,明确在攻克量子计算重大科技难题的基础上,从物理层设计、制造到算法运行实现自主研发,最终应用于大数据处理等重大实际问题。

企业研发机构在整个企业创新种群中也扮演着重要角色,它不仅仅是企业中能够成为创新生产群落的部分,能促进创新知识的产生,作为一个企业科研平台,它更是促进企业科研人员之间交流的渠道,为技术研发提供良好的协作环境,加速科技成果的转化应用。

### 3.2.1.2　创新的开发应用与扩散群落

创新知识的开发应用与扩散群落涵盖核心企业及其竞争企业和合作伙伴,还包括企业上游的供应商和最终的产品使用者即客户,实际上这些种群聚集的应用扩散群落正是一个完整的产业链。该类群落致力于实现满足市场需求的新产品和新服务的生产与交付,是量子科技创新生态系统中的"消费者",是创新成果最有力的检验者和创新生态圈最有效的反馈者。

在量子科技领域,量子科技相关企业随着量子科技的发展也在不断涌现,当前我国已有以国盾量子、本源量子等为代表的一系列量子科技相关企业正在蓬勃发展,与此同时,随着量子科技逐步从学术研究和实验探索走向产品开发与应用探索,加强政产学研用各方在量子信息领域的沟通交流与协同创新已经成为新趋势,量子科技领域产业联盟正在系统发育之中。

1. 企业

企业在创新主体中的角色区别于高校、科研院所,偏重面向市场需求的应用探索与创新,与核心企业、竞争企业共同构成了企业创新种群。这里的核心企业是指创新活动的决策主体和执行主体,以及创新的受益主体和风险承担主体;合作企业主要通过共建产业链、共同研发等多种方式辅助核心企业进行科技创新活动(杨荣,2014);竞争企业则是与核心企业相辅相成、互为行业核心的状态,在竞争关系中共同推动企业种群的发展演化。

在量子科技创新生态系统中,科技巨头和量子科技企业构成了企业种群,例如在量子计算领域,美国已经形成政府部门、科技巨头和行业企业等多方投入推动,高校、科研机构和初创企业协同分工配合发展的格局,依托科研项目部署、公司研发计划、开源社区建设和产业联盟组织,在基础科学研究、软硬件工程研发、应用场景探索和产业生态培育等方面全方位推动。在应用场景探索和产业生态培育等方面,科技巨头和初创公司表现活跃,是主要推动力量。IBM、谷歌、微软、英特尔等美国科技巨头均已进军量子计算领域,具备资金投入雄厚、工程技术成熟、软件开发能力突出、云计算资源丰富等优势,开展包括量子计算硬件、软件算法、云服务及应用服务在内的全套研发。

在我国量子科技创新生态系统中,国内科技巨头以及量子科技公司聚集成为企业种群,是量子科技创新生态系统中开发与应用群落的核心力量。我国的科技巨头布局量子计算相对较晚,阿里、百度、腾讯、华为等主要采取与科研机构合作或聘请领军科学家模式,分别成立量子实验室,在量子计算硬件、软件算法、云平台及应用服务等方面进行布局,如百度量子计算研究所、阿里巴巴达摩院量子实验室、腾讯量子实验室、京东探索研究院等。另外,初创公司如国盾量子、本源量子、国开启科量子技术(北京)有限公司(以下简称"启科量子")等成为国内量子科技公司的翘楚,依托于高校创立的企业以国盾量子为代表。国盾量子于 2020 年 7 月 9 日登陆科创板上市,是国内量子通信行业的龙头企业,是国内第一家从事量子信息技术产业化的公司,同时是国内最大的量子通信设备制造商和量子信息系统服务提供商,相关技术专利数量居全国第一。自主型初创企业以启科量子为代表,启科量子于 2019 年 1 月正式成立,专注于量子通信设备制造与量子计算机全栈式开发,依托技术团队在量子信息技术领域 20 年的优势技术积累与丰富产品经验,成为国内首家兼具量子计算、量子通信核心技术储备与产品研发能力的科技创新型企业。

## 2. 客户

客户作为最终的产品消费者,是创新生态系统中最有力的反馈者。量子科技创新生态系统中的客户主要指量子科技产品或应用服务的使用者,如量子计算方向的应用领域,包括生物化学、金融工程、量子教育、大数据、人工智能、信息安全、工程设计等,其客户就会相应地涵盖以上领域的相关主体;量子通信方向的应用领域主要集中于保密通信,包括局域网应用、政务应用、金融应用、云和数据中心应用、电信网络运营应用等;量子测量的典型应用领域包括量子定位与导航、量子目标识别与探测、量子助力生物医疗、量子雷达软目标探测、环境监测、食品检测、油气勘探等。总体而言,量子科技应用的客户几乎涵盖政产学研金军各个方向,客户种群的多样性通过消费反馈也进一步加快了企业开发与应用的创新步伐。

3. 产业联盟

产业联盟是指两个或两个以上的独立经营企业或者高校以及科研院所等在内的组织机构为了合作研发产品/服务,或在产业链的不同环节进行专业化协同或资源共享等,通过约束性的协议建立的一种合作关系。产业联盟的合作关系是建立在联盟内各个组织机构或企业的自身利益基础之上的,需要联盟成员通过组织外的契约关系实现协作和资源共享,从而实现产业联盟的合作目标。产业联盟作为创新生态系统中的重要组成部分,涵盖系统中的生产者、消费者,虽然联盟内的企业或机构以合作为前提进入同一个联盟,但组织本身仍然保持各自独立的态势,自主经营管理,在合作之外的其他领域,产业联盟中的成员也很有可能是竞争对手。

在高科技领域,企业或研究机构通过建立产业联盟,可以通过联盟内的成员之间相互学习交流合作,在整个技术研发以及科技成果转化全流程中建立系统核心竞争力。构建产业联盟是促进类似于量子科技创新生态系统等高科技产业发展的重要手段,全球各国都高度重视通过构建产业联盟积极推进技术研发和产业发展。近年来全球多国量子信息技术领域都在积极建立产业联盟(表 3.1)。

表 3.1　近年来全球各国量子信息技术领域产业联盟

| 名　　称 | 地　区 | 成立时间 | 主　要　情　况 |
| --- | --- | --- | --- |
| 美国量子经济发展联盟(QED-C) | 美国 | 2018 年 12 月 | 根据 NQI 法案,美国国家标准与技术研究院牵头成立美国量子经济发展联盟,至 2021 年 10 月,成员达 176 家,含美国高校、研究机构、国家实验室、科技企业、军工企业、初创企业和学会协会等 |

| 名　称 | 地　区 | 成立时间 | 主　要　情　况 |
|---|---|---|---|
| 量子信息网络产业联盟（QIIA） | 中国 | 2021 年 10 月 | 工业和信息化部指导下筹备组建，推动量子信息技术创新、应用探索、标准测评和产业培育。由中国量子信息领域代表性高校、科研机构、初创企业、科技企业和信息通联企业共同发起成立 |
| 欧洲量子产业联盟（QulC） | 欧盟 | 2021 年 4 月 | 联盟内行业巨头、初创公司、科研机构等成员超过 100 家。联盟设市场趋势、知识产权、教育培训、新兴技术、标准研究、行业战略、投融资等 10 个分组 |
| 量子科技新产业创造委员会（Q-STAR） | 日本 | 2021 年 9 月 | 由日本东芝、丰田、日本电气股份有限公司等 24 家大企业组建而成，下设 4 个小组：量子波和量子概率论应用、量子叠加应用、组合优化问题、量子密码与量子通信 |
| 量子技术与应用联盟（QUTAC） | 德国 | 2021 年 6 月 | 由德国西门子、默克、SAP、大众、宝马等 10 家企业组建而成。联盟探索量子计算的不同行业应用场景，为德国量子计算工业化应用奠定基础，构建产业生态 |
| 量子工业联盟（QIC） | 加拿大 | 2020 年 10 月 | 由量子计算、通信、测量领域的 24 家公司组成。目标是加快加拿大的量子技术创新、实现人才的转化以及推进量子技术商业化进程 |

就目前情况来看，量子科技产业联盟一般由各国科技巨头、企业、高校、研究院所等组成，其中德国、日本、加拿大的量子科技产业联盟的成员基本以企业为主。

在工业和信息化部指导下，中国信息通信研究院联合我国量子信息领域高校、科研院所、初创企业、科技企业和信息通信企业，共同发起组建的量子信息网络产业联盟,主要计划包括:开展量子计算、量子通信和量子测量三大领域的量子信息网络技术、应用、产业发展趋势问题研讨;组织技术交流研讨,技术创新与实用化研究,促进应用场景探索与通用共性技术的协同研发;开展产业发展需求与问题分析,促进产业要素聚集和生态培育;推动技术标准前期研究,研制测试测评方法规范,开展测评验证;举办论坛会议、科普培训和竞赛展示等多种形式活动,推广优秀技术产品、解决方案和应用案例,组织开展对外交流合作等。我国布局的量子科技领域产业联盟在联盟主体上覆盖面广,基本涵盖了包括高校、科研院所、企业等核心科技创新主体类型,并在战略层面上规划了产业联盟的任务。研究领域囊括量子计算、量子通信、量子测量三大量子重点研究领域,从基础研究到应用探索再到产业发展,全链式规划与培育建构出一个健康可持续发展的量子科技产业联盟,并且高度强调科学普及在其中的重要性,这对于促进量子科技领域高度社会化协同发展起到重要作用。

在量子科技企业中,也有核心企业随着量子产业化发展演进逐渐构建起以本企业为核心的产业联盟。以本源量子为例,本源量子作为国内量子计算龙头企业,聚焦于量子生态产业建设,它建立起以量子计算上下游生产制造链、量子计算生态应用链、量子计算科普教育链在内的量子计算产业联盟。联盟单位包括中国船舶重工集团有限公司第七〇九研究所、东方证券股份有限公司、银联商务股份有限公司、中科类脑等 26 家企业机构,合作对象涵盖西安交通大学、中国科学院量子信息重点实验室、东南大学、华中科技大学、武汉大学、中国科学技术大学、上海交通大学等 32 所院校及机构。以企业为核心构建的产业联盟,更突出产业特性,链式产业联盟在横向拓展技术应用方面具有重要作用。

### 3.2.1.3　创新的保障群落

创新的保障群落包括政府机构、金融机构、科技服务中介。由于量子科技作为国家战略性新兴产业,国家科技项目的支持是其重要的保障要素之一。该群落通过制定政策和规则、提供资金与服务等方式推动创新主体间进行物质流、能量流和信息流的交换,营造良好的创新环境,是量子科技创新生态系统的"分解者"。

### 1. 政府机构

这里的政府机构狭义上是指国家某一区域内的行政机构。政府在依法进行公共事务管理中应承担的职责和所具有的功能就是政府的职能,而政府能够在创新生态系统中发挥作用也正是基于其具备相应的职能。作为创新的保障群落,政府发挥作用的表现就是通过多种支持形式营造良好的创新氛围,为科技创新活动的顺利开展提供保障。Li 和 Atuahene-Gima(2001)认为政府支持会给企业带来重要制度环境,同时也是重要的外部资源;Kang 和 Park(2012)将政府支持理解为鼓励企业进行创新活动而提供的政府研发资金和财政补贴;郑烨和吴建南(2017)将政府支持界定为促进或支持企业创新而采取的一系列政策、工具的组合,具体包括资金支持、税收优惠、项目规划、知识产权保护、政府采购、市场管制、公众服务供给等;曾萍和邬绮虹(2014)总结了 4 种政府支持方式:科学研究与试验发展(research and development,R&D)补贴、税收优惠、政府采购以及以上政府支持方式的组合。本书认为政府作为创新保障群落的组成部分,通过资金支持、税收优惠、项目支持等形式鼓励、引导、帮助量子科技创新主体从事创新生产以及开发应用活动。

在践行政府支持的过程中,政府的作用发挥主要体现在 3 个方面,分别是组织领导、服务引导、营造氛围。

（1）组织领导

组织领导是从宏观层面上把握创新发展方向,通常借助政策发布、体制改革等实现组织领导。

在量子科技领域,中国较早将量子技术纳入重要战略规划,2013 年《国家重大科技基础设施建设中长期规划（2012—2030 年）》首次部署了量子通信网络试验系统。2016 年《国家创新驱动发展战略纲要》和《中华人民共和国国民经济和社会发展第十三个五年规划纲要》把量子信息技术作为重点培养的颠覆性技术之一,同时提出围绕量子通信部署重大科技项目和工程(徐婧 等,2022),研发城域、城际、自由空间量子通信技术,研制通用量子计算原型机和实用化量子模拟机。2021 年 3 月 5 日,"量子信息"首次出现在国务院政府工作报告中,此前出现的仅是"量子通信",而"量子信息"包括了量子通信、量子计算以及量子测量,表明国家政策趋向于推动量子科技领域全面发展,从国家战略层面将量子定位为国家战略性新兴科技、颠覆性技术,奠定了量子科技创新生态系统能够发展演化的基础。

(2)服务引导

服务引导则是通过提供微观层面的扶持帮助,助力量子领域的科研以及产业发展。以资金支持、平台建设、联盟培育等方式最为常见。在"十四五"规划中,明确提出要建设包括量子信息在内的多个前沿领域,实施一批具有前瞻性、战略性的国家重大科技项目,并计划投入 1000 亿元建设量子信息科学国家实验室。广东的"十四五"规划中提出开展量子计算、量子精密测量与计量、量子网络等新兴技术研发与应用,建立先进科学仪器与"卡脖子"设备研发平台,到 2025 年,建成广东"量子谷",打造世界一流的国际量子信息技术创新中心和中国量子信息产业南方基地。深圳推进量子、生物医药等国家实验室基地建设,加强省部共建国家重点实验室,支持设在港澳的国家重点实验室在深圳建设分室。

(3)营造氛围

营造氛围则是政府通过以上两个方面中多种形式的成功实现,最终在全社会范围内形成创新氛围,造就支持量子科技大力发展的创新沃土。以安徽合肥的科技创新发展为例,合肥正致力于集中布局重大创新要素资源,形成重点突出、链条完整、资源集聚的全域创新空间格局,为建设综合性国家科学中心提供坚实保障。以"一心、一谷、一镇、三区"为重点,聚力建设合肥滨湖科学城。其中"一心"就是指打造具有全球影响力的"世界量子中心",加快建设量子信息创新成果策源地和产业发展集聚区;"一谷"指的是科大硅谷,重点在中国科学技术大学校区周边挖潜构筑承载空间,建设成果转化、创业孵化、产业培育等为一体的国际科创"新基地"、科技体制改革"试验田";"一镇"指金融小镇,以滨湖金融区、高新区基金集聚区等为主载体,打造"科创+产业+金融"生态圈;"三区"指大科学装置集中区、国际交流和成果展示区、科技成果交易转化区。通过一系列规划设计,打造"量子未来科技城",在全合肥市范围内营造前瞻性创新氛围。

2. 金融机构

科技创新是一种具有复杂性、风险性的活动,从基础研究到应用研究再到成果转化直至市场应用,最终获得收益,任何一个环节都离不开社会资本和金融资本的支持。

金融机构作为提供金融服务的主体,是科技创新生态系统保障群落中的重要组成部分,在对金融服务科技创新的研究中,学者探讨了金融机构、金融制度以及金融结构对于科技创新的支持作用。金融机构利用其自身信息处理能力较强的优势服务于科技创新活动,不仅能够提供融资支持,其职能还表现在风险管理上,如帮助科技创新识别市场风险、信用风险以及操作风险,从而确定不同的实施方案和管理战略,这对于量子科技创新这种高风险颠覆性创新科技具有十分重要的保障作用。

金融机构对于科技创新的作用也体现在相关的国家政策中:在《国务院关于促进国家高新技术产业开发区高质量发展的若干意见》中明确指出,要"鼓励金融机构创新投贷联动模式,积极探索开展多样化的科技金融服务";《国务院办公厅关于推广第三批支持创新相关改革举措的通知》中,推广改革措施第一条就规定了科技金融创新方面的具体内容,涉及投融资机制、信贷机制等的设计;《国务院关于印发北京加强全国科技创新中心建设总体方案的通知》中提出"开展债券品种创新,支持围绕战略性新兴产业和'双创'孵化产业通过发行债券进行低成本融资",将科技金融服务落实到战略性新兴产业上。

3. 科技中介服务

"中介"意味着沟通与联系的功能,是可以搭建沟通交流桥梁的个人或者组织机构,在供需双方之间提高供需匹配程度。科技中介服务体系主要是指为适应经济建设和科技进步发展需要而设立的科技服务机构组成的科技组织系统,通过为科技创新主体提供社会化、产业化服务,提高其竞争力。在国家创新生态系统快速发展下,科技中介服务在创新体系中发挥的作用越来越重要,在国家政策上也突显对科技中介服务体系建设的重视,在2022年的《国务院关于落实〈政府工作报告〉重点工作分工的意见》中,明确提出"促进创业投资发展,创新科技金融产品和服务,提升科技中介服务专业化水平"。

从宏观层面来说,科技中介服务作为服务业,它的发展能够调整经济结构;从微观层面来说,为科技创新主体的科技创新活动提供相应的信息咨询、风险识别与管控、市场开拓、投融资等一系列保障科技创新活动顺利开展的服务。另外,科技中介服务发挥作用的另一方面体现在通过科技创新生态系统所处的"分解者"角色定位,在系统运转中发挥促进人才、信息、资源等的流动,优化创新要素的整合方式。

4. 国家科技项目

科学研究离不开资金的支持,而量子科技作为国家战略性新兴科技,国家科技项目支持是重要资金来源。从全球范围来看,对于科学研究,现有的资金资助模式包括国家支持模式、企业支持的市场模式以及富人建立的基金模式。其中国家支持模式分为两类,一类是国家主导计划的模式,如中国科技部的科技计划、美国能源部的科技计划等,决策者主要是政府,另一类是设立科学基金,如中国的自然科学基金,决策者是科学共同体(柳卸林,程鹏,2018)。在中国,科学资助的主要方式为自然科学基金、国家科技计划(专项、基金等)等项目或基金资助,本书将其统称为国家科技项目支持。

自然科学基金成立于1986年,以推进我国科技体制改革,变革科研经费拨款方式为目标,长期以来坚持推动我国自然科学基础研究的发展,促进基础学科建设,瞄准重大科学前沿和国家重要战略需求,应对未来挑战,部署一批具有基础性、战略性、前瞻性的优先发展领域。量子科技作为前沿性科技，自然科学基金对于量子科技发展的持续不断的支持体现在资助项目、资助金额、资助人才等多方面。国家科技计划是为了支持科技创新活动而设立的一系列计划，其中"973计划"旨在解决国家战略需求中的重大科学问题，量子科技正是属于国家战略性新兴前沿科技，因此，"973计划"中对于量子科技的资助项目数量一直在逐年攀增。同时，通常大部分原始创新研究的初始资助来源于自然科学基金。中国科学院的资助具有战略性和多元性，例如中国科学院的科技专项体系包括战略性先导科技专项、重点部署科研专项、科技人才专项、科技合作专项、科技平台专项，对于量子科技这样的前沿技术，未来产业的资助通常具有支撑性和可持续性。

总体而言，国家科技项目对于量子科技的资助始终秉持着高度支持的态度。从数据上来看，在国家自然科学基金大数据知识管理服务门户网站中，在"结题项目"数据库中以"量子"为关键词进行搜索，时间范围为近5年，共检索到2025条数据，其中面上项目898项，青年科学基金项目871条，重大研究项目45项，联合基金项目41项，重点项目45项，其中重点项目的资助金额为240万～400万元。项目依托单位以中国科学技术大学、南京大学、中国科学院物理研究所、浙江大学、山西大学等为主。

### 3.2.2 外围层：创新环境

创新环境是高科技产业发展必备的社会环境，是各个创新主体在长期的合作交流中逐渐形成的相对稳定的系统（王缉慈，1999）。站在创新生态系统的角度，任何创新活动都不仅仅是单一创新主体能够成功实现的，创新往往产生于各个主体之间的协作，而这种协作如何更好发挥就需要创新环境的催化，反之，良好的协作机制也会进一步促进创新环境的演变。本书将量子科技创新生态系统中的创新环境概括为政策环境、经济环境、文化环境以及技术环境。

### 3.2.2.1　政策环境

政策环境是指政府为了影响科技创新的速度、方向和规模,促进科技创新成果的转化和普及而制定的一系列支持科技创新活动的公共政策。其在创新研发投入、创新过程推进、创新成果产出到市场需求的全过程起到激励、引导、保护、协调等方面的作用。我国开始布局量子科技领域战略性规划较早,从顶层设计出发,明确量子科技"国家战略性科技"的定位,在宏观层面上给予高度重视。再聚焦到区域发展,各地区依托自身资源也不同程度在政策上对区域量子科技发展进行了规划,引导区域量子科技产业发展。最后从微观层面出发谋划了量子科技行业联盟的构建。中国的整个量子科技创新生态系统的政策环境伴随着长期的科研与产业探索发展共同演化,并逐渐形成当下成熟且有益于量子科技发展的政策环境。

### 3.2.2.2　经济环境

由于量子科技创新活动具有投入规模大、投入风险高、效益周期长等特点,经济环境对其影响则更加深刻,不仅需要大量资金的投入,且整个需求市场的发展环境也孕育着大量的创新要素。从宏观层面出发,经济环境是整个国民经济的发展现状,量子科技创新活动依存于这一经济空间,经济发展的繁荣程度也决定了量子科技创新系统的外部生存环境;从中观层面出发,量子科技的市场发展态势牵制着量子科技创新活动的进展,市场需求推动了量子科技的应用研究,也就进一步推动了基础研究,市场竞争通过竞争机制不断催化行业精益求精;从微观层面出发,投融资是量子科技产业能够在繁荣的经济市场环境中生存的筹资渠道,量子科技发展依赖大量资金支持,除了各种国家科技项目的资金支持,还基于投融资实现更多的社会资金支持,助推快速发展。

### 3.2.2.3　文化环境

良好的创新文化环境要鼓励探索、容忍失败,这样的创新文化对科技创新系统的可持续创新发展具有推动作用。量子科技作为前沿性、颠覆性技术,高端科技人才的培养是其可持续发展的关键。当前中国的量子科技教育现状在一定程度上决定了量子创新生态系统中的文化环境,同样,量子科技教育培训的发展与文化环境也是相互促进的关系。

### 3.2.2.4　技术环境

创新技术环境支持和促进科技创新生态系统。一方面,科技的多元化拓宽了创新的研究思路,提高了创新产品的成功率;另一方面,科技标准化为高科技企业和新技术提供了保护,强化了技术壁垒,增加了进入该领域的难度系数。在技术环境中,量子科技的基础研究表现在 R&D 经费的投入、基础研究成果的产出、基础研究设施的现状,这些是量子科技的物质基础;量子技术科研现状体现在量子技术论文发表情况,量子技术专利的现状则能反映量子科技学术及科研的发展方向;科技创新服务现状表现为标准建设现状以及企业的创新创业服务现状,能够对量子科技应用发展方向进行未来预判。

## 3.3　量子科技创新生态系统的驱动因素

对于创新生态系统驱动力的研究是掌握创新生态系统运行机理的首要任务,也是学术界关于创新生态系统研究的关键环节。驱动力是指推动事物运动和发展的力量,在创新生态系统中也就是促使生态系统形成并发展的主要原因。驱动力内在作用的机制在于通过影响创新生态系统形成与发展的规模、效率、速度、质量等,通过协调创新主体之间的观念、目标、价值、利益等,通过调节创新元素之间互相作用的程度、方式等,使得科技创新生态系统实现高效、有序运行的目标,促成创新发展。

掌握量子科技创新生态系统的驱动因素,其本质也就是明晰量子科技创新发展的驱动力,首先应该把握创新生态系统在创新发展中的驱动地位。经济学家罗斯维尔提出的五代创新模型分别指出了随着社会经济技术的发展,创新发展由技术推动发展到需求拉动,再到技术和市场并重的相互作用模式,再到关注市场和研发联系的技术推动与需求推动融合模式,最终发展到系统整合和网络模式的第五代创新模型。揭示了创新从"线性范式"到"系统网络范式"的五代转变,也刻画了创新生态系统逐渐形成并作为驱动力作用于创新发展的演化路径。

创新生态系统之于创新发展就是一种驱动力,自熊彼特以来,一般认为市场机制是创新驱动的主要来源。从集体行动的逻辑出发,政府在创新生态系统之中也起着重要的推动作用,政府的干预在一定程度上可以弥补市场的不足;随着经济社会的发展,以开源社区、非营利机构等为主的社会力量也成为激发创新的因素;随之而来的则是创新生态系统成为创新发展的第四种力量(柳卸林 等,2022)。这第四种力量的定位在于其组织模式高于市场,但低于政府,理念是价值创造与共享,目标是群体创新的实现,实现方式是协同。将创新生态系统视为创新发展的驱动力这一视角也对研究创新生态系统的驱动力产生了重要启示,即创新生态系统的内生驱动力也应包括由系统整体性带来的重要推动力。

对高新技术及其产业驱动力的研究方面,也随着系统性视角逐渐演化。黄东兵和刘骏(2015)基于企业生态学的视角将驱动高新技术创新机制归纳为创新的需求机制、供给机制、竞合机制、催化机制。欧阳桃花等(2015)在对航天产业的发展研究中指出核心企业-供应商-科研单位三方共生式的动态演化结构是航天复杂产品行业能够持续发展的重要驱动力。薛捷(2017)以科技型企业为例,发现技术、市场、设计对于创新活动的作用,并强调三者之间的耦合方式在探索性创新和利用性创新中发挥着重要作用。尹洁等(2021)运用 Vensim PLE 构建了高技术产业创新生态系统动力学模型,结果表明科研转化能力、配套组织和竞争对手 3 个方面对系统运行产生影响。

创新生态系统的驱动力根据形成来源可以分为内在驱动力和外在驱动力,根据作用方式可以分为直接驱动力和间接驱动力,根据作用强度可以分为主导驱动力和辅助驱动力,其中内生驱动力是影响创新生态系统形成和发展的主导力量(关晓兰,2011)。在内生驱动方面,熊立等(2017)通过研究发现领导力和员工创新能力提升柔性机制是创新的主要驱动因素之一,也即在重视管理人才、技术人才的同时需要充分考虑内部文化的影响力;刘亭立和李翘楚(2019)则以高端制造业为研究对象发现 R&D 经费内部支出是科技创新重要的驱动因素。从外在驱动而言,费艳颖和凌莉(2019)在对美国国家创新生态系统构建的研究中指出,高效的创新资源要素投入为系统构建提供关键支撑。

在创新生态系统视角下的创新驱动力研究不仅需要考虑科技、资源等原始动力,协同力的驱动也是重中之重,而作为前沿技术领域,量子科技创新最重要的驱动资源则是高端人才的引领作用。因此,本书将量子科技创新生态系统的驱动因素概括为内生驱动(前沿科技引领、高端科技人才推动、系统协同机制驱动)和外在驱动(科技创新政策扶持、应用市场需求拉动、高效资源投入保障)。

### 3.3.1  科技引领: 积累原始创新

从发展规律来看,科技革命和产业革命都以科学领域的新发现和技术的新突破为先导,引发该领域的集群性、系统性突破,特别是在战略性新兴产业领域,先进技术的创新和应用是战略性新兴产业发展的制高点,战略性新兴产业的发展,始终离不开前沿科技创新的驱动。量子科技产业是量子科技创新生态系统中的重要部分,量子科技的发展正是产业发展的基础,并引领产业发展。量子科技作为前沿性科技,带来的驱动力主要表现为原始创新的不断累积。

对于量子科技的研究从一开始就一直处于不断突破的科技研究领域,其发展蕴含着人类对科学研究追求卓越的信念。从量子科技研究的理论与实践意义上来说,量子力学研究和刻画微观粒子系统的结构、性质及其相互作用,与信息论共同奠定了信息获取、处理和传输技术发展与应用的物理和理论基础,成为连接物质、能量和信息三大基本要素的桥梁和纽带,也是推动人类社会从工业时代跨入信息时代的关键使者。

作为前沿科学领域,量子科技所处的角色正是引领创新,创造颠覆性技术。尽管通信技术在近年来飞速发展,技术和工程领域的不断创新推动信息通信技术持续演进,但可带来技术体系重构和极限突破的划时代变革,可能需要借由物理基础和信息理论基础的重大创新才能实现。量子调控技术,如激光原子冷却、离子阱囚禁和单光子探测等,通过对微观粒子系统的精确操控与观测,为开发和利用量子力学中的叠加态、纠缠态和压缩态等独特物理现象,提供了前所未有的新颖物理基础,有望引发颠覆性创新和改变游戏规则的技术应用。

就目前的量子科技研究方向而言,量子调控技术赋能信息通信,诞生了以量子计算、量子通信和量子测量为代表的量子信息技术,将成为突破经典信息技术极限,拓展未来科学技术疆域,推动信息技术和数字技术发展演进的新动能。

量子计算的科研创新及成果应用近年来都在不断突破,在实践中不断验证量子计算的优越性,科技巨头也在大力推动量子计算软件算法、编译工具和测控系统等软硬件研发,如美国的 IBM 和谷歌等。众多初创企业和行业巨头广泛开展量子计算解决实用化问题等应用场景探索,如中国的本源量子在量子计算实用化上形成了以生物化学、金融工程、量子教育、大数据、人工智能、信息安全以及工程设计为主的解决方案。同时量子计算研究的进步也助推量子计算云平台、软件开源社区、企业联盟组织等应用产业活动的兴起。

量子通信主要依赖量子随机数发生器、量子密钥分发设备等形成密钥资源，为政务、金融、电力、数据中心等客户提供信息加密服务。量子通信为当前量子三大应用中最接近商业化的领域，且已经存在部分应用，其中量子通信的代表性应用即 2017 年 9 月正式开通的京沪干线，项目全长 2000 km，主要节点包括北京、济南、合肥和上海，可以基于可信中继方案实现远距离的量子安全密钥分发。

量子测量对外界物理量变化导致的微观粒子系统量子态变化进行调控和观测，实现精密传感测量，在精度、灵敏度和稳定性等方面较传统技术有几何数量级的提升。主要应用场景涵盖航空航天、防务装备、地质资源勘测、基础科研和生物医疗等众多领域，应用与产业发展前景广阔。

### 3.3.2 人才推动：优化战略布局

在科技引领的创新生态系统中，人才的推动力量起到决定性作用，尤其在以量子科技为代表的高科技领域，其特征是技术密集、知识密集、人才密集。在这一创新体系中，拥有一批站在战略高度推动科技创新的科学家是关键。战略科学家对科学研究的本质有透彻的理解，以战略性、前瞻性的眼光看待学科的未来发展，能够站在学科的最前沿，凝练出基本的、重大的科学问题，建立原创性的研究体系，开辟新的研究领域，引领学科发展的新方向。

纵观中国量子科技的发展历程，1994 年，中国开始介入量子信息的研究，在当时的科研环境下，对于支持量子信息研究尚存争议，甚至学术界有部分学者认为量子科学是伪科学，而在短短 20 年以后，中国的量子科技已经开始走向了世界前列。其中的决定性推动力量正是一批具有科技布局谋略能力的战略科学家。

在量子科技领域，以郭光灿、潘建伟等为代表的一批战略科学家成就了量子科技领域的发展。量子科技研究在中国的兴起正是基于他们高度的科学素养,以及他们早期对于科学价值的判断。郭光灿在光学领域的多年积累,使他在决心转向理论研究时找到了当时冷门的"量子光学"领域,在国外的访学经历更坚定了他要在中国做量子光学研究的信念。1984 年,他组织了国内首次量子光学学术会议,也正是这次学术会议,引领着未来中国量子光学的发展。在不断的科研过程中,郭光灿洞察到量子光学的发展最终必然会走向量子信息,这也是中国赶超国外的机遇,这种"科学价值的鉴赏能力"正是战略科学家能够推动前沿科技进步发展的关键。同时战略科学家还需具备科学布局谋略能力,潘建伟从开始着手负责建设量子物理与量子信息实验室,在统筹建设、人才储备、资金筹备等方面就已经彰显其优秀的布局谋略能力。在推进实验室建设的同时,他奔波于国内外,一边在国外学习经验,一边指导国内研究生建设实验室。科学家们独特的战略眼光影响着量子科技领域的发展,同时他们的自身特质也带领着研究团队成长,在他们的科学精神与科学能力的引领下,一批又一批量子科技研究领域的高端人才不断涌现,成为量子创新生态系统中不可或缺的关键性驱动力。

### 3.3.3　市场拉动：适配行业需求

在推动创新的过程中,既有创新系统内部循环的内在动力,也有外部竞争压力,其中市场需求拉动就是重要驱动之一。需求拉动的观点产生于第二代创新驱动模型,主要强调市场需求是科技创新的驱动力,需求拉动认为创新源泉来自市场需求,市场需求一方面促发了技术创新想法的萌生,另一方面对技术和产品提出了明确的要求。处于第二代创新模型中的需求拉动属于线性模式,有观点认为"需求拉动"将科技创新被动化,把技术变革看成对市场变化消极、被动的反应,抹杀了创造者的新奇性(高小珣,2011),这其实也就是"好奇心驱动的科学"和"需求驱动的科学"的争端所在。但需求拉动的主要观点仍然是分析驱动因素的重要参考方向,需求拉动强调创新的经济导向,任何科技创新最终都服务于经济建设;需求拉动强调创新的问题导向,解决问题的过程就是创新的过程;需求拉动强调创新的发现能力,发现需求的能力也就是抓住创新的能力(汤书昆,李昂,2018)。

随着量子科技应用领域逐渐发展,市场应用场景愈发丰富,市场需求拉动量子科技应用研究的表现越发突出。市场需求拉动机制具体表现如下:

(1)面对明确的应用领域,市场明确的需求促使产业化发展稳步前进,稳定利润的获得为应用研究提供了资金,进一步促进了科技创新研究发展。以作为中国量子信息产业化的开拓者、实践者和引领者的国盾量子为例,其坚持以市场为导向、以创新为驱动、以核心技术自主研发的策略进行研发布局,其在行业内的定位是量子保密通信产品和相关技术服务供应商,具有大规模的量子保密通信产品的供应能力,该公司主要通过将量子保密通信产品(服务)销售给量子保密通信网络系统集成商,从而实现盈利。国盾量子2020年度报告显示,报告期内,公司实现营业总收入13414.76万元,国盾量子实现了通过产业化盈利支撑企业进行技术研发。

(2)潜在市场需求牵引原始创新,激发科技创新活力。量子信息技术能够为科技与信息通信等诸多领域发展提供物理基础重大创新驱动,作为前沿性科技,其在应用道路发展上的探索潜力无穷。国内外各种前沿性需求包括社会发展应用需求的出现,也推动了量子应用研究上的进程。例如量子通信保密行业在当前社会发展阶段呈现出了爆发性需求。因为随着社会信息化业态的高速发展,信息通信安全已经成为个人利益、企业安危、国家安全的关键问题,几乎成为"刚需",而量子保密通信技术可以有效提升信息传输的安全性,但目前该行业仍处于推广期,技术壁垒高,行业竞争尚不充分,面对增长的社会需求,需持续不断地进行针对性应用研究。

(3)行业的需求对于量子科技的发展也提出了新的要求,催发量子科技应用研究快速发展。很多企业对量子科技有非常浓厚的兴趣,但由于量子科技的高门槛性,只有极少数企业能够实现量子应用,而各种行业的需求随着行业的快速发展不断增加,探索量子科技如何更好地应用于各行各业成为量子产业未来的发展方向。

### 3.3.4　资源保障：构建物质基础

创新资源是创新活动的物质基础，是产生创新绩效的重要前提和保障（程跃，王维梦，2022），尤其在创新生态系统中，资源的流动是整个系统得以协同运转的关键。本书将量子科技创新生态系统中的资源划分为组织（主体）资源、网络资源及系统（行业）资源，3 种资源在系统中的高效投入，形成资源整合机制，驱动系统内部创新。

在量子科技创新生态系统中，组织（主体）资源以各创新主体所处的角色位置发挥资源的驱动作用，如政府作为制度创新主体提供助推量子科技发展的相关科技政策、经费投入等；高校和科研院所作为原始创新主体为量子科技发展提供知识资源、高端人才资源等。企业作为技术创新主体提供产业应用资源等；网络资源以创新生态系统中各主体的协同关系发挥资源的驱动作用，表现为量子科技团队、量子技术产业联盟以及开放性量子技术创新平台。系统（行业）资源以创新生态系统中产业发展阶段的已有成果来发挥资源的驱动作用，表现为行业技术标准、知识产权体系等。

由此可见，在量子科技创新生态系统中，资源的驱动作用绝不是资源要素的累积，而是由创新资源协同整合中发挥的驱动力量。创新资源整合是创新资源配置的一种高级形态（李兴江，赵光德，2008），是创新主体在创新环境中运用合理的创新机制将创新资源高效结合，构建能够发挥出更大优势的协同资源，从而形成创新推动力，驱动量子科技系统的创新。

### 3.3.5　协同驱动：形成整合优势

以科技、人才、市场、政策、资源为代表的创新驱动机制是从各创新主体的核心创新要素出发的，而系统协同机制驱动则是从整体视角上把握协同作用对于创新系统的驱动力量。推动创新发展的系统协同机制是指通过主体协同、管理协同、环境协同和系统协同来解决创新系统在自组织演化发展过程中的问题,从而推动创新发展。驱动协同的机制在于,创新系统在自发演化过程中,会受到演化动力的影响,阻碍系统协同效应的产生,而协同机制的构建,可以有效地稳定系统的内外互动关系。

量子科技领域的协同过程实际上也就是量子科技创新生态系统的构建过程,从各主体之间的协同到主体与环境的协同是创新生态系统的内在驱动力。协同驱动创新体现在两个方面:一方面,科技创新需要各个协同主体的参与,通过知识、信息、资源、人才的交互,并通过协同系统的协同性运作投入到产业实践应用中,也就是协同促进创新,创新促进产业化发展;另一方面,产业化发展又反过来加强了科技创新成果的协同转化。协同驱动有利于充分发挥科技创新主体各自优势条件,促进资源整合,实现优势互补。

## 3.4　量子科技创新生态系统环境研究

量子科技创新活动的顺利展开需要良好的外部环境保障。对于量子科技创新生态系统中的各个创新主体而言,无论是高校、科研机构还是企业,开展创新活动,都是应对外部环境的选择。量子科技创新生态系统外部发展环境的变化,会对创新主体活动的支持力度以及积极程度产生深刻影响。

量子科技创新生态系统的环境影响该生态系统聚集创新人才、吸纳创新资源、开展创新活动的能力。良好的量子科技创新生态环境能够为创新主体聚集提供支撑,促进创新主体积极开展各类创新活动,产生更好的创新效果,投入产出水平也会得到大幅度提升。

量子科技创新生态系统环境由多个子环境构成,本节立足于 PEST 分析模型,并结合中国量子科技发展现状,对量子科技创新生态系统的政策环境、市场经济环境、社会文化环境及技术环境这四大类子环境进行分析。

### 3.4.1　量子科技创新生态系统的政策环境

#### 3.4.1.1　量子科技创新生态系统政策环境的界定

当今世界,创新性知识和技术在推动经济增长中占据主导地位,新的信息和生产技术及其融合为人们带来了新的经济模式,改变了人们的生活方式,彻底颠覆和影响了人类社会的发展进程。进入 21 世纪以来,全球科技创新进入空前密集活跃的时期,新一轮科技革命和产业革命正在重构全球创新版图、重塑全球经济社会的结构。

习近平总书记 2018 年 5 月 28 日在中国科学院第十九次院士大会、中国工程院第十四次院士大会上代表中共中央发表的讲话指出:"以人工智能、量子信息、移动通信、物联网、区块链为代表的新一代信息技术加速突破应用,以合成生物学、基因编辑、脑科学、再生医学等为代表的生命科学领域孕育新的变革,融合机器人、数字化、新材料的先进制造技术正在加速推进制造业向智能化、服务化、绿色化转型,以清洁高效可持续为目标的能源技术加速发展将引发全球能源变革,空间和海洋技术正在拓展人类生存发展新疆域。总之,信息、生命、制造、能源、空间、海洋等的原创突破为前沿技术、颠覆性技术提供了更多创新源泉,学科之间、科学和技术之间、技术之间、自然科学和人文社会科学之间日益呈现交叉融合趋势,科学技术从来没有像今天这样深刻影响着国家前途命运,从来没有像今天这样深刻影响着人民生活福祉。"

大量研究表明,科技创新主体活力与政府颁布的政策直接相关。政策是推进科技发展和促进创新的有效手段,面对全球科技创新空前活跃、创新格局变迁迅速的现实情况,科技创新往往需要政策进行有效激发。

各个国家纷纷把科技创新提升到国家战略层面,竞相出台了一系列促进科技发展的战略规划,例如美国发布《科学与国家利益》《技术与国家利益》,日本颁布《科学技术基本法》,法国出台《国家创新计划》等(陈劲,2013),从顶层设计的角度出发,构建起了一个国家的科技创新政策环境。

量子科技创新生态系统的政策环境是指政府为了影响量子科技创新的速度、方向和规模,促进技术创新成果的转化和普及而制定的一系列支持技术创新活动的公共政策及相应措施的总和,政策环境对创新研发投入、创新过程推进、创新成果产出等创新的全过程起到激励、引导、保护、协调等方面的作用。

### 3.4.1.2 量子科技创新生态系统政策环境的现状

1. 中国量子科技战略规划的政策背景

早在 20 世纪 90 年代,面对竞争日益激烈的"量子革命",美国和欧洲国家就陆续开展了量子科技方面的前沿探索和产业化投入,各国政府纷纷出台了系列政策举措,在产学研层面展开了深刻研究,努力让多个领域的量子科技创新团队建设都处于世界领先的位置。

近年来,欧美发达国家开始制定更具系统性的整体战略,更着眼于国家的整体利益和核心竞争力。欧美国家先后颁布了《量子宣言》《量子信息科学国家战略概述》等政策,涉及量子国家战略建设与政策扶持等方面,对我国量子科技的发展和应用形成了极大的战略压力。

我国一直高度重视量子科技的发展,进入 21 世纪以来,国家出台了一系列政策文件,其中多次提到"量子信息""量子通信""量子计算"等关键词,中央发布的文件主要从顶层设计的角度出发,对量子科技领域以及其他相关产业进行宏观的综合引导。同时,地方政府也颁布适合于自身发展的量子科技政策,包括创新创业人才类、科技投融资类、产业和企业创新类等,吸引研发机构入驻,引进创新创业人才,完善知识产权保护和实施科学技术奖励等。

2015 年,"十三五"规划建议中明确指出,将量子通信作为重大科技设施来布局建设。在随后发布的创新驱动发展战略纲要、科技创新规划、信息化规划、技术创新工程规划、科技军民融合发展专项规划等 10 余项重要国家政策中均明确要求推进量子通信的发展,发展和改革委员会、工业和信息化部、科技部、中央网络安全和信息化委员会办公室等也纷纷出台政策予以支撑。

从政府政策层面来看,我国颁布的《国家中长期科学和技术发展规划纲要(2006—2020 年)》《国家重大科技基础设施建设中长期规划(2012—2030 年)》《"十三五"国家战略性新兴产业发展规划》《中共中央关于制定国民经济和社会发展第十四个五年规划和二○三五年远景目标的建议》等政策文件都将量子科技领域研究放在战略高度,目的是推进这一领域的高速发展。

2. 中国量子科技政策环境结构分析

中国庞大的市场规模、完备的产业体系、多样化的消费需求与互联网时代创新效率的提升相结合,为创新提供了广阔空间。中国特色社会主义制度的优越性,能够有效结合集中力量办大事和市场配置资源的优势,为实现创新驱动发展提供根本保障(中共中央,国务院,2016)。

(1)顶层设计:中国政府的量子政策发展情况

在 2012 年中国科学院第十七次院士大会、中国工程院第十二次院士大会上,习近平总书记强调,推进自主创新,最紧迫的是要破除体制机制障碍,最大限度解放和激发科技作为第一生产力所蕴藏的巨大潜能。

在 2018 年中国科学院第十九次院士大会、中国工程院第十四次院士大会上,习近平总书记再次强调:"要坚持科技创新和制度创新'双轮驱动',以问题为导向,以需求为牵引,在实践载体、制度安排、政策保障、环境营造上下功夫,在创新主体、创新基础、创新资源、创新环境等方面持续用力,强化国家战略科技力量,提升国家创新体系整体效能。要优化和强化技术创新体系顶层设计,明确企业、高校、科研院所创新主体在创新链不同环节的功

能定位,激发各类主体创新激情和活力。要加快转变政府科技管理职能,发挥好组织优势。"(习近平,2021)

在进行量子科技创新政策和战略制定的顶层设计时,需不断改革支撑科技创新的体制机制,调整一切不适应量子科技发展的生产关系,统筹推进科技、经济和政府治理 3 方面体制机制改革,最大限度释放创新活力。量子科技创新需要与制度创新相互协调,彼此配合,持续发力。

表 3.2 简要概述了中国 2001—2022 年发布的量子科技相关政策。

表 3.2 中国量子科技相关政策(2001—2022 年)

| 时 间 | 文 件/会 议 | 主 要 内 容 |
|---|---|---|
| 2022 年 1 月 | 《"十四五"市场监管现代化规划的通知》 | 加强以量子计量为核心的先进测量体系建设 |
| 2021 年 10 月 | 《国家标准化发展纲要》 | 提出要在人工智能、量子信息、生物技术等领域,开展标准化研究,同步部署技术研发、标准研制与产业推广,加快新技术产业化步伐 |
| 2021 年 4 月 | 《长三角 G60 科创走廊建设方案》 | 加快培育布局量子信息等未来产业 |
| 2020 年 10 月 | 《中共中央关于制定国民经济和社会发展第十四个五年规划和二〇三五年远景目标的建议》 | 提出要瞄准人工智能、量子信息、集成电路、生命健康、脑科学、生物育种、空天科技、深地深海等前沿领域,实施一批具有前瞻性、战略性的国家重大科技项目 |
| 2020 年 10 月 | 中央政治局第二十四次集体学习 | 提出量子科技发展具有重大科学意义和战略价值,是一项对传统技术体系产生冲击、进行重构的重大颠覆性技术创新,将引领新一轮科技革命和产业变革方向 |

续表

| 时　间 | 文　件/会　议 | 主　要　内　容 |
|---|---|---|
| 2020 年 3 月 | 《关于科技创新支撑复工复产和经济平稳运行的若干措施》 | 提出加大对 5G、人工智能、量子通信、工业互联网等重大科技项目的实施和支持力度 |
| 2019 年 12 月 | 《长江三角洲区域一体化发展规划纲要》 | 提出加快量子通信产业发展，统筹布局和规划建设量子保密通信干线网，实现与国家广域量子保密通信骨干网络无缝对接，开展量子通信应用试点 |
| 2018 年 7 月 | 《金融和重要领域密码应用与创新发展工作规划(2018—2022 年)》 | 要求大力推动密码科技创新，加强密码基础理论、关键技术和应用研究，促进密码与量子技术、云计算、大数据等新兴技术融合创新 |
| 2018 年 5 月 | 《"十三五"现代金融体系规划》 | 规划加强量子保密通信在金融领域应用研究，适时开展量子通信在金融业的应用 |
| 2018 年 3 月 | 《2018 年政府工作报告》 | 将量子通信与载人航天、深海探测、大飞机并列为重大创新成果，认可量子通信行业地位和发展成果 |
| 2018 年 1 月 | 《关于全面加强基础科学研究的若干意见》 | 强调了对一些前沿、新兴、交叉等学科的建设，加快实施量子通信与量子计算机、脑科学与类脑研究等"科技创新 2030 - 重大项目" |
| 2017 年 11 月 | 《关于组织实施 2018 年新一代信息基础设施建设工程的通知》 | 提出国家广域量子保密通信骨干网络建设一期工程 |
| 2017 年 6 月 | 《"十三五"国家基础研究专项规划》 | 提出量子通信和量子计算将奠定我国在新一轮信息技术国际竞争中的科技基础和优势方向 |

| 时　间 | 文件/会议 | 主　要　内　容 |
|---|---|---|
| 2017 年 5 月 | 《"十三五"国家基础研究专项规划的通知》 | 面向多用户联网的量子通信关键技术和成套设备,率先突破量子保密通信技术,建设超远距离光纤量子通信网,开展星地量子通信系统研究,构建完整的空地一体广域量子通信网络体系,与经典通信网络实现无缝链接 |
| 2016 年 11 月 | 《"十三五"国家战略性新兴产业发展规划的通知》 | 加强关键技术和产品研发,持续推动量子密钥技术应用 |
| 2016 年 8 月 | 《中国科学院"十三五"发展规划纲要》 | 加强核心器件的自主研发,加强与经典网络的融合(如云加密等),推动标准制定,开展城域量子通信、城际量子通信、卫星量子通信关键技术研发,初步形成构建空地一体广域量子通信网络体系的能力,并在全天时卫星量子通信技术上取得突破 |
| 2016 年 7 月 | 《"十三五"国家科技创新规划的通知》 | 力争在量子通信与量子计算等重点方向率先突破 |
| 2016 年 5 月 | 《国家创新驱动发展战略纲要》 | 在量子通信、信息网络等领域,充分论证,把准方向,明确重点,再部署一批体现国家战略意图的重大科技项目和工程 |
| 2016 年 3 月 | 《中华人民共和国国民经济和社会发展第十三个五年规划纲要》 | 加强前瞻布局,着力构建量子通信和泛在安全物联网,打造未来发展新优势 |
| 2015 年 12 月 | 《中共中央关于制定国民经济和社会发展第十三个五年规划的建议》 | 在航空发动机、量子通信、智能制造等领域再部署一批体现国家战略意图的重大科技项目 |

| 时　间 | 文　件/会　议 | 主　要　内　容 |
|---|---|---|
| 2002年 | 《国家中长期科学和技术发展规划》 | 将"量子调控"基础研究纳入规划,成为4个重大基础研究计划之一 |

（2）政策扶持：激发创新活力

科技创新政策是指用于支持科技发展的人力、财力、物力等方面的政策。政府作为科技创新生态系统中的重要主体,主要通过政策工具作用于整个创新系统,其中科技创新政策就是最有力的工具之一。创新政策的作用机制正是创新政策如何在创新生态系统中发挥驱动作用的过程。

当前对科技创新政策作用机制的研究集中体现为以下5个方面：① 科技创新政策通过激发创新主体积极性促使创新思想的产生;② 科技创新政策催化科技创新成果的应用(王巧,2017);③ 科技创新政策助推社会资本的构建;④ 科技创新政策激励创新人才;⑤ 科技创新政策营造良好的创新环境。

从科技产业发展的角度来看,创新政策驱动可以分以下阶段：引进阶段、起步阶段、成长阶段以及成熟阶段。综合各个阶段的不同特性,布局相应的政策(李小芬,2012)。

在量子科技领域的政策中,以宏观层面的布局为核心政策内容,如在国务院发布的《2020年政府工作报告》和十三届全国人大四次会议通过的《国民经济和社会发展第十四个五年规划和二〇三五年远景目标纲要》中,多次提到了有关"量子科技"的内容,包括"在量子信息等重大创新领域组建一批国家实验室""加强原创性引领性科技攻关""在量子信息等前沿科技和产业变革领域谋划布局一批未来产业"等。从整体发展上奠定了量子科技在国家科技发展中的重要地位,也激发了量子科技创新系统的主体积极性,同时对于产业化的大力支持推动了科技创新成果的应用。

（3）区域发展：中国区域的量子政策发展情况

加强区域范围内量子科技创新生态系统的建设,这也是推动整体中国量子科技创新生态系统建设的关键。

如图 3.2 所示,自 2003 年以来,地方发布的量子科技的相关政策数量逐年上升,尤其在 2016 年国务院发布《"十三五"国家战略性新兴产业发展规划》后,地方发布的量子科技相关政策呈指数增长,尽管在 2020 年有轻微下降,但随着《中共中央关于制定国民经济和社会发展第十四个五年规划和二〇三五年远景目标的建议》的发布,2021 年,各地方量子相关政策文件又迎来一个发展高峰,已超过 300 项。

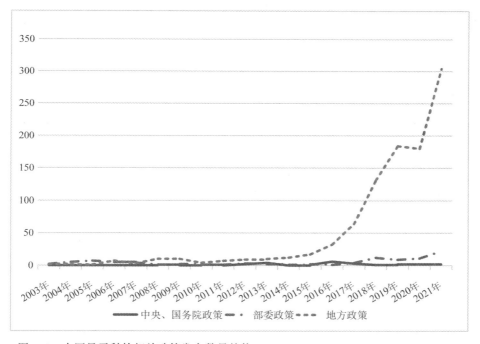

图 3.2　中国量子科技相关政策发布数量趋势

在各省(自治区、直辖市)人民政府发布的量子相关政策文件中,中东部地区省(自治区、直辖市)发布的政策数量远多于西北、东北、西南等地区,其中安徽发布的政策数量最多,达到 137 项,北京、天津、浙江等省(自治区、直辖市)紧随其后。

　　中共中央发布"十四五"规划以来,北京、安徽、广东、上海、山东等 21 个省(自治区、直辖市)在地方"十四五"科技与信息技术产业发展规划中,对量子信息领域基础科研、应用探索和产业培育等方面做出具体部署,提供政策引导与项目支持。部分省(自治区、直辖市)及其国民经济和社会发展第十四个五年规划和二〇三五年远景目标的建议中量子科技的相关政策概要如表 3.3 所示。

表 3.3　部分省(自治区、直辖市)国民经济和社会发展第十四个五年规划和二〇三五年
　　　　远景目标的建议中关于量子科技的相关政策概要

| 省(自治区、直辖市) | 相 关 政 策 概 要 |
| --- | --- |
| 北京 | 前瞻布局量子信息、新材料、人工智能、卫星互联网、机器人等未来产业,培育新技术新产品新业态新模式。加快布局量子计算、量子通信、量子精密测量等重点细分产业,支持企业参与量子点和拓扑体系量子计算关键技术研发应用 |
| 天津 | 围绕产业基础高级化和产业链现代化,加快构建现代工业产业体系,培育壮大一批千亿级先进制造业集群,在量子科技、先进材料等领域积极布局发展一批未来产业 |
| 上海 | 加强重大战略领域前瞻布局,围绕国家目标和战略需求,持续推进脑科学与类脑人工智能、量子科技、纳米科学与变革性材料、合成科学与生命创制等领域研究,积极承接和参与国家科技创新 2030 年重大项目和国家科技重大任务 |
| 重庆 | 布局西南大学科学中心和国际体外诊断(IVD)研究院、国际免疫研究院、渝州大数据实验室、量子通信器件联合实验室、团结湖大数据智能产业园等产业创新平台 |
| 山东 | 推动济南国家量子标准化平台建设,构建国家级量子＋标准应用示范基地。建设济南国家量子保密通信产业基地 |

| 省(自治区、直辖市) | 相 关 政 策 概 要 |
|---|---|
| 山西 | 建设一流创新平台,支持山西大学深化与知名院校合作,重点攻关量子信息、精密测量、激光离子加速器等领域先进技术,加快极端光学装置项目建设 |
| 安徽 | 明确关键核心技术攻坚方向,聚焦人工智能、量子信息、集成电路、生物医药、新材料、高端仪器、新能源等重点领域 |
| 江苏 | 实施未来产业培育计划,前瞻布局第三代半导体、基因技术、空天与海洋开发、量子科技、氢能与储能等领域,积极开发商业化应用场景,抢占产业竞争发展制高点 |
| 浙江 | 围绕数字科技、生命健康、高端装备、新材料、量子科技等领域,打造面向世界、引领未来、服务全国、带动全省的创新策源地 |
| 湖南 | 聚焦量子科学、系统基因科学等前沿关键问题研究领域,推动颠覆性技术创新,争当新一轮科技革命和产业变革的引领者,积极推进量子信息等领域创新发展,抢占战略制高点 |
| 广东 | 持续推进产业关键核心技术攻关,支持企业在人工智能、区块链、量子信息、生命健康、生物育种等前沿领域加强研发布局,增强5G、超高清显示等领域产业技术优势 |

中国量子科技创新生态系统的政策环境在量子科技发展的过程中,通过战略引领和政策法规,对量子科技创新活动进行引导和扶持,为中国量子科技创新、产业发展、人才培养等提供了强有力的保障。

(4) 行业联盟:中国量子联盟发展情况

量子科技的颠覆性影响体现在其在产业领域内的应用,因此,实现量子科技的产业化也是各国发展量子战略的终极目标,而成立量子联盟则是重要手段之一。目前,我国成立了多个量子科技联盟。

2015年12月,中国科学院召开"科技服务国民经济主战场座谈会",会上宣布成立"中国量子通信产业联盟",由中国科学院国有资产经营有限责任公司(国科控股)牵头,参与单位包括中国科学技术大学、国盾量子等。中国量子通信产业联盟将做好产业顶层设计与战略规划,推动标准规范的建立健全,形成产业发展合力,构筑可持续发展的量子通信产业生态系统。

2016 年 6 月,经中国信息协会第五届第八次理事会讨论研究,同意设立中国信息协会量子信息分会,其目标是建立一个国家级的量子信息技术研发和产业化信息共享平台,以及量子信息科学大众科普平台。

2018 年 10 月,中国通信工业协会量子信息专业委员会(CCIAQISC)成立,该委员会是工业和信息化部与中央国家机关工委领导的中国通信工业协会(CCIA)的内设机构,是中国量子信息科学领域的专业研究组织。

中国量子计算产业联盟(OQIA)成立于 2018 年,成员企业(单位)涉及金融建模、海洋超算、轮船制造、传感应用、人工智能、低温制冷、生物科技、大数据等领域。根据不同行业的应用落地,该联盟分别建立了量子计算上下游生产制造联盟、量子计算应用生态联盟和量子计算科普教育联盟。量子计算生物化学行业生态应用联盟与量子计算金融行业生态应用联盟同属于量子计算应用生态联盟行列。

2021 年,中国量子计算产业联盟联合广东德美精细化工集团股份有限公司、金斯瑞生物科技股份有限公司等企业发起成立量子生物化学行业生态联盟。该联盟的宗旨是汇聚国内生物化学行业的合作伙伴,推动量子计算应用"生态群落"建立,将量子计算作为新型材料研发、新医药研究、新能源技术革新等领域开拓的新起点,深入生物、医药、化工、材料、能源等细分领域,聚焦行业发展痛点,探索量子计算的落地应用场景。

### 3.4.2    量子科技创新生态系统的市场经济环境

#### 3.4.2.1    量子科技创新生态系统市场经济环境的界定

经济基础作为创新的基石,不仅为创新提供必要的经济支持,也能为创新成果转化提供广阔的市场。而对于一个国家或地区而言，其创新能力的提升又可以促进该国家或地区的经济发展，因此，经济基础与创新能力有着相辅相成的互动关系。市场经济环境也是创新生态系统发展的基本条件，往往决定和制约着创新生态系统开展科技创新活动的规模、性质。不同经济发展水平的地区，其重点发展领域、产业结构存在着较大差异，且对科技创新的需求也不一样，这就决定了越是高度结构化的产业特征对科技创新的需求越大，反之则越小。

世界面临着全球化进程不断加快和科学技术快速发展的局面，创新生态系统中主体面临的市场竞争也愈发激烈和复杂多变，公平规范的市场竞争已经成为创新主体持续进行技术创新的核心动力来源，市场已经成为影响科技创新活动开展及其产生成效的核心因素之一（仲伟俊 等，2013）。量子科技创新生态系统的市场经济环境是系统内主体展开创新活动所必需的，量子科技创新活动更需要稳定活跃的市场经济环境作为保障。相较于一般的企业创新活动所需要的投入，量子科技创新活动具有以下特点：

（1）投入规模大。目前量子科技领域需要聘用大量高素质人才，需要使用先进的科学仪器设备，需要长期的科技创新能力的积累等，这都需要大量的经济投入。

（2）投入风险高。科技创新最基本的特点是具有高风险性，运用到量子科技中也是如此，开展某项量子科技创新活动，在什么时间能够获得什么样的结果，具有高度的不确定性，收益的高风险性必然导致投入的高风险性。

（3）效益周期长。与一般的生产经营投入很快就能见效不同，科技创新环节众多，从技术开发到最终产品投入市场需要较长的时间，少则三五年，多则十余年，从投入到产生效益的周期很长。而量子科技作为前沿科技，在我国市场化、商业化程度相对较低，效益周期或会更长。

基于上述量子科技创新活动的特点，量子科技创新生态系统中的创新主体开展活动时，受到市场经济环境的深刻影响，市场经济环境已成为影响量子科技创新生态系统发展的重要因素之一。一方面，区域的经济发展水平影响着创新生态系统"能量"与"物质"的摄入，即对科技研发、人才培养、设备购买等多方面要素投入的程度,并影响创新活动的规模;另一方面,量子科技发展的最终目标是市场化,其所处的市场环境也会对其创新生态系统的发展产生重要影响,故有必要针对其市场发展环境,包括市场规模、投融资现状等展开分析。

### 3. 4. 2. 2　量子科技创新生态系统市场经济环境的现状

*1. 经济发展分析*

国内生产总值(GDP)反映了在一定时间段内国家和地区的经济向好情况和发展水平。改革开放以来,经过 40 多年的快速发展,中国已成为世界经济大国。图 3.3 展示了 2002—2021 年国内生产总值及增速的变化,图 3.4 展示了 2002—2021 年人均国内生产总值的变化。图 3.5 展示了 2012—2020 年居民消费水平的变化。

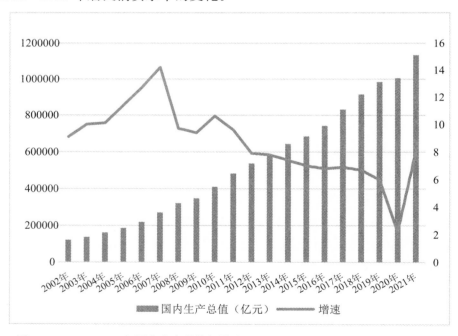

图 3.3　2002—2021 年国内生产总值与增速

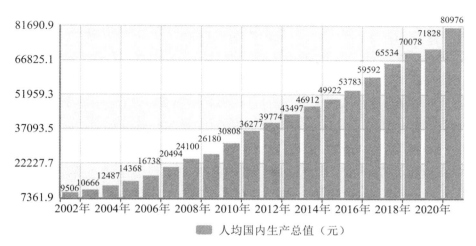

图 3.4　2002—2021 年人均国内生产总值

图 3.5　2012—2020 年居民消费水平

　　面对复杂国际环境、疫情和极端天气等多重挑战,2021 年我国国民经济持续恢复,发展水平再上新台阶,国内生产总值比上年增长 8.1%,两年平均增长 5.1%,在全球主要经济体中名列前茅;经济规模突破 110 万亿元,达到114.4万亿元,稳居全球第二大经济体。2021年,按年平均汇率折算,我国经济总量达到17.7万亿美元,预计占世界经济的比重超过18%,对世界经济增长的贡献率为25%左右。

纵观近代以来大国崛起和发展的历史,可以发现,英国、法国、德国、美国、日本等国都及时抓住科技革命机遇,率先发展战略性、支柱性产业,建立了科技引领经济社会持续发展的机制,从而成为世界强国。

当前世界科技呈现出新一轮革命的征兆,世界政治经济格局也经历着第二次世界大战以来最深刻的变化,新兴国家日益成为全球经济增长的引擎,对美国主导的现有格局产生了强有力的挑战。抓住新科技革命的历史机遇,走创新驱动、内生增长的道路,将使中国实现经济社会转型发展并在国际竞争中赢得主动、占得先机。

2. 市场规模分析

量子科技作为新兴科技,在初期规模优势尚未显现,产品成本高,进入市场较为困难,获得消费者认同更加困难,因而,多数企业缺乏将技术推向市场、实现盈利的商业模式,技术无法实现商业化,不能产生利润和持续创新的能力。技术创新的产业化步履维艰,有些新技术便夭折在了摇篮里,企业发展也受到了限制。

对于具有前瞻性、战略性导向的新兴科技来说,其发展和创新活动不再是单纯的企业化行为,在发展过程中,已实现了一种政府职能化趋势,政府推动和引导社会化行为,政府在市场中发挥出重要作用。在现阶段市场环境中,量子科技在市场与政府政策共同构筑的环境中成长,受到市场与政策的共同影响。

政府推动新兴科技发展的优势体现在以下3个方面:第一,新兴科技的形成与发展速度较快,其产业从萌芽到市场地位的确立所需要的时间较短;第二,政府培育新兴科技产业的目的性、前瞻性、确定性较强,不易受到来自政策、经济系统等不确定因素的影响;第三,在发展过程中,新兴科技产业的极化效应的时间跨度相对较短,其作用从计划转向扩散的时滞缩短,因而社会所承担的新兴科技产业成长成本相对较低。

量子通信经过十几年的发展已经从实验室阶段走向了产业化,全球大规模量子保密通信网络开始迅速增长,量子通信技术已开始在金融、电力、政务等多个领域展开应用,而随着全球对信息安全的重视,具有安全性和可靠性优势的量子通信技术将会成为未来网络通信系统的关键技术,有着非常开阔的市场发展前景。

量子计算技术领域的基础研究工作取得了一系列进展,但其仍处于技术发展初级阶段,商业化应用较少,仍然需要5~10年甚至更长的时间解决工程规模问题。当前,各国政府、学术界、产业界对量子计算投入的增加,势必会助推量子计算在技术和商业应用上取得更快的发展。

随着欧美市场上逐步推出重力仪、原子钟、加速度计、陀螺仪、磁力计,我国市场推出电子顺磁共振谱仪、量子态控制与读出系统、量子钻石原子力显微镜,以及量子雷达等商用化产品,量子测量产业化发展较为迅速。

"量子创投界"全球量子信息数据库,从全球各国政商界对量子计算、量子通信、量子测量领域的投资金额、市场各巨头和初创公司的市值规模、产业链中硬件与软件等生产环节产生的附加值、相关行业案例应用等方面展开分析,对量子计算、量子通信、量子测量领域的未来市场规模展开预测。

预计2025年,全球量子计算产业规模约为27.5亿美元,而随着技术水平的提升与应用场景的丰富,预计市场规模将以30%左右的增速持续上涨,到2039年达到156.7亿美元。而未来如果量子纠错等关键核心技术得到突破,市场规模将实现爆发性增长,北美地区将成为量子计算最大市场,亚太与欧洲地区则会增速较快。

在量子通信领域,预计2023年市场规模达到412亿美元,2025年进一步突破将达到534亿美元,未来随着广域网领域的实现或更多技术的突破,市场空间还将进一步扩大,全球市场也将进入快速增长阶段,在量子通信领域,亚太地区将成为最大规模市场。

量子测量领域增速相较于其他两个领域增速较慢,市场份额也相对较小,预计以10%左右的增速增长,到2023年达到3.3亿美元,2025年达到

4.1 亿美元。未来,随着远程医疗、物联网、车联网、自主机器人、微型卫星等技术与应用的逐步成熟,超精密、小型化、低成本的传感装置、生物探测器、定位导航系统等器件的需求量会显著增长,量子测量将拥有更加广阔的市场潜力。

3. 投融资现状分析

投融资环境的评价标准包括创新主体进行创新的融资渠道是否顺畅、金融机构的金融衍生品是否可以利用、利率波动的大小、金融投资市场可参与度的高低、企业信用度的高低等。

科技创新产品,尤其是前沿颠覆性科技创新产品,具有投入高、风险高、效益周期长的特点,在科技成果产业化过程中,需要大量的资金,包括科研开发资金、工业性试验资金、市场试验资金等。参考国际上欧美等发达国家和地区的科技成果转化经验,科技成果产业化过程中从基础研究、应用研究到工业化生产所需要的投资比例为 1∶10∶100,而我国上述比例为 1∶1∶100。目前我国中试资金不足,投资比例不协调现象显著。科技创新投资的高风险性特征,使追求资金安全性的银行贷款顾虑重重,而量子科技企业的生产经营活动需要大量资金投入,其将自有资金用于技术创新的规模也较为有限。

量子科技作为新兴的前沿行业,近年来取得了令人瞩目的成就。随着量子科技商业化、产业化进程的加速,加大了投资者对量子产业界的市场关注度,量子科技也正在成为风投蜂拥的领域。近年来,全球量子技术的投资多达 2/3 都集中于量子计算领域,其中包括量子计算硬件、软件或全栈公司,而来自量子安全、量子传感和量子通信等领域的公司获得的投资相对较少。2021 年中国量子领域重点融资事件如表 3.4 所示。

表 3.4 2021年中国量子领域重点融资事件

| 融 资 方 | 领 域 | 融 资 轮 次 | 融资时间 | 融资金额 | 融 资 方 |
|---|---|---|---|---|---|
| 深圳量旋科技有限公司 | 量子计算 | A+轮股权投资 | 1月12日 | 2000万元人民币 | 未透露 |
| 本源量子计算科技(合肥)股份有限公司 | 量子计算 | A轮 | 1月14日 | 数亿元人民币 | 中国互联网投资基金领投，国新基金、中金祺智、成都产投、建银国际、中科育成、中天汇富等知名机构，以及天使轮老股东磐古图灵跟投。此前曾获中科创星、合肥高投等天使轮投资 |
| 国仪量子(合肥)技术有限公司 | 量子测量和量子计算 | B轮 | 1月15日 | 数亿元人民币 | 高瓴创投领投，同创伟业、基石资本、招商证券跟投 |
| 国开启科量子技术(北京)有限公司 | 量子通信和量子计算 | 天使轮 | 1月19日 | 5000万元人民币 | 中关村发展前沿基金、中关村金种子基金等 |
| 上海图灵智算量子科技有限公司 | 量子计算 | 天使轮 | 5月7日 | 近亿元人民币 | 由联想之星领投，中科神光、前海基金、源来资本、小苗朗程跟投 |
| 北京玻色量子科技有限公司 | 量子计算 | 天使轮 | 6月24日 | 数千万元人民币 | 由点亮伯恩资本领投 |

续表

| 融资方 | 领域 | 融资轮次 | 融资时间 | 融资金额 | 融资方 |
|---|---|---|---|---|---|
| 北京玻色量子科技有限公司 | 量子计算 | 天使+轮 | 7月21日 | — | 由元和资本领投,多家机构跟投 |
| 北京中科弧光量子软件技术有限公司 | 量子计算 | 天使轮 | 10月22日 | 数千万元人民币 | 未透露 |
| 上海图灵智算量子科技有限公司 | 量子计算 | Pre-A轮 | 11月10日 | 数亿元人民币 | 由中君联资本领投,中芯聚源、琥珀资本、交大菡源基金等资方跟投 |

资料来源:中国科学院科技战略咨询研究院中国高新区研究中心,2021. 2021量子创新指数及全球量子产业前瞻报告[EB/OL]. (2021-12-13)[2023-12-01]. https://bhkxc. hefei. gov. cn/mtjj/18380597. html/.

### 3.4.3 量子科技创新生态系统的社会文化环境

#### 3.4.3.1 量子科技创新生态系统社会文化环境的界定

英国人类学家泰勒(1992)认为:"文化,或文明,就其广泛的民族学意义来说,是包括全部的知识、信仰、艺术、道德、法律、风俗以及作为社会成员的人所掌握和接受的任何其他的才能和习惯的复合体。"本小节所指的文化是从广义而言的,是人类在社会实践过程中所创造的物质财富和精神财富的总和,包括物质文化与精神文化。

本小节所指的量子科技创新生态系统社会文化环境是以量子科技创新为中心,影响量子科技创新的各种社会文化条件的总和;量子科技创新的社会文化环境是指存在于量子科技创新系统周围,并影响系统内主体开展创新活动的各种社会文化因素的总和。这些社会文化环境,不仅包括观念形态所构成的人的思想道德素质的文化因素,还包括物质文化因素。因此,本小节将从社会的物质文化环境和精神文化环境对量子科技创新的社会文化环境进行分析。

#### 3.4.3.2 量子科技创新生态系统社会文化环境的现状

1. 量子科技创新生态系统物质文化环境

量子科技是科技竞争焦点的战略性、关键性领域,其技术突破、理论创新乃至技术发展到相对成熟阶段产品走向市场化与商业化,都受到社会物质文化环境的影响。在量子科技创新生态系统的物质文化环境中,实验室、高水平研究大学、科技领军企业等,都对量子科技的推动发挥了重要作用。

作为国际通行的科研创新基地形式,国家重点实验室是各国开展高水准基础研究和前沿技术研究、聚集和培养优秀科学家、开展学术交流的重要基地,也是国家创新体系的重要组成部分。近年来,随着创新资源捕获难度增大,科技创新支出不断攀升,以及外部环境带来的冲击与挑战,原始创新、颠覆性技术及其产业化被放到突出位置,由国家组织建设大型科学基础设施,进而建构大规模、跨学科的科学研究中心或国家实验室,成为一种对国家经济与社会均有战略意义的制度安排。

中国量子科技领域起步晚于欧美国家,但随着十余年的发展,也呈现出了后来居上的实力,其中非常重要的一点就体现在量子实验室的建设。目前,在量子科技领域,合肥国家实验室着力突破推动以量子信息为主导的第二次量子革命的前沿科学问题和核心关键技术,培育形成量子通信等战略性新兴产业,抢占量子科技国际竞争和未来发展的制高点,将对中国量子科技的发展起到重要推动作用。

高校作为创新主体的重要组成部分,在进入 21 世纪后,也纷纷开展量子科技实验室团队的建设与布局,一些布局较早、发展较快的量子实验室已发展为国家重点实验室。目前,部分高校的量子实验室建设情况如表 3.5 所示。

表3.5　中国高校量子实验室建设情况(部分)

| 高校名称 | 实验室名称 | 研究体系或研究方向 |
| --- | --- | --- |
| 中国科学技术大学 | 合肥微尺度物质科学国家研究中心 | 光与冷原子物理研究部、单分子物理与化学研究部、低维物理与化学研究部、尖端测量仪器研究部等 11 个研究部 |
| 中国科学技术大学 | 中国科学院量子信息重点实验室 | 固态量子计算研究单元、量子纠缠网络研究单元、量子集成光学芯片研究单元、量子密码与量子器件研究单元、量子理论研究单元等 |
| 中国科学技术大学 | 量子物理与量子信息研究部 | 量子物理基础与量子通信、量子计算与量子模拟、量子精密测量等 |

| 高校名称 | 实验室名称 | 研究体系或研究方向 |
|---|---|---|
| 中国科学技术大学 | 中国科学院微观磁共振重点实验室 | 量子计算与模拟、量子精密测量、固体量子器件、量子物理基础、量子技术等 |
| 北京大学 | 量子电子学研究所 | 量子信息科学与技术、量子信息感知与获取、量子时频与时频传递、冷原子物理及其技术、强场零场磁共振技术、光纤激光技术及应用等 |
| 北京大学 | 量子材料科学中心 | 量子霍尔效应、低维电子气中的量子行为、自旋电子学、先进扫描探针显微学、中子和光子散射谱学、超冷原子气等 |
| 清华大学 | 量子信息中心 | 量子网络、量子计算、量子仿真、量子算法、量子通信复杂性理论、量子运筹学等 |
| 清华大学 | 低维量子物理国家重点实验室 | 低维量子材料与结构的制备和生长动力学、精密极端条件实验技术和方法、低维量子体系的新奇量子现象、低维量子体系的设计与基础理论等 |
| 浙江大学 | 量子技术与器件省重点实验室 | 超导量子计算、量子材料、量子光学和微纳器件等 |
| 浙江大学 | 二维量子材料实验室 | 低维体系中的新奇物理现象、二维材料异质结、转角二维材料、超快光学、光电探测等 |
| 南京大学 | 固体微结构物理国家重点实验室 | 量子调控研究、人工纳米结构材料与器件等 |
| 南京大学 | 介电体超晶格实验室 | 激光小组、等离激元光子学与集成光学、量子等离激元和超构材料、量子光学等 |
| 上海交通大学 | 光子集成与量子信息实验室 | 光子集成芯片、量子信息 |

| 高校名称 | 实 验 室 名 称 | 研究体系或研究方向 |
|---|---|---|
| 上海交通大学 | 量子非线性光子学实验室 | 集成光量子芯片、量子密码光通信、量子信息处理协议、微纳光频梳等 |
| 复旦大学 | 微纳电子器件与量子计算研究院 | 量子材料与器件中心、量子计算算法软件设计与应用、微电子新器件及核心技术、二维集成电路关键器件及核心逻辑电路、微纳混合集成技术等 |
| 山西大学 | 量子光学与光量子器件实验室 | 量子光学与量子信息、超冷原子分子的量子调控、量子精密测量与传感技术、量子材料与光量子器件等 |
| 山西大学 | 光电研究所量子传感实验室 | 激光技术、光量子器件方面的实验与理论研究及量子技术成果转化工作 |
| 哈尔滨理工大学 | 量子调控物理重点实验室 | 量子非线性与光场调控、光学量子精密测量及仪器、量子材料设计与功能调控 |

　　上述量子科技实验室团队的研究方向涵盖多个领域,一些实验室拥有来自量子科技领域的国际顶级专家、中国科学院院士作为实验的首席科学家,包括郭光灿、潘建伟、杜江峰、彭堃墀、薛其坤等,这些学术领导者在量子科技领域有重大建树,不仅靠其自身及团队的知识与技术优势在领域内取得重大突破,学术领导人高瞻的战略视野也为其获得政府支持提供了帮助,政府对量子科技领域研究加大了人才与资金投入,使得各个实验室发展较快。

　　在全球范围内,量子科技以企业为主力军,以产学研的形式进行开发。国际上比较典型的企业有 IBM、谷歌,国内也逐渐形成了以企业为主导的布局。

　　全球首颗量子科学实验卫星“墨子号”、中国的首条量子保密通信骨干网,都是企业为主、产学研合作的成果,部分项目主导方为国盾量子。腾讯专门成立量子计算实验室,聚焦在信息处理中的应用,如量子算法对机器学习的帮助;并积极探索对于一些小系统、小分子的更多经典计算或模拟的方法,并在制药、材料、化学等行业领域进行应用。百度于 2018 年 3 月组建了百度量子计算研究所,聚焦 QAAA 研究计划,开展量子人工智能(quantum AI)、量子算法(quantum algorithm)、量子体系架构(quantum architecture)等方面的研究,研发百度量子平台并构建相关生态。

2. 量子科技科普平台现状分析

公众对量子科技的理解缺乏相关知识背景,很难及时了解量子科技的发展进程,量子科技"飞入寻常百姓家"还需要该领域的科学家、科普人员付出努力,量子科技的科普场馆、沙龙、论坛等建设,也成为影响量子科技创新生态系统物质文化环境的重要因素。

量子科技的科普平台,不仅包括博物馆、科技馆等实体的科普场馆,随着新媒体技术的发展,以微信公众号、视频号等为代表的新媒体科普平台在量子科技科普工作中,逐渐发挥出重要作用。科普场馆是面向社会公众进行科普宣传和教育,并常年对外开放的重要场所,亦是公民科学素质建设和实施科教兴国战略的重要阵地。当前,公众对综合性科普场馆(如各个省(自治区、直辖市)的科技馆与自然博物馆)的熟悉度较高,一些更为细分领域,如农业、地质、航空航天等专题科普场馆,受到的关注度较低。而针对量子科技的科普场馆,近年来才开始发展,仍处于萌芽阶段。

量子探梦科普展厅坐落于安徽合肥,是我国首家以量子为主题的科普展厅,展示了量子力学的发展史、量子通信原理以及量子科技成果在当代的应用,设有量子科技成果展示厅、量子力学发展进程演示厅。该展厅面向公众尤其是青少年,展示国内领先的量子科技成果,普及量子科学知识,激发青少年对量子科学的兴趣。

合肥拥有国内首家量子计算教育科普基地——本源量子计算体验中心。该体验中心旨在为量子计算相关行业的人员与社会大众打造一个科研加科普教育的融合平台,推动量子计算这一前沿技术的普及。本源量子计算体验中心将面向所有希望了解量子计算的公众免费开放。

量子科普场馆作为提升公民科学素质的重要公共科普基础设施和社会

机构,是公众了解量子科技最好的窗口,肩负着重要的社会责任。目前,中国量子科普场馆建设仍处于萌芽阶段,主要由专注于量子科技的高校或企业推动布局,且地区间发展差异较大,东部地区建设布局明显优于西部地区,量子科普场馆尚未普遍化。

在新媒体领域内,量子科普相关平台层出不穷。早在 2016 年,中国科学技术大学上海研究院专门开辟了"墨子沙龙"科普微信公众号,旨在通过科普讲坛,以和科学家面对面的方式,进行专业的科学启蒙。新媒体领域内的量子科普平台,也和量子科技行业联盟与研究院合作,推动量子科技科普知识走进千家万户。2021 年,全国量子计算与测量标准化技术委员会联合济南量子技术研究院、"墨子沙龙"、"科技袁人"等量子科普专业平台,共同推出了"量子问与答"互动栏目。

3. 量子科技人才教育现状分析

人才是激发创新的第一动力,对于量子科技这类尖端科技的发展,人才更是重要的核心资源之一,欧美国家针对量子科技领域的人才培养,已展开精密布局。2019 年《美国国家量子计划法案》颁布,授权在未来 5～10 年内投资 12 亿美元,从标准制定、资金投入、机构设置等方面采取措施,以推动基础研究、技术应用和人才培养。2020 年 3 月,量子技术旗舰计划成员向欧洲委员会正式提交了战略研究议程(SRA)文件,其中提出,为了量子技术长期的可持续发展,必须有欧洲量子教育的大力支持,提倡在全欧洲推广覆盖高中教育、大学教育和产业工人培训的量子教育项目。

国内也已开始布局量子科技高端人才培养。2021 年,首届"量子信息与人才培养研讨会"在郑州召开,聚集了国内量子信息与网络安全领域百余名专家,共同探讨了量子信息和网络安全领域交叉融合、人才培养等一系列主题,通过加大量子科技领域人才培养力度,建立适应量子科技发展的专门培养计划,打造高层次量子科技人才培养平台等措施推动量子科技高端人才培养。

合肥作为科技创新之城的代表,在量子科技领域人才布局相对较早,已形成一定基础。2021年,安徽省科技厅就量子科技领域人才引进提出更进一步的规划:将进一步加大人才引进力度,加快落实奖励政策,吸引量子科技领域顶尖人才来皖;建立高端急缺引进人才职称评审绿色通道,对引进的人才,由两名同专业领域正高级职称人才推荐后自主评定,评审不受身份、任职年限等限制,重点看能力、业绩贡献和业内公认度;组织开展好海外名师大讲堂和中国国际人才交流大会参展等工作,搭建量子科技领域人才资源和用人单位信息对接平台(刘畅司晨,2021)。

在中小学教育中,量子科技教育处于起步阶段。2022年5月22日,深圳格致中学与深圳国际量子研究院战略合作框架协议签约暨量子计算中心揭牌和院士提名揭幕仪式举行,意味着深圳第一个高中量子计算中心建立。双方将在量子科技主题的课程研发、研学实践活动等方面进行合作,提升学生对高端迁移科技产业的认知度,培养学生对科技的浓厚兴趣,让学生的成长成才与国家战略需求相契合,以量子科技赋能青少年教育的未来。

在高等院校教育中,一些高校虽在20世纪就开设了量子相关课程,但针对量子科技学科专业教学和科研设施建设,目前仍处于起步阶段。教育部公布的2020年度普通高等学校本科专业备案和审批结果显示,中国科学技术大学获批新增设"量子信息科学""工程物理""环境科学与工程""网络与新媒体""人工智能"5个本科专业。安徽省将加快学科专业建设,引导高校积极调整学科专业设置,鼓励有条件的高校开展量子科技相关学科专业建设;并将鼓励高职院校开展与量子计算相关的特色课程建设,积极搭建实训平台,培养一批具有量子计算编程相关专业知识,同时也能够适用于现代信息技术产业的技术人员(刘畅司晨,2021)。

### 3.4.3.3　量子科技创新生态系统精神文化环境

崇尚创新、宽容失败的文化环境,对于量子科技创新活动的展开起到了推动作用。

在全社会大力宣传科学理性精神和创新诚信意识,形成鼓励创造、追求卓越的创新文化,推动创新成为民族精神的重要内涵,是量子科技创新生态系统社会文化环境,尤其是精神文化环境中的重要一环。当前社会创新活动的精神文化环境与氛围,也受到来自传统文化与现代科学文化的影响。

1. 中国传统文化对科技创新活动的影响

中国传统文化深刻地影响着中国人价值取向、心理状况、思维方式、道德观念、宗教信仰、理想信念等精神生活的方方面面,对中国人开展科技创新活动产生了深远的影响。

(1) 家国情怀的影响

中国传统文化思想中,有着强烈的家国情怀,这与中国的儒家文化有着深厚的渊源,是"修身齐家治国平天下"的一种表现。这种家国情怀也深刻影响了许多中国科研工作者。相较于国际同行,中国科研工作者报效祖国的思想更为鲜明,钱学森、邓稼先、竺可桢、袁隆平、黄大年等一大批科学家是其中的代表。

潘建伟院士在 1996 年第一次参观导师塞林格教授的实验室时,就立志将来一定要在中国建一个世界领先的实验室。2001 年,潘建伟放弃国外提供的高薪厚遇,毫不犹豫地回归祖国,全身心投入量子科技的世界中,开拓了中国量子科技的事业版图。郭光灿院士是中国量子信息科学的先行者,曾组建国内最早的"量子队伍",也是中国量子信息科学的奠基人,在他的影响下,众多年轻精英走进"量子领域",为量子计算机的广泛应用奋斗不止。

此外,还有杜江峰、薛其坤、彭堃墀等一大批在量子科技领域颇有建树的科学家,他们在各自擅长的科研领域,推动着中国量子科技的发展。

(2) 重视教育的理念

中国传统文化历来重视后代的教育,在全球化和市场经济条件下,重视教育的思想也形成了新的特点,产生了新的现象。

量子科技的深化发展,既需要通过物理学、化学、数学、信息科学等学科之间的密切交叉,着力突破重大科学问题;也需要通过光电技术、材料制备、空间技术、工程技术等技术领域的集体攻关,实现核心量子材料和量子器件的自主研发。目前,我国亟须建设一支规模宏大、结构合理、素质优良的量子科技创新型人才队伍,而我国传统文化中重视教育的理念,也为人才培养打下了坚实的理念文化基础。

2. 现代科学文化对科技创新活动的影响

科学家作为科技创新活动的主体,在理论与技术层面取得突破,依靠的是科学家精神;而企业家作为创新的实施主体,他们各自的成功则依靠企业家精神。

(1)科学家精神

科学家,是指对自然、生命、环境、现象及其性质进行重现与认识、探索与实践,并作出突出贡献、具有杰出成就的科学工作者,而由此产生的科学家精神是科学工作者在长期科学实践中积累的宝贵精神财富。2020年9月,科学家精神被纳入第一批中国共产党人精神谱系的伟大精神。

科学家精神是胸怀祖国、服务人民的爱国精神,勇攀高峰、敢为人先的创新精神,追求真理、严谨治学的求实精神,淡泊名利、潜心研究的奉献精神,集智攻关、团结协作的协同精神,以及甘为人梯、奖掖后学的育人精神。

潘建伟院士领导的中国科学技术大学量子信息研究团队倡导培育"胸怀祖国,服务人民"的爱国精神,将科学家精神与科研工作紧密融合,把团队的文化建设与团队日常实践相结合,服务国家与社会,不忘初心、牢记使命,致力于通过各方面的教育打造彰显爱国情怀的团队文化。整个量子团队的前进动力始终是"科技报国"的理念,团队在专攻科研的同时又心系国家。

郭光灿院士始终坚持"勇攀高峰、敢为人先"的创新精神,其作为中国量子科技的先行者,为中国量子光学、量子密码、量子通信和量子计算等众多研究领域贡献了"第一推动力"。

科学家精神,不仅推动着科学家以深厚的理论基础、高瞻的眼界、坚强的毅力在科研道路上摘得硕果,还在全社会范围内注入接续奋斗、扬帆奋楫的强大动力,对全社会的科技创新文化氛围与创新文化精神的发展起到了重要作用。

（2）企业家精神

企业家不同于广义上的企业经营管理者，他们是一批勇于创新、敢于承担风险的稀有人才，他们依靠创造力与执行力去壮大企业。市场经济的发展不仅需要擅长保持企业生命延续性的管理经营者，更需要敢于带领企业突出重围以创新谋生存的企业家，而企业家精神的核心价值表现为崇尚竞争、勇于变革、敢冒风险、追求卓越等。

在量子科技领域，近年来也涌现了一大批对国家、对民族怀有崇高使命感和强烈责任感，承担着强烈的社会责任感的优秀企业家。在当前国际科技竞争日趋激烈的背景下，他们的首要任务便是带领企业奋力拼搏、力争一流，实现质量更好、效益更高、竞争力更强、影响力更大的发展。

国盾量子践行"量子科技 产业报国"理念，董事长彭承志在多个场合表示，"量子保密通信可以成为未来信息安全不可或缺的一部分，没有信息安全就没有国家安全，国盾量子即为通信安全而生"。

本源量子提出了"为量子计算贡献中国力量"的愿景和"让量子计算走出实验室，真正为人类服务"的宗旨。本源量子于 2018 年底宣布成功研制出中国首款完全自主知识产权的量子计算机控制系统，郭国平作为本源量子首席科学家指出，量子计算机的研制开发是长期而艰巨的任务，从事该领域工作应该脚踏实地围绕一个目标，不停试错，不怕"踩坑"，一点一点攻关，才能研制出真正能用的量子计算机。

## 3.4.4　量子科技创新生态系统的技术环境

### 3.4.4.1　量子科技创新生态系统技术环境的界定

对创新环境的研究中，对于技术环境的定义大多还是从传统意义上进行界定的，即"行业发展过程中的科技知识积累，主要指技术多样性与技术标准化的建设"。

对于一个活跃的创新生态系统来说,其创新行为与成果更应该体现在将发明创造商业化的过程,而不是单纯的研发高新技术。在量子科技创新生态系统中也是如此。高校和科研院所是我国基础研究的主体,也是基础研究人才培养的基地(盛朝迅 等,2021),而企业也是创新生态系统的主要建设者之一,是技术创新的主体(陈劲,2013)。

在量子科技创新生态系统中,核心创新主体的行为从最初的技术创新起步,最终以产品创新、服务创新、组织创新等形式表现出来。

对于量子科技这一类前沿技术、颠覆性技术来说,只有拥有一批"从 0 到 1"重大原创科研成果,才能形成一批具有较强控制力和反制力的战略技术,才会催生一批对创新链具有控制力的领军型企业,不断降低关键技术对外依存度,更好发挥企业创新主体作用,提升企业创新能力,促进产学研深度融合(盛朝迅 等,2021)。

而量子科技创新生态系统技术环境不仅受到基础研究水平的影响,还受到技术服务水平的影响。技术市场配置创新资源,是创新的动力源,政府通过知识产权保护等制度稳定了创新者的预期收益,而技术服务通过企业间的合作与交流,为技术开发和成果转化提供平台(王爱民 等,2016)。

### 3.4.4.2 量子科技创新生态系统技术环境的现状

#### 1. 基础研究现状分析

"技术引进—消化—吸收—再创新"是后发国家实现技术追赶的重要路径,日本、韩国等国在经济起飞过程中都引进大量技术消化吸收并进行再创新。在改革开放初期,我国也积极利用外资和引进技术,促进资本、技术和管理模式溢出,推动了经济的持续快速发展。近年来,这种路径在我国经济增长中的作用已经明显下降。一方面,中美贸易摩擦导致科技脱钩;另一方面,也与我国经济发展阶段转变和技术升级的阶段性特征有关(盛朝迅 等,2021)。

　　基础研究作为科技创新的源头活水,是实现国家自立自强和构建新发展格局的最基本依托,也是解决我国当前面临的很多"卡脖子"技术问题的关键所在。关键核心技术是要不来、买不来、讨不来的。只有把关键核心技术掌握在自己手中,才能从根本上保障国家经济安全、国防安全和其他安全。形势逼人,挑战逼人,使命逼人。我国广大科技工作者要把握大势、抢占先机,直面问题、迎难而上,瞄准世界科技前沿,引领科技发展方向,肩负起历史赋予的重任,勇做新时代科技创新的排头兵(习近平,2021)。科技自立自强须建立在基础研究和原始创新的深厚根基上。当前,我国基础研究和原始创新能力建设摆在了更加突出的位置。

　　经过多年发展,我国的基础研究投入明显增加,基础设施条件明显改善,基础研究发展也取得了显著进步,涌现出一批优秀成果。目前,中国已经成为全球科技创新的一支重要力量,但与技术先发国家相比,距离实现新发展格局和实现科技自立自强的要求,仍存在差距。

　　(1) 基础研究投入现状分析

　　2013 年,我国 R&D 经费投入强度首次突破 2%。2013—2021 年,R&D 经费投入规模不断扩大,从 2013 年的 11846.6 亿元上升到 2021 年的 27864 亿元,在 2020 年已超过经济合作与发展组织(OECD)国家[①]平均水平。

　　从基础研究投入来看,"十三五"时期,我国基础研究投入增加 1 倍,从 2015 年的 716.1 亿元增加到 2020 年的 1504 亿元,基础研究占全社会研发总经费的比重首次超过 6%,但与发达国家 15%～20% 的比重相比,仍有很大差距(图 3.6)。以 2018 年为例,美国对基础研究方面投入经费达到了 864 亿美元,而我国基础研究投入经费仅有 142 亿美元,约为美国基础研究经费投入总量的 1/6。

---

　　① 经济合作与发展组织(Organisation for Economic Cooperation and Development, OECD),是全球 38 个国家组成的政府间国际组织,OECD 国家代指经济合作与发展组织的 38 个成员国。

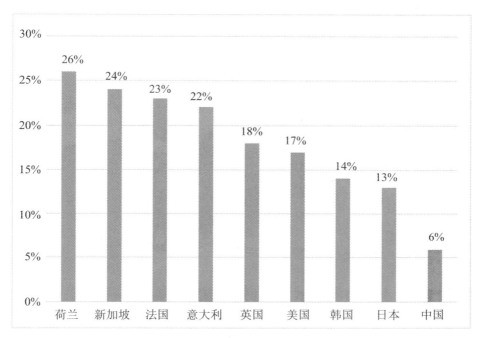

图 3.6　全球主要经济体基础研究经费与研发经费投入总量的比值

资料来源：OECD、科技部、毕马威分析。其中数据来源于 OECD，中国的数据为 2020 年统计所得。

从基础研究经费与 GDP 的比值来看，如图 3.7 所示，美国近年来持续稳定在 0.46%～0.51%，中国则在 0.08%～0.12% 波动，美国的占比大致为中国的 5 倍。从发展趋势看，2009 年美国基础研究经费与 GDP 之比是中国的 6.61 倍，2018 年为 3.95 倍，中美基础研究投入差距虽然有缩小的趋势，但目前差距仍然较大。

（2）基础研究成果现状分析

近年来，我国基础研究持续快速发展，在高温超导体、拓扑物态、粒子物理与核物理、有机分子簇集和自由基化学、纳米科技、人工合成生物学、非人灵长类模型与脑连接图谱、基因组、数学机械化方法与辛几何算法、深海深空深地等空间科学、量子通信与量子计算等基础研究领域产生了一批标志性成果。

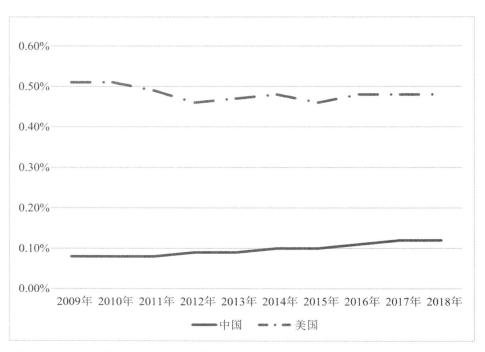

图 3.7　中美基础研究投入与 GDP 的比值比较

　　目前,我国学术影响力已经达到世界第二,部分学科的学术产出及学术影响力已居世界第一的水平,学术产出份额增速明显,高被引论文占比也从20年前的0.2%升至如今的20%,增长明显。

　　根据科技部发布的研究与试验发展(R&D)活动统计分析,如图3.8所示,我国研究专利和论文产出均取得了显著的增长。2018年,我国各类科研机构专利申请文件总量已经达到6.1万件,比上年同期增长9.1%;专利申请授权总数为3.7万件,比上年同期增长4.0%;发表科技论文累计数量17.6万篇,其中,国外科学博士论文数量5.8万篇,比上年同期增长7.2%;科技类著作累计出版5722种,比上年同期增长4.8%。2018年,我国各类研究单位和机构的专利所有权转让及经营执照许可合同共达1959件,获取收益9.9亿元。

我国基础研究与世界先进水平相比还有一定的差距,整体还处于跟跑的阶段,重大原始性创新成果少,如表 3.6 所示。特别是在一些最尖端的原创科学思想、重大理论创新方面,很多研究仍处于跟跑模仿的阶段,领跑的领域和顶尖科学家还太少。

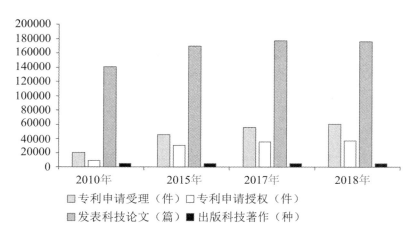

图 3.8　中国基础研究成果增长情况

资料来源:OECD 统计数据。

从高被引论文情况看,过去 30 年来,中国研究人员的人均 SCI 发文量从 1991 年的 0.02 篇增长到 2017 年的 0.26 篇,但仍仅为美国的 1/2。2008年以来,中国发表的国际科技论文篇均被引次数为 10.00 次,在国际上排名第十六位,排名第一的瑞士则为 20.99 次,差距较大。从发明专利情况看,目前我国三方专利拥有量在全球总量中的比重为 9.3%,而美国、欧盟和日本分别为 22.3%,20.7% 和 32.6%。这在一定程度上反映了我国基础研究成果与发达经济体仍有较大差距,具有重大原创成果的颠覆性创新仍然偏少,具有引领性的原创观点和理论成果仍不多见。

（3）基础研究设施现状分析

现代科学的发展越来越依赖于现代仪器设备,规模庞大、能力超强的大科学装置是获取重大科学成果的关键手段之一。美国国家创新战略号召建

表3.6 部分经济体科技创新成果比较(2019年)

| 经济体 | 高被引论文数量在全球总量中的比重(%) | 三方专利拥有量在全球总量中的比重(%,2018年) | 劳动生产率(万美元/人) | 世界创新企业100强个数(家) | 知识产权出口量在全球总量中的比重(%) | 代表性企业*研发投入在全球研发投入中的比重(%,2018年) | 代表性企业研发投入在销售收入中的比重(%,2018年) |
|---|---|---|---|---|---|---|---|
| 中国 | 10.7 | 9.3 | 1.5 | 3 | 1.7 | 11.7 | 3.0 |
| 美国 | 21.3 | 22.3 | 11.4 | 39 | 30.1 | 38 | 6.6 |
| 欧盟 | 35.7 | 20.7 | 8.3 | 13 | 36.1 | 25.3 | 3.4 |
| 日本 | 2.2 | 32.6 | 9.4 | 32 | 12.0 | 13.3 | 3.5 |
| 韩国 | 1.5 | 3.8 | 5.2 | 3 | 2.0 | 3.8 | 3.1 |

* 代表性企业指入选《2019欧盟产业研发数据记分牌》的2500家大企业中的经济体企业。

设 21 世纪的创新基础设施,欧盟研究认为基础设施是国内与国际合作研究和构建科学网络的核心。

2013 年,国务院发布了 9 部委组织、全国 150 多位专家参与制定的《国家重大科技基础设施建设中长期规划(2012—2030 年)》,首次形成了指导重大科技基础设施发展的国家路线图。"十二五"和"十三五"时期,国家布局建设了 26 个重大科技基础设施,建设项目数接近此前建设总数,投资额是此前投资总额的 4 倍以上,目前在建和运行的大设施数量接近 50 个。学科覆盖范围既包括粒子物理与核物理、天文学等传统大科学领域,也包括地球系统与环境科学、生命科学等新兴领域,并逐步形成了服务于学科前沿研究、国家经济社会重大需求的服务功能体系,如上海张江的同步辐射光源重大科技基础设施,每年可支持 4000 余名科研人员开展 1000 余项课题研究。

从基础设施平台建设来看,当前我国以国家实验室和国家重点实验室为主体的战略科技力量正在加速构建,其中,国家实验室是党中央谋划、部署的重大科技事项。根据科技部发布的《国家重点实验室年度报告(2018年)》,我国正在规划建设和投入运行的国家一级重点科学实验室总数为254 个,主要布局在著名高校和中国科学院,研究范围涵盖了工程物理科学、生物科学、信息科学等 8 个重点学科和若干重点领域。

2. 量子技术科研现状分析

(1) 量子技术论文现状分析

近 20 年来,随着各国科研经费的不断投入,量子计算从理论走向物理实现,量子计算领域的研究水平不断上升,全球论文发表数也呈现上涨态势。在 Web of Science 数据库中,以"quantum computing""quantum computation""quantum computer"为关键词进行检索,2000—2020 年论文发表数量如图 3.9 所示。

对量子计算领域的论文发表总数量进行排序可知,美国实现全球领跑,以 5637 篇的论文总量远超其他国家;中国紧随其后,论文发表总数量超过3000 篇,排名第二;德国、英国、日本、加拿大论文发表总数量均在 1000 篇以上,具备一定的科研实力(图 3.10)。

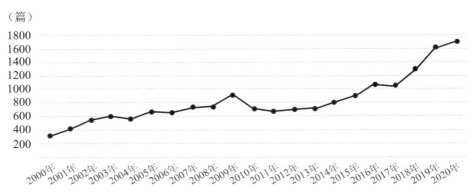

图 3.9　全球量子计算年度论文发表数量(2000—2020 年)

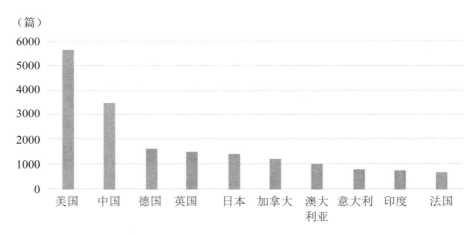

图 3.10　量子计算论文发表数量全球排名前十国家(2000—2020 年)

　　2005 年之后,随着量子保密通信关键技术量子密钥分发(QKD)的研究逐渐从理论探索开始实用化,相关研究论文发表数量开始逐渐上升,近 10 年发展尤为迅速,2019 年论文发表数量创下新高。以"quantum key distri-bution""quantum teleportation""quantum secure direct communication""quantum communication""quantum channel"为关键词进行检索,2000—

2020 年全球量子通信年度论文发表数量如图 3.11 所示。

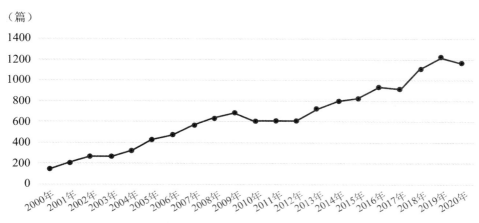

图 3.11　全球量子通信年度论文发表数量(2000—2020 年)

　　近年来,中国在量子通信方面不断产出研究成果,论文发表总数量遥遥领先,达 5275 篇;美国以 2219 篇的论文发表总数量排名第二;日本、德国、英国、加拿大分别位列第三、第四、第五、第六名;意大利、俄罗斯、澳大利亚和印度也在全力追赶(图 3.12)。

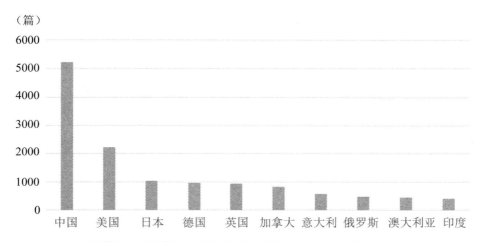

图 3.12　量子通信论文发表数量全球排名前十国家(2000—2020 年)

　　相比量子计算和量子通信，量子测量领域研究论文偏少，但从 2012 年起，论文数量呈现增长态势。以"quantum sensor""quantum sensing""quantum precision measurement"为关键词进行检索，2000—2020 年全球量子测量年度论文发表数量如图 3.13 所示。

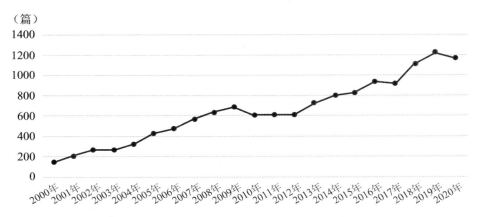

图 3.13　全球量子测量年度论文发表数量（2000—2020 年）

　　其中，美国论文发表总数量遥遥领先，为 294 篇；中国以 168 篇的论文发表总数量排名第二，与美国存在不小的差距；德国排名第三，论文发表总数量为 155 篇，与中国属于同一梯队；日本、英国、澳大利亚、意大利、以色列、瑞士、法国的论文发表总数量均在 100 篇以下，如图 3.14 所示。

　　（2）量子技术专利现状分析

　　随着全球各国之间的竞争越来越激烈，知识产权布局得到企业和科研机构的重视，量子计算专利申请数量从 2012 年起开始出现上涨趋势，在 2019 年达到峰值。以"quantum computing""quantum computation""quantum computer"为关键词进行检索，在智慧芽专利检索库①中检索 2000—

　　① 智慧芽专利检索库围绕科技创新与知识产权已经构建起丰富而成熟的产品矩阵，旗下产品包括 PatSnap 全球专利数据库、Innosnap 知识产权管理系统、Insights 英策专利分析系统、Discovery 创新情报系统、Life Science 系列数据库等。

2020 年的专利申请数据，2000—2020 年间全球量子计算专利申请数量如图
3.15 所示。

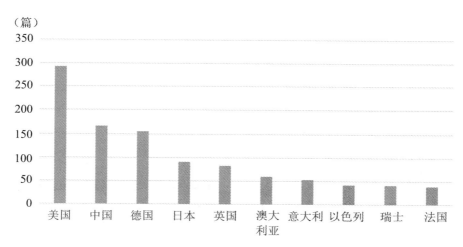

图 3.14　量子测量论文发表数量全球排名前十国家（2000—2020 年）

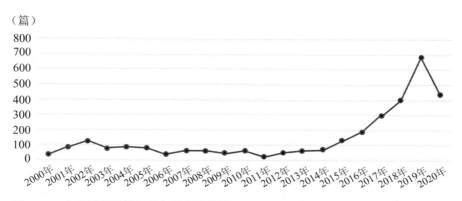

图 3.15　全球量子计算年度专利申请数量（2000—2020 年）

在专利数量排名方面，如图 3.16 所示，美国占有优势，中国紧随其后。
美国在量子计算专利方面布局较早，主要以高校、科技企业、科研机构合作
开展为主；我国专利更多来自高校和科研机构，相关研究工作和知识产权布

局还处于初级阶段。

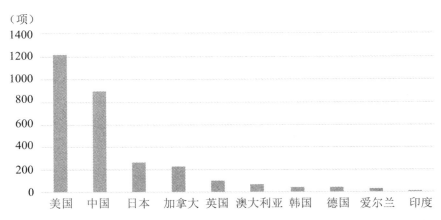

图 3.16　量子计算专利申请数量排名前十国家（2000—2020 年）

　　随着量子通信研发以及试点应用的发展，量子通信专利越来越受到产学研各界的重视，专利申请数量从 2013 年起开始上涨，在 2016 年后经历了一段快速上升期，2018 年达到高峰。以"量子密钥分发"（quantum key distribution）、"量子隐形传态"（quantum teleportation）、"量子安全直接通信"（quantum secure direct communication）、"量子通信"（quantum communication）、"量子信道"（quantum channel）为关键词进行检索，在智慧芽专利检索库中检索 2000—2020 年的专利申请数据，结果如图 3.17 所示。

　　如图 3.18 所示，美国和日本在量子通信领域布局较早，专利申请较多。近年来，随着我国在量子通信基础研究和应用方面的不断探索，在量子保密通信方面，我国已经处在全球领先位置，相关专利申请数量也较多。

　　随着量子精密测量越来越受到重视，专利作为重要的技术保护手段受到全球各个国家的重视，从 2008 年开始，量子测量相关专利申请数量开始快速增长。以"量子传感"（quantum sensing）、"量子传感器"（quantum sensor）、"量子精密测量"（quantum precision measurement）为关键词进行检索，在智慧芽专利检索库中检索 2000—2020 年的专利申请数据，结果如

图 3.19 所示。

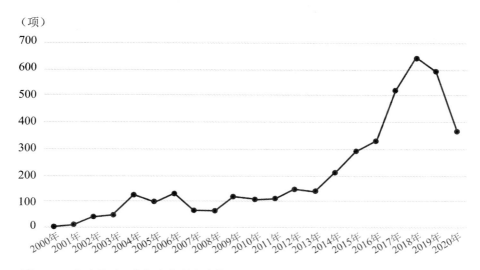

图 3.17　全球量子通信年度专利申请数量（2000—2020 年）

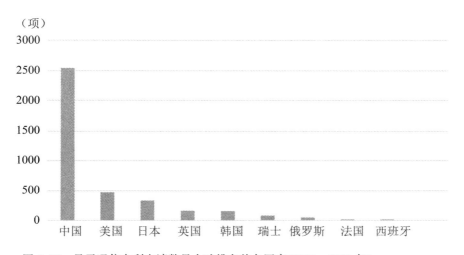

图 3.18　量子通信专利申请数量全球排名前九国家（2000—2020 年）

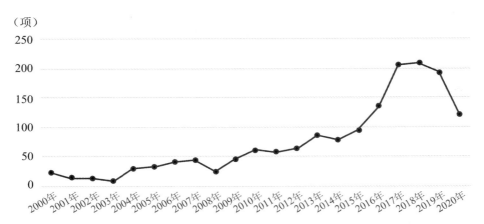

图 3.19　全球量子测量年度专利申请数量(2000—2020 年)

　　从专利申请总数上来看,近年来,我国持续发力,如图 3.20 所示,虽然在量子测量相关领域我国专利申请数量暂时领先,但在产业化方面,欧美国家借助先前优势仍领先于我国,我国在部分领域与欧美国家仍有数量级上的差距。

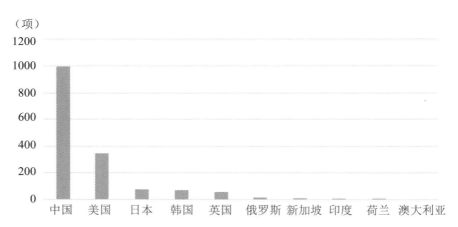

图 3.20　量子测量专利申请数量全球排名前十国家(2000—2020 年)

3. 科技创新服务现状分析

当今社会,科技创新活动的基本特点是各类创新主体间分工越来越明显,各主体越来越专业,但各主体间联系越来越紧密,任何一个创新主体都不能独立于他人孤立地展开科技创新活动。即使创新主体自身创新能力较好,拥有较为充足的创新资源,仅仅依靠自身依然无法完成创新活动全过程,还需要各种类型的科技创新服务。

一方面,良好的科技创新服务可以帮助创新主体以较低的成本获得更高质量的科技创新服务;另一方面,创新主体也可利用这些服务提供的各类资源开展更高水平的科技创新活动,产生更多高质量的科技创新成果,带给社会更多的经济与社会效益。

（1）标准建设现状分析

1981 年国际标准化组织（ISO）标准化原理研究常设委员会（STACO）决议通过的第二号指南文件中对标准的定义是:适用于普通公众的,由有关各方组织或团体共同起草并一致同意或基本上一致同意的,以先进的科学、技术和成功的经验的综合成果为基础形成的技术规范或文件。统一标准定义的目的是促进各方组织或团体共同取得最佳效益,最终由国家、地区或国际公认的权威机构批准通过。目前使用最具权威的是 ISO 和国际电工委员会（IEC）共同颁布的《ISO/IEC 指南 2:2004》中对于标准的定义:为了在既定范围内获得最佳秩序,促进共同效益,对现实问题或潜在问题确立共同使用和重复使用的条款以及编制、发布和应用文件的活动。

在量子科技领域,国内标准建设处于起步阶段,在国家标准全文公开系统中以"量子"为关键词进行检索,结果仅为 8 条,如表 3.7 所示。

表 3.7 量子标准一览

| 标 准 名 称 | 是否采标 | 状 态 | 实 施 日 期 |
|---|---|---|---|
| 纳米技术 镉硫族化物胶体量子点表征 紫外-可见吸收光谱法 | 采 | 现行 | 2022-07-01 |

续表

| 标　准　名　称 | 是否采标 | 状　态 | 实施日期 |
|---|---|---|---|
| 白光 LED 用荧光粉量子效率测试方法 | | 现行 | 2021-10-01 |
| 太阳电池量子效率测试方法 | | 现行 | 2020-05-01 |
| 纳米制造 关键控制特性 发光纳米材料 第 1 部分：量子效率 | 采 | 现行 | 2019-06-04 |
| 纳米技术 硒化镉量子点纳米晶体表征 荧光发射光谱法 | | 现行 | 2018-10-01 |
| 氮化物 LED 外延片内量子效率测试方法 | | 现行 | 2015-09-01 |
| 太阳能光催化分解水制氢体系的能量转化效率与量子产率计算 | | 现行 | 2012-03-01 |
| 硒化镉量子点纳米晶体表征 紫外-可见吸收光谱方法 | | 现行 | 2009-12-01 |

　　近年来，我国量子科技领域标准建设发展迅速，2019 年国家标准化委员会批复全国量子计算与测量标准化技术委员会（SAC/TC 578）落户济南，2021 年申报立项的《量子计算 术语和定义》成为量子计算领域首个国家标准，2021 年成功申报立项《量子测量术语》《原子重力仪性能要求和测试方法》《量子精密测量中里德堡原子制备方法》《量子计算 术语和定义》等 6 项量子技术国家标准，其中 5 项同时立项标准外文版。《量子计算 术语和定义》为量子计算领域急需的核心术语、高频术语建立了概念体系，填补了领域内的标准空白。

　　在量子通信领域，中国的量子密钥分发技术引领世界，不断取得里程碑式的突破，而依然缺乏对量子密钥分发系统、网络和安全统一的认证标准，急需抓紧出台国家层面的标准，指导产业健康发展。

　　（2）企业创新创业服务现状分析

　　创新创业服务主要是针对企业创新主体而言的，通过建立企业孵化器、高新区等载体，将新兴企业聚集起来，为其提供生存和成长所需要的各种共享服务。创新创业服务为科技成果转化提供优良的平台,为企业的诞生和成长创造良好的环境,降低其创业成本和风险,目前,已经出现了各种类型的创业孵化服务机构,如高新创业服务中心、大学科技园等。

量子科技企业在初期发展过程中需要大量的投入,除了资金的投入,还需要大量人才、技术、管理等要素的投入,在城市中建设高新区或企业孵化园区等,为量子科技企业的技术研发、产品开发、项目建设、人才培养等提供各种服务。以合肥市为例。合肥市在各级政府的大力支持下,依托合肥高新区建设"全球量子中心",制定量子产业创新发展规划,持续强化量子领域科教、产业、管理、金融等全球创新资源汇聚,完善科学发现、基础研究技术攻关、工程应用和新兴产业培育相互融通的融合创新模式与机制,加速对其他行业渗透和颠覆,塑造了我国量子信息科技及"量子+"通信、金融、生物医药、材料等未来产业的全面竞争优势。围绕量子通信、量子计算、量子精密测量等领域,以科研成果熟化转化为核心,以关键核心技术研发为突破点,以产业聚集发展模式为路径,全力打造"量子科学""量子产业"双高地。当前,合肥的量子科技实力稳居全国第一方阵,量子产业已成为合肥的"金字招牌"。

# 第 4 章
# 量子科技创新生态系统的专业人才需求及培育机制

## 4.1 量子科技创新生态系统中人才培养的研究意义

世界正经历百年未有之大变局,科技创新是其中的一个关键变量。量子科技发展突飞猛进,成为新一轮科技革命和产业变革的前沿领域,量子科技发展具有重大科学意义和战略价值,是一项对传统技术体系产生冲击、进行重构的颠覆性技术,是引领新一轮科技革命和产业变革方向的重大创新技术。我国虽然相比美国和欧洲国家研究起步偏晚,但近 30 年来,科技工作者在量子科技前沿探索上奋起直追,已取得一批具有国际影响力的重大创新成果。

人才是科技事业的第一资源,培养好"量子科技"专业人才,才能在激烈的国际竞争中抢占量子革命的制高点,当前,以中国科学技术大学为代表的中国科学院已经成为国内的量子科技高地,经过战略科学家系统布局和持续引领发力,已经探索发育出一条融合产学研政的量子科技人才协同培育路径(丁兆君,2019)。

本章内容在创新生态系统的研究视角下,以中国科学技术大学为核心调研对象,调研中国科学技术大学量子科技相关培养单元、专业实验室、科研平台的人才培养机制和企业、高校、政府的量子科技人才真实需求,同时兼顾中国科学技术大学之外的量子主体,通过结构化访谈和问卷调查探究量子科技领域专业人才培养中的突出问题(办学理念、课程设置、培养方向、考核体系、评价体系、管理制度、就业去向等),辅以文献计量学方法,对国内外量子人才队伍建设情况进行梳理,总结提炼量子科技领域的顶尖人才特征。从人才培育协同机制、人才需求、人才评价体系、人才管理制度等角度展开比较研究,为我国量子科技领域专业人才队伍建设提出有直接针对性的对策。

## 4.2 国内外对量子科技领域人才培养的研究现状

### 4.2.1 国内研究现状

在学术研究层面,截至 2023 年 10 月,以"量子科技人才"为关键词在中国知网中文数据库中检索,共得到 16 篇文章,其中 12 篇为学术期刊论文,2 篇为学位论文,2 篇为发表在报纸上的文章,主题集中在科技创新、科技政策领域,学科集中在物理学、科学研究管理、人才学与劳动科学领域。

刘欣(2019)对量子信息科技等领域院士群体的典型特征进行了计量分析,分析内容主要包括不同学科物理学院士的年龄结构、学位结构、性别比例,在各研究领域的分布、发展趋势和师承关系等,认为院士人才空间结构"集聚性"较强,但近些年这种"集聚性"逐渐被打破;邵鹏(2021)从国家政策、冷门领域、研究团队 3 个层次分析中国量子科技领域发展迅速的原因,重点从人才培养、成果转化等方面对保持量子科技领域持续创新提出对策建议;隋新宇(2022)通过对《量子信息科技人才发展国家战略规划》进行分析,认为在形成量子信息科技生态系统、加强公共宣传和早期教育、推动高等教育和专业培训等方面对中国的量子人才培养有一定启发;张翼燕(2022)对美国等主要国家的量子人才政策进行了研究,认为我国作为全球量子研究的重要力量,需要在早期教育、科普、教产融合等方面加强政策指导;季小天等(2022)通过剖析中国科学技术大学潘建伟院士领衔的量子信息研究团队,从领军人物培育、人才培养与激励机制、阶段性科研目标、高尚使命担当4个方面归纳其团队成功经验。

在实践层面,20世纪90年代,中国科学技术大学就面向研究生开设了量子光学、量子信息导论等选修课,后来对本科生也开设了相关选修课;2021年,中国科学技术大学获教育部批准新增设"量子信息科学"本科专业,由潘建伟院士领衔,同年,中国科学技术大学还获批了量子科学与技术交叉学科博士学位授权点。2021年清华大学量子信息班(本科专业)成立,由图灵奖得主姚期智院士担任首席教授,他认为,从长远来看,要想在量子科技领域取得颠覆性、原创性突破,多学科交叉的人才培养是核心;中国科学院院士薛其坤提出要充分研究、学习、借鉴过去40年电子计算机及其信息网络技术发展的方式方法,让量子科技创新链人才辈出;中国工程院院士邬江兴认为要加大量子科技领域人才培养力度,建立适应量子科技发展的专门培养计划,打造体系化、高层次量子科技人才培养平台。中国科学技术大学苏兆锋团队则在2022年、2023年连续组织"量子计算人才培养计划",选拔有天赋的低年级本科生提前进入科研团队开展量子计算理论方面的科学研究活动。整体来看,国内关于量子科技人才培育工作实践成果与学术成果较为丰富。

### 4.2.2　国外研究现状

在学术研究层面,Kaur和Venegas-Gomez(2022)通过文献计量学分析认为量子技术的快速发展加剧了多样化、包容性和可持续的量子劳动力的短缺，各国政府和行业正在制定教育、培训和劳动力发展战略，以加速量子技术的商业化；Gerke 等（2022）通过剖析欧盟量子旗舰计划 QTEdu 认为，目前的量子力学等经典物理学课程无法满足市场对量子人才的需求，需要尽快调研当前对量子人才的需求特征并制订培育计划；Hughes 等（2021）通过对量子行业 57 家公司的调查认为，量子技术近些年的爆发诞生了如量子算法开发人员、量子工程师等大批人才，但是很多就业岗位对量子技术的要求并不是特别高，因此，除了与量子技术高度相关的工作之外，大量公司正在寻找一系列其他相关专业人员来弥补岗位需求，而这些人员并不需要全部具有博士学位；Fox 等（2020）通过调研量子行业相关企业认为，公司更看重工程技能的专业知识，而不是量子知识的深度，目前美国量子行业的需求和高等教育机构的人才培养工作存在很大差异，高等教育机构与行业必须加强沟通且作出相应改变；Venegas-Gomez（2020）通过对未来产业预测研究认为，未来 20 年对量子技术的就业岗位需求将会呈现指数级增长，这就会导致"技能短缺"现象的出现，因此，有必要在中小学阶段就引入量子概念，通过"量子学徒制"和多元工程项目来培养一支劳动力队伍。

在实践层面，2016 年欧盟在《量子宣言》中规划了对量子信息技术人才的培养方案；2018 年美国颁布《国家量子计划法案》，支持量子信息科学的专业发展和人才培养，2019 年发布了将量子信息科学加入从幼儿园到高中的 K-12 教育倡议计划；2019 年来自美国和欧洲国家的 50 位量子专家聚集在加利福尼亚大学讨论这个问题，并起草了一份关于量子信息科学与工程（QISE）教育项目现状的报告，指出目前存在的主要缺点之一是高等教育学位与行业要求之间缺乏一致性（The White House，2022）；IBM 量子教育主管 Abe Asfaw 强调具有量子技能的雇员通常拥有博士学位，然而博士人才培养的速度远跟不上当今行业的需求，因此，在该领域招聘博士人才的竞争非常激烈（Daphne，2021）；量子软件公司 Cambridge Quantum Computing 的研发负责人罗斯·邓肯（Ross Duncan）认为需求的人才既要掌握理论量子计算知识，同时又是合格的软件开发人员，找到具有合适的技能组合的人才是最大的挑战；银行巨头摩根大通一直专注量子计算机在金融领域的应用潜力,为此创建了一个旨在为攻读硕士或博士学位的学生提供工作的暑期项目;技术咨询公司麦肯锡的合伙人伊万·奥斯托季奇(Ivan Ostojic)提出,当前大量传统企业需要了解量子科技的人才用于企业升级,企业需要同时了解商业和量子科技两方面的员工。

### 4.2.3　总结

(1) 当前,从协同论视角对量子科技领域人才需求特征、人才培育机制结合起来进行系统化研究的国内外学术成果总体数量较少,且时间集中在近 5 年,研究成果大多聚焦在量子科技某一特定领域(如量子通信、量子计算等)的行业政策、产业态势,在这个研究过程中部分涉及人才特征描绘、需求缺口、产学研协同实践、培养方法、政策建议等内容,并没有指向性研究国内量子科技领域的人才需求及培养机制。同时,国内外的相关研究大多集中在实践层面,从学术角度对典型主体的结构化访谈、纵深性案例分析较为欠缺。

(2) 本章内容聚焦中国在量子科技领域人才协同培育生态上具有典型性和代表性的案例——中国科学技术大学,重点从协同论视角研究以中国科学技术大学为核心的量子科技创新生态系统情境中的科研机构、企业、政府部门的量子科技人才需求特征、共性人才培养模式、个性人才培养经验。总结提炼中国科学技术大学在量子科技人才培养与市场需求链接的既有模式,结合我国国情探索性提出研究主题:构建以量子科技为代表的前沿科技有中国特色的人才协同培育机制。

## 4.3 中国量子科技领域的专业人才需求

### 4.3.1 国内量子科技领域的相关专业

量子是构成物质的基本单元,是不可分割的微观粒子(譬如光子和电子等)的统称。1900 年,德国物理学家马克斯·普朗克提出了量子假说,被认为是量子力学的开端,为人类开启了探索"微观世界规律"的"新物理革命"。量子力学研究和描述微观世界基本粒子的结构、性质及其相互作用,与"相对论"一起构成了现代物理学的两大理论基础。

20 世纪中叶,随着量子力学的蓬勃发展,以现代光学、电子学和凝聚态物理为代表的量子科技第一次浪潮兴起,其中诞生了激光器、半导体和原子能等具有划时代意义的重大科技突破,为现代信息社会的形成和发展奠定了基础。

进入 21 世纪,随着激光原子冷却、单光子探测和单量子系统操控等微观调控技术的突破和发展,以精确观测和调控微观粒子系统,利用叠加态和纠缠态等独特量子力学特性为主要技术特征的量子科技第二次革命的浪潮正在来临。

量子科技浪潮的演进,有望改变和提升人类获取、传输和处理信息的方式和能力,为未来信息社会的演进和发展提供强劲动力。量子科技将与通信、计算和传感测量等信息学科相融合,形成全新的量子信息技术领域。目前来看,量子科技主要包括量子计算、量子通信和量子测量三大技术领域,但是作为学科存在的量子科技相关专业,国内非常有限,本小节将展示国内部分量子科技相关专业的现状。

目前,中国科学技术大学潘建伟院士、郭光灿院士、杜江峰院士,南方科技大学的薛其坤院士(发现量子反常霍尔效应)、俞大鹏院士(研究量子材料和量子调控),山西大学的彭堃墀院士(研究量子光学),清华大学的姚期智院士,正带领团队建立起一座座举世瞩目的量子科技领域的里程碑;除了名声在外的院士们,朱晓波("'祖冲之号'背后的匠人")、陆朝阳、郭国平等新一代学者们正勇挑量子科研的重担;中国科学技术大学、清华大学、北京大学、南方科技大学、北京理工大学等顶尖学府也纷纷开设了量子科技相关专业。

### 4.3.1.1　量子信息科学(本科专业)

根据 2021 年《中华人民共和国国民经济和社会发展第十四个五年规划和二〇三五年远景目标纲要》,量子信息产业成为国家重点谋划和布局的战略性未来产业。要实现国家"十四五"规划纲要启动部署的量子信息领域相关任务,必须要有足够规模的、优秀青年人才队伍支撑,通过本科阶段的人才培养,推动量子信息学科交叉,可以为我国量子科技领域的系统布局做好拔尖创新人才储备。

量子信息科学(quantum information science)是由物理科学、信息科学和光学工程等多个学科交叉融合在一起的一门新兴学科,主干学科为物理学、数学、电子科学与技术、计算机科学与技术等学科,基本课程主要包括:量子信息科学概论、力学、热学、电磁学、光学、电路与模拟电子技术、数字电子技术、原子物理学、数学物理方法、电动力学、理论力学、量子力学、固体物理学、热力学与统计物理、量子计算机导论、量子安全通信导论、量子信息论基础、激光物理、量子光学基础、量子信息科学专业基础实验等。

量子信息科学是中国普通高等学校本科专业,基本修业年限 4 年,授予理学学士学位。目前本科阶段开设此专业的高校如表 4.1 所示。

表 4.1　本科开设量子信息科学专业的高校

| 序 号 | 学 校 名 称 | 主 管 部 门 | 所 在 地 区 |
|---|---|---|---|
| 1 | 西南大学 | 教育部 | 重庆市 |
| 2 | 北京理工大学 | 工业和信息化部 | 北京市 |
| 3 | 中国科学技术大学 | 中国科学院 | 安徽省合肥市 |
| 4 | 长江大学 | 湖北省 | 湖北省荆州市 |
| 5 | 安徽大学 | 安徽省 | 安徽省合肥市 |
| 6 | 郑州轻工业大学 | 河南省 | 河南省郑州市 |
| 7 | 湖北大学 | 湖北省 | 湖北省武汉市 |

　　该专业学生的未来发展前景广阔,学生毕业后可以进入国内外高校和研究院所,在量子信息相关的学科继续深造;也可以在企业中从事量子材料、量子芯片、量子通信、量子计算机、量子软件等领域的技术研发、生产或管理工作。在国内,科技巨头腾讯、百度、华为等都纷纷成立量子实验室,开展量子信息科学相关技术研发,对高端量子科技人才有很大的需求。

### 4.3.1.2　量子物理学(本科专业)

　　量子物理学专业是一门研究微观世界中粒子行为和量子力学现象的学科,需要有扎实的数学和物理基础,学生在申请该专业时通常需要具备本科物理学或相关学科的学士学位,并有一定的研究经验和科研能力。量子物理学专业的学生通常有较强的数学、物理、计算机等方面的能力,同时还要具备良好的逻辑思维能力和创新能力。

　　量子物理学专业的课程设置通常包括基础课程和专业课程。基础课程主要包括数学、物理学、计算机科学等方面的内容,为学生提供扎实的理论基础;专业课程则涵盖了量子力学、量子信息、量子计算等专业领域的知识。学生在学习专业课程的同时,还需要进行实验课程和科研实践,以提升实际操作和科研能力。

量子物理学专业的研究方向多种多样,包括但不限于量子力学基础、量子信息、量子计算、量子光学等。在量子力学基础方面,研究者关注基本粒子的性质、量子力学的基本原理和方程等;而在量子信息和量子计算方面,研究者致力于利用量子力学的特性进行信息传输和计算,并且已经取得了一些重要的突破;量子光学则研究与光相关的量子现象,例如光的量子纠缠和量子隐形传态等。

### 4.3.1.3　量子科学与技术(研究生学科)

量子科学与技术为国家一级重点学科,依托合肥微尺度物质科学国家研究中心开展科学研究。主要研究方向为量子物理与量子信息理论、量子材料与器件、量子传感与计量、量子计算与量子模拟、量子通信系统与工程、量子软件与控制,学科设一级学科博士、硕士学位授权点,培养的硕士、博士毕业生具有扎实的基础理论知识和较强实验技能,具有独立从事科学研究的能力。主要毕业去向是进入高等院校、科研院所从事教学和科研工作,或海外攻读博士学位等。

## 4.3.2　量子科技领域的专业人才特质

### 4.3.2.1　高校对量子科技人才的需求

1. 清华大学量子信息班的培养目标

清华大学在本科培养方案中,设置在交叉信息研究院里的计算机科学与技术专业量子信息班的培养目标如下:

了解计算机科学及其与物理学的交叉,掌握量子信息科学的前沿领域,具有学科融会贯通能力,科学实践能力强;具有批判性思维、良好的科学素养和创新精神,有志趣、能力从事前沿科学研究或在相关领域就业;具有职业道德和健全人格,具备国际视野和社会责任感。

在培养要求方面,清华大学规定如下:

(1)了解计算机科学与物理学的基本概念和方法。

(2)掌握量子信息领域基本理论与实验技能。

(3)具有综合运用计算机科学、物理学、数学、信息学知识的能力。

(4)具有在量子信息的研究中,发现、提出和解决问题的能力。

(5)理解所学专业的职业责任和职业道德。

(6)具有有效沟通能力以及团队意识和协作精神。

(7)认识终身学习的重要性并有效实施的能力。

(8)具备从本专业角度理解当代社会和科技热点问题的知识。

2. 中国科学技术大学量子科学与技术硕士、博士的培养目标

中国科学技术大学在量子科学与技术硕士学位研究生培养方案中明确:我校量子科学与技术学科硕士研究生的教育目标是,培养量子科学与技术领域具有交叉创新能力的复合型人才。

硕士学位获得者应满足以下具体要求:拥护中国共产党的领导,热爱祖国,遵纪守法,具有服务国家和人民的高度社会责任感、良好的职业道德和创业精神、科学严谨和求真务实的学习态度和工作作风,身心健康;在量子科学与技术领域掌握坚实宽广的理论基础和系统深入的专门知识,具有从事深入的科学研究或较强的解决复杂的工程技术问题、组织工程技术研究开发工作等能力;掌握一门外国语,能够顺利阅读本领域国内外的科技文献,具有一定的外语写作能力,可以进行必要的国际合作交流。

主要研究方向为:量子物理与量子信息理论、量子材料与器件、量子传感与计量、量子计算与量子模拟、量子通信系统与工程、量子软件与控制。

在量子科学与技术博士培养方案中,中国科学技术大学提出:在量子科学与技术领域掌握坚实宽广的理论基础和系统深入的专门知识,具有独立从事创造性科学研究或解决复杂的工程技术问题、组织工程技术研究开发工作能力。

3. 中国计量大学理学院"量子科学与技术"微专业的培养目标

在计量领域,国务院最新发布了《计量发展规划(2021—2035 年)》,提出在 2035 年建成以量子计量为核心、科技水平一流、符合时代发展需求和国际化发展潮流的国家现代先进测量体系。目前,非物理类专业主要通过《大学物理》课程进行物理知识的学习,对量子科学与技术涉及很少。

在这一背景下,中国计量大学面向全校理工科学生开设"量子科学与技术"微专业,讲解量子科学与技术基本知识,内容主要涵盖量子物理基础、量子计量、量子材料和量子前沿概论等。目标是启迪思维,培养创新意识,实现跨专业人才的培养,提升学生就业能力和就业竞争力,为新一轮科技革命和产业变革贡献力量。

在培养目标上,面向量子科学与技术新兴战略产业发展需求和计量量子化变革,"量子科学与技术"微专业旨在培养具有相关学科背景和量子科学与技术知识能力的复合型人才。在系统修完课程后,能够较系统地掌握量子理论基础,掌握量子计量和量子材料的基本内容、方法和技术等,熟悉量子科学与技术各领域,提升创新意识和物理思维能力,增强分析解决问题的能力,具有在量子计量和量子材料等领域科研深造、技术研发、生产和管理的基础。

在课程设置上,以学生职业生涯全面素质的需求和量子科技对复合人才的需求为中心,实施个性化人才培养方案,重点突出微专业的特色。按照"先能力,后知识"构建专业特色课程,采取问题导向探究式翻转课堂、小组学习汇报、项目驱动等多元化教学方式,以学生为中心,围绕科学问题,通过翻转课堂、小组学习汇报等方式,采取线上线下混合教学模式。

在教学安排与招生对象上,微专业单独编班组织教学,利用晚上、周末以及寒暑假授课,招收在校大二及以上年级本科生、研究生。

4. 北京大学全量子科学与技术硕士的培养目标

全量子科学与技术是一门新兴的学科,主要研究原子核与电子同时量子化所产生的全量子化效应及其对材料物性的影响,旨在突破传统量子材料研究的局限性，为材料物性调控加入新的自由度。全量子科学与技术是一门全新的交叉学科领域，它融合了物理、化学、生物、医学、材料、纳米、量子信息等多个学科和技术，涵盖了材料科学研究、微电子工业、信息产业、生命科学与医学研究等多个应用领域。

北京大学全量子科学与技术学科依托北京怀柔科学城重大科学技术交叉平台"轻元素量子材料交叉平台"，该平台是由北京大学科学家领衔和北京市政府共建的世界上首个国际化、规模最大、设施最齐全的轻元素量子材料综合研究中心。主要运用"全量子化"的核心思想，探索基于全量子化效应的轻元素量子材料，实现对全量子化效应的探测和调控，将可能从根本上改变能源、信息和材料这三大当代科技支柱的原有理论框架与研发模式，催生出变革性的材料和技术，服务于未来量子信息等产业，并在此基础上交叉融合相关学科，同时培养一批国际顶尖的青年科学和技术人才，实现我国在量子材料科学与技术领域的全面领跑。

北京大学全量子科学与技术专业旨在培养一批精通多学科、跨领域、高水平的量子科技人才，面向物理学、化学、生物学、生物医学、材料科学、微电子学、固体电子学、计算机科学等专业的优秀应届本科毕业生开放申请。

5. 南方科技大学的量子人才培养方式

南方科技大学是国家高等教育综合改革试验学校，于 2012 年经教育部批准成立，并被赋予探索具有中国特色的现代大学制度、探索创新人才培养模式的重大使命。深圳量子科学与工程研究院于 2018 年 1 月挂牌筹建，依托南方科技大学进行建设和管理，将探索量子信息领域的前沿基础科学问题，服务于深圳市在信息与网络安全、高性能计算技术与精密测量、量子材料等领域在技术与产业化等方面的重大需求，致力于解决量子信息领域一大批关键科学与工程问题，培养一批具有国际影响力的科学大师，建成具有重要国际影响力的基础研究机构，为第四次工业革命提供强大的高性能计算能力、引领传统产业利用量子科技转型升级、推动量子科技成果转化与产业化、带动相关产业链发展等重任。

在人才培养上,量子研究院的学生专业多为物理学、电子学、机械、数学、计算机,主要分为3类招生类型:南方科技大学独立培养硕士(专业型硕士、学术型硕士)、博士研究生(学术型博士)。南方科技大学与香港大学等19所国际一流高校招收联合培养博士研究生。联合培养项目实行双校培养,双导师指导,基本学制为4年("2+2"培养模式或"3+1"培养模式等),授予对方学校学位和南方科技大学学习证明,量子研究院的境外联培项目是与英国利兹大学合作的。南方科技大学与哈尔滨工业大学联合培养工程博士,采取全日制/非全日制学习方式,全程在南方科技大学培养,毕业后授予哈尔滨工业大学历学位证书和南方科技大学学习证明。

6. 总结

综合来看,对于高校而言,量子人才的培养目标较为多元化,且不同高校往往习惯于结合自身科研和科教优势定向培养相关方向的量子人才,可以归纳出共性的是以下4点人才特性:第一,具备扎实的学理基础、出色的科学直觉、对探究自然奥妙或者思考科学问题的浓厚兴趣。第二,鉴于量子科技领域的复杂性和高门槛性,高校在教学培养上注重培养学生的跨专业、跨学科学习能力,在物理学的基础上往往需要融会贯通计算机科学、数学等学科知识。第三,注重人才的协同培养,不仅包括和产业界的交流、业界导师联合培养,还包括和国外相关高校的联合培养,尤其是对学生的外语水平有一定要求。第四,注重培养学生的爱国主义情怀和品德。

### 4.3.2.2　科研机构对量子科技人才的需求

1. 北京量子信息科学研究院

北京量子信息科学研究院(Beijing Academy of Quantum Information Sciences)成立于2017年12月24日,是由北京市政府发起,联合北京多家顶尖学术单位共同建设的新型研发机构。建设目标是面向世界量子物理与量子信息科技前沿,整合北京现有量子物态科学、量子通信、量子计算、量子材料与器件、量子精密测量等领域骨干力量,大力引进全球顶级人才,形成以国际一流科学家为核心的结构稳定、学科全面的研究梯队；同时组建一支由世界级水平工程师组成的技术保障团队，建设顶级实验支撑平台，力争在理论、材料、器件、通信与计算及精密测量等基础研究方面取得世界级成果，并推动量子技术走向实用化、规模化、产业化；通过建立完善的知识产权体系，紧密与产业界结合加速成果转化，实现基础研究、应用研究、成果转移转化、产业化等环节的有机衔接，打造国家战略科技力量。

在组织架构上，北京量子信息科学研究院是由北京市政府发起成立的独立法人事业单位，不定机构规格，不核定人员编制。在人才引进与培养上，打破原有的科研单位人员编制化、工资额定化的模式，实行与国际科研机构接轨的人员聘用、薪酬灵活化等模式，引导国内外相关领域研究人员以全职、双聘方式参与北京量子信息科学研究院工作，推动人才自由流动。

在任职要求上，主要招收物理学、凝聚态物理、应用物理、理论物理、材料科学与工程、光学、原子与分子物理、微纳米科学与技术、物理电子学、电子科学与技术、计算机科学与技术等相关专业人员。博士后岗位的要求为：年龄一般不超过35周岁、博士毕业不超过3年；毕业于国内外知名高校，一直在领域前沿工作；符合团队科研方向，对所在领域有深刻的了解和科学素养；具有沟通能力和团队合作精神，工作风格扎实严谨，能流利使用英语交流。工程师岗位的要求为：毕业于国内外知名高校，一直在领域前沿工作；符合团队科研方向，对所在领域有深刻的了解和科学素养；具有沟通能力和团队合作精神，工作风格扎实严谨，能流利使用英语交流。

在研究生培养上，为培养量子信息科学领域高水平人才，北京量子信息科学研究院与中国科学院物理研究所开展博士研究生联合招生和培养工作，采用"申请-考核"制招收普通招考博士生。培养目标为：德智体全面发展，爱国守法，在本学科领域掌握坚实宽广的基础理论和系统深入的专门知识，具有独立从事科学研究及相关工作的能力，能在科学研究方面做出创造性成果的高级专门人才。

2. 中国科学院量子信息与量子科技创新研究院

中国科学院量子信息与量子科技创新研究院的依托单位为中国科学技

术大学,实行理事会领导下的院长负责制,院长为潘建伟院士。中国科学院内参与建设单位有中国科学院上海技术物理研究所、半导体研究所、光电技术研究所、物理研究所、上海微系统与信息技术研究所、微小卫星创新研究院、武汉物理与数学研究所、中国科学院大学、国家授时中心等;中国科学院外的协同创新单元包括北京大学、清华大学、复旦大学、上海交通大学、南京大学、国防科技大学、浙江大学、北京航空航天大学、华东师范大学、北京计算科学研究中心等高等院校和科研院所的相关团队。研究院设有研究员、博士后、研究生等各层次科研人才引进和支持计划,开展与国际高水平大学、顶尖科研机构的学术交流与科研合作。

在管理人才需求上,主要需要理工类相关专业、承担重大科技任务全过程管理等工作的科研管理人才;财经类相关专业的条件保障与财务人才及资产与后勤管理人才。在技术支撑人才需求上,主要需要计算机、电子信息、自动化、凝聚态物理等相关专业的电子学设计工程师、嵌入式软件工程师、硬件工程师、低温工程师等专业人才。

3. 粤港澳大湾区量子科学中心

粤港澳大湾区量子科学中心成立于 2022 年,为广东省科学技术厅、深圳市科技创新委员会、南方科技大学共同举办的省级事业单位,核心科学家为国际著名的实验物理学家薛其坤院士。

在人才队伍建设上,规划建成一支由 3～5 位诺贝尔奖获得者或相应级别的专家领衔,50 位国际一流科学家为核心的结构稳定、学科全面,规模 2500 人左右的研究力量,成为量子版本的贝尔实验室、高端人才培养中心和国家学术交流中心。目标是取得"诺贝尔奖级"重大原始创新,培育形成新型量子信息产业生态,成为下一代信息技术革命的引擎、未来科技创新的重要发源地。

在人才培养上,致力于引进和培养一批具有国际水平的科技战略人才、领军人才、青年人才,将量子科学中心建设成为未来量子科技领域重要的人才培养基地和关键技术的"量子硅谷",打造从量子科学基础研究到未来量子技术研发的重要战略科技力量（粤港澳大湾区量子科学中心，2023）。

### 4. 深圳国际量子研究院

深圳国际量子研究院是由深圳市科创委、福田区政府等作为共同举办单位成立的深圳市级独立法人事业单位，院长为中国科学院院士、深圳量子科学与工程研究院院长、深圳国际量子研究院院长俞大鹏。深圳国际量子研究院致力于打造国际一流的共享共用和产业化中试中心，已陆续建成超导量子计算平台、硅量子点量子计算平台、离子阱量子计算平台、量子极限传感平台、拓扑量子材料平台等一流科研平台，目标是在量子科学领域取得若干"诺贝尔奖级"、"0"到"1"的重大原始科学创新。

在人才需求上，深圳国际量子研究院通过全球公开招聘，已经吸引了一批国际化、年轻化的杰出研究人才，包括研究人员、工程师、博士后、行政人员、兼职/访问学者和研究生等，人员规模已有370余人。

在人才培养上的目标为：依托量子信息科学国家实验室深圳基地，联合南方科技大学、深圳大学等高校，培养量子信息领域专业人才；加强深港澳产学研协同发展，增强河套深港科技创新合作区的科技创新极点作用，吸引大湾区及国际人才落地；对有落户需求的量子信息领域人才开辟"绿色通道"，吸引量子信息领域人才；鼓励华为、腾讯等科技巨头吸引海外优秀团队落户深圳，助力深圳量子信息领域及产业发展。

### 5. 总结

综合来看，对于科研机构而言，其对量子人才的需求具有两重属性：一是需要科研人才，二是需要培养研究生、博士生、博士后等。总体而言，科研机构对量子人才的需求有以下4个特征：第一，偏向于技术领域量子人才的引进和培养，主要包括工程化、应用型的研究人才，尤其是以解决实际问题为导向的研究人员。第二，科研机构同样需要招聘非量子科技专业的人员，例如数据科学家、软件程序员、系统架构师、行政管理人员等，用于科研机构的业务开展、机构运行和管理。第三，重视与重点高校、高新技术企业在人才联合培养、技术协同攻关上的合作。第四，重点关注对国外知名高校人才的引进。

### 4.3.2.3　企业对量子科技人才的需求

1. 腾讯量子实验室

腾讯量子实验室旨在研究量子计算系统、量子计算与量子系统模拟的算法和基础理论,以及在相关应用领域和行业中的应用(腾讯量子实验室,2023)。腾讯量子实验室致力于开发新的量子组合算法和量子 AI 算法,并分析在信息处理、新药研发和材料设计等方面的应用前景;在腾讯云上研发材料研究平台和药物发现平台,建立材料、制药、能源及化工等相关领域的生态系统;持续关注和研究全栈量子计算机系统中的相关问题。

腾讯量子实验室首席科学家张胜誉,是腾讯杰出科学家,腾讯量子实验室负责人,本科毕业于复旦大学;硕士毕业于清华大学,师从应明生教授;博士毕业于普林斯顿大学,师从姚期智教授;在加州理工学院跟随约翰·普雷斯基尔(John Preskill)及伦纳德·舒尔曼(Leonard Schulman)教授进行博士后研究。2008 年开始任香港中文大学计算机系助理教授、副教授。在量子算法与复杂性、理论计算机科学、人工智能基础及在自然科学中的应用等方面的顶级会议和期刊上发表文章百余篇,并于多个国际期刊和定级会议中任编委和程序委员。

腾讯量子实验室对量子科技相关正式员工、实习生的能力要求如表4.2 所示(截至 2023 年 12 月)。

2. 百度量子计算研究所

百度量子计算研究所 2018 年成立,聚焦以“QIAN”命名的战略发展方向,即量子基础研究突破(quantum)、量子基础设施建设(infrastructure)、量子应用研发落地(application)、量子生态网络构建(network),致力于打造量子软硬一体化解决方案,加速量子计算产业化进程。

百度研究院量子计算研究所所长段润尧分别于 2002 年和 2006 年获得清华大学计算机系学士和博士学位,师从应明生教授。曾任悉尼科技大学

表 4.2 腾讯量子实验室对量子科技相关正式员工、实习生的能力要求

| 工作职位 | 职业领域 | 工作内容 | 职位要求 | 加分项 |
| --- | --- | --- | --- | --- |
| 量子算法工程师 | 量子算法 | 1. 负责研发支撑行业应用的量子算法软件模块和应用案例教程，包括但不限于金融、化学、材料和医药等领域；<br>2. 负责和企业界与学术界的客户合作，提供多层次的技术支持，将现有的量子算法创新地应用到用户的具体案例中；<br>3. 负责近期或远期量子算法设计和比较相关的创新研究、数值测试和理论分析，包括但不限于量子机器学习、量子噪声、量子纠错、量子误差消除、量子模拟、量子编译、量子控制等方向；<br>4. 进行量子科技相关前沿领域、行业方向与科研进展的调研和跟踪 | 1. 具备物理、计算机科学、数学等相关专业的硕士/博士/博士后相关教育背景。<br>2. 有较强的编程能力，了解常见算法和数据结构。熟悉 Python 及其数值计算生态、熟悉 Latex、Markdown，有一定的软件工程和软件架构设计经验，最好有 Linux, Docker, GPU，云计算、高性能计算、C++、CUDA 中一种或多种常用使用经验。<br>3. 熟悉机器学习的编程范式，熟悉 TensorFlow, PyTorch, JAX 等主流深度学习框架中的至少一种。了解自动微分、即时编译、向量并行化等基础的机器学习工程实践，最好具有分布式神经网络构和训练技术。最好具有分布式机器学习经验。<br>4. 具有量子计算的基础。对常用的 NISQ 量子算法（如 VQE, QAOA）以及量子 SDK（如 Qiskit, Pennylane）有较深的了解和使用经验。<br>5. 具备优秀的逻辑思维能力、快速学习与上手能力；拥有良好的中英文沟通表达和写作能力，团队协作能力，自我驱动力 | 1. 在量子计算领域有独立完整科研经验和论文发表，研经验和论文发表者优先；<br>2. 具备设计和分析可证明的容错量子算法的经验、量子误差消除方法的研究和使用的经验、张量网络的经验、相关算法和数值计算实现经验、计算生物学及量子计算在生物学的经验、应用场景的经验、量子金融相关算法的经验 |

续表

| 工作职位 | 职业领域 | 工作内容 | 职位要求 | 加分项 |
|---|---|---|---|---|
| AIDD算法研究实习生 | AI算法 | 1. 日常研发支持行业应用的AIDD算法；<br>2. 进行AIDD算法设计和创新研究，包括但不限于药物筛选，药物设计及药物性质预测等方向；<br>3. 进行AIDD相关前沿和行业方向的调研，参与相关的专利撰写和材料准备 | 1. 计算机、生物、化学、药学等计算生物学相关专业硕士/博士研究生，有较强的编程能力，了解常见的分子建模方法和数据结构，熟悉Python，最好有Linux，Docker，GPU使用经验；<br>2. 熟练掌握PyTorch，TensorFlow等至少一种深度学习框架；<br>3. 具备优秀的逻辑思维能力，快速学习与上手能力，拥有良好的沟通表达能力，团队协作能力以及自我驱动力 | 有一定的药物发现算法开发相关经验或项目经历，有论文发表优先；有独立完整科研经验者优先 |
| 量子仿真和设计自动化硬件实习生 | 量子硬件 | 1. 进行量子比特平面和三维器件参数仿真和提取算法设计和研发工作；<br>2. 针对芯片设计过程中的多个环节做对应的校验算法设计和研发；<br>3. 针对器件模型的量子化参数和建模进行分析和自动化工具研发 | 1. 物理、数学、电子、计算机等相关专业本科生/硕士研究生/博士研究生，有较强的编程能力，了解图论算法和数据结构，熟悉C语言和计算几何算法；<br>2. 英语读写流畅，GPA绩点年级前20%为佳；<br>3. 自信有激情，具备优秀的逻辑思维能力，拥有良好的沟通表达和写作能力，以及自我驱动力 | 熟悉计算几何，有限元仿真等专业知识，对量子化模型有了解；有论文发表和独立完整科研经验者优先 |

续表

| 工作职位 | 职业领域 | 工作内容 | 职位要求 | 加分项 |
|---|---|---|---|---|
| 量子校准和系统工程实习生 | 量子硬件 | 1. 进行量子比特校准系统设计和研发工作;<br>2. 校准和控制系指令集架构,对量子语言进行编译;<br>3. 进行量子相关前沿和行业方向的调研,参与相关的专利和规范白皮书撰写 | 1. 物理、数学、电子、计算机等相关专业本科生/硕士研究生/博士研究生,有较强的编程能力,熟悉 C 语言和自动控制算法;<br>2. 英语读写流畅,GPA 绩点年级前 20% 为佳;<br>3. 自信有激情,具备优秀的逻辑思维能力,拥有良好的沟通表达和写作能力,以及自我驱动力 | 熟悉张量网络量子计算专业知识,对量子信息、自动控制原理,以及编译原理相关知识有了解;有论文发表和独立完整科研经验者优先 |
| 量子算法研究实习生 | 量子算法 | 1. 日常研发支撑行业应用的量子算法软件模块;<br>2. 进行与量子算法设计和比较相关的创新研究,包括但不限于量子优化、量子机器学习、量子噪声、量子误差消除、量子编译、量子控制等方向;<br>3. 提供客户和用户的技术支持和量子软件开源社区(GitHub、StackExchange)建设与日常维护;<br>4. 支持量子软件与量子云文档、教程、案例和标准测试集的实现、添加、撰写和改进;<br>5. 进行量子相关前沿和行业方向的调研,参与相关的专利和行业白皮书撰写 | 1. 物理、计算机、数学等量子相关专业本科生/硕士研究生/博士研究生,有较强的编程能力,了解常见算法和数据结构,熟悉 Python、Python 的数值计算生态,熟悉 Latex、Markdown,最好有 Linux、Docker、GPU 使用经验;<br>2. 熟悉机器学习的编程范式,熟悉 TensorFlow、PyTorch、JAX 等主流深度学习框架中的至少一种;<br>3. 对常用的 NISQ 量子算法(如 VQE、QAOA)以及量子 SDK(如 Qiskit)有较深的了解和使用经验;<br>4. 具备优秀的逻辑思维能力,快速学习与上手能力;拥有良好的沟通表达和写作能力,团队协作能力,以及自我驱动力 | 有量子误差消除各种方法、张量网络的理解和数值计算实现,计算至物理及量子计算在生物学的应用场景的相关应用;有论文发表和独立完整科研经验者优先 |

终身教授兼量子软件和信息中心创办主任，澳大利亚研究理事会（ARC）未来研究员（future fellow），目前负责百度量子计算战略的制定与实施。段润尧博士自 2001 年起致力于量子信息科学的研究，并在含噪量子信道的精确通信、量子操作/状态分辨、量子纠缠转换、量子程序、量子大数据处理算法等诸多方向作出了重要的原创性的贡献。

百度量子计算研究所正在实施"人人皆可量子计划"，面向用户开放量子资源，对客户进行量子升级培训，对合作伙伴进行共创量子生态。

百度对于实习生的要求为：数学/计算机/物理/EE 或相关专业的研究生或者本科生；严谨的数学理论基础，特别是线性代数、概率论等；具备一定的量子计算基础；在个人性格品质方面，要求专注如一、不设限、追求极致、高度自驱。

### 3. 华为中央研究院

华为中央研究院隶属于华为 2012 实验室，是聚焦于未来创新研究的组织机构，担负着华为创新前沿的责任，是探索未来方向的主战部队。通过研究寻找新的商业机会，优化现有解决方案，为下一代产品提供前期核心技术积累和支撑。华为于 2012 年起开始从事量子计算的研究，量子计算作为华为中央研究院数据中心实验室的重要研究领域，研究方向包括量子计算软件，量子算法与应用等。在 2018 年的全联接大会上，华为首次发布其量子计算模拟器 HiQ 云服务平台，提供多种在线开发环境，开发者可任意选择环境进行编程体验。

在量子人才挖掘上，华为则是基于自己开发的量子计算云平台，组织黑客马拉松形式的活动，挖掘优秀量子科技人才。例如，2020—2023 年，华为昇思 MindSpore Quantum 社区连续举办 5 届量子计算黑客松大赛，参加者突破 2000 人次，引起全国高等院校学生、科研工作者和企业开发者的关注；华为举办量子精选论文复现挑战赛，邀请对量子计算感兴趣的开发者，基于 HiQ 量子计算云平台、AI 深度学习框架 MindSpore 面向量子计算的 MindSpore Quantum、AI 开发平台 ModelArts，复现论文算法，并将算法开放共享到 ModelArts AI Gallery 和技术交流网站,推进量子计算基础与应用研究,实现技术创新。

4. 国盾量子

国盾量子创办于 2009 年,是国家专精特新"小巨人"企业。公司技术起源于中国科学技术大学,目前已逐步成长为全球少数具有大规模量子保密通信网络设计、供货和部署全能力的企业之一。公司为各类光纤量子保密通信网络以及"星地一体"广域量子保密通信网提供软硬件产品,推动量子保密通信网络和经典通信网络的无缝衔接,为政务、金融、电力等各行业和领域的客户提供量子安全应用解决方案。在量子计算领域,公司参与"祖冲之号"超导量子计算优越性实验,具备提供超导量子计算整机解决方案的能力。

国盾量子的主要招聘对象如下:

(1) 量子研究员/科研博士(负责公司在研项目的具体开发工作,如硬件开发、光学开发等;参与预研技术类、产业规划类项目的信息调研;调研量子信息技术的前沿进展,组织分析新技术、新方向对本行业和公司发展的影响)。

(2) 高级硬件测试工程师(熟悉硬件测试流程,熟悉硬件板卡常见的信号完整性(SI)问题,能独立进行硬件板卡的 SI 和电源完整性(PI)测试;熟悉产品单板测试、模块集成测试和整机测试的方案设计、测试执行及测试报告输出,具有一定的实际解决问题能力;熟悉产品可靠性原理及可靠性研制试验、鉴定试验的核心内容并能开展相应的测试工作;熟悉信息技术设备民品、军品的各类产品规范和标准要求)。

(3) FPGA(现场可编程门阵列)工程师(负责 FPGA 软件代码编写、模块设计及仿真)。

(4) 政策申报专员(跟踪、收集各类产业政策及项目申报信息,结合公司实际,做好相关政策调研与分析)。

(5) 产品解决方案经理(有效地向客户传达解决方案和产品价值,输出可复制的产品演示及方案文稿；深入了解客户业务诉求，识别并制定出客户需求的解决方案；负责解决方案的设计、研发、组合，实现解决方案落地构建；推动实现解决方案的规模化复制）。

（6）软件运维工程师（深入理解公司平台和业务逻辑，负责系统完整的生命周期管理，包括服务上下线，日常发布变更、告警及故障处理，运营系统搭建和支持方面；负责应用系统运行软件的安装、配置、优化与维护；负责基础软硬件系统维护、符合或配合调试优化、日常监控、故障处理、数据备份、日志分析等工作；负责各类故障及事务的应急响应、处理、协调，保证平台正常运行）等。

5. 本源量子

本源量子是国内量子计算龙头企业，2017 年成立于合肥市高新区，团队技术起源于中国科学院量子信息重点实验室。本源量子聚焦量子计算产业生态建设，打造自主可控工程化量子计算机，围绕量子芯片、量子计算测控一体机、量子操作系统、量子软件、量子计算云平台和量子计算科普教育核心业务，全线研制开发量子计算，积极推动量子计算产业落地，聚焦生物科技、化学材料、金融分析、轮船制造、大数据等多行业领域，探索量子计算产业应用，争抢量子计算核心专利。

本源量子的招聘类型主要有校园招聘、社会招聘、博士后招聘、高层次人才招聘、海外市场招聘和实习生招聘 6 个类型，职位类别主要为芯片工艺和研发、测控系统研发、知识产权与专利、软件研发和应用和实施类、商务和营销、综合管理职能、产品设计类、其他类、海外市场 9 个类型。具体能力需求为 C＋＋软件开发工程师、IDE（集成开发环境）开发工程师、算法工程师、编译器工程师、量子测控工程师、量子芯片工程师、量子应用工程师、低温工程师、C＋＋工程师、设计实现工程师、Python 开发工程师等。可见其对经典技术路径人才的需求依然占据多数。

6. 总结

整体来看，根据课题组对广泛量子企业的调研和访谈积累，发现对于量

子科技企业而言,量子人才通常可以被划分为以下 5 类:

第一类顶端的被称为专业者,是拥有精深量子专业知识的教授、院士,如量子计算科学家、纠错科学家、战略科学家等,他们可以为企业的技术进路和发展战略进行整体规划。

第二类为精通者,是具备量子科技相关专业的硕士、博士,如应用架构师、光子学工程师等,他们可以承担技术团队的组织管理、技术研发和指导工作。

第三类为掌握者,是系统学习过量子科技专业知识、并具有工程研发能力的本科学历人员或同等学力的社会人员,如软硬件开发工程师、量子计算工程师等。

第四类为了解者,是企业中具备量子科技相关科普能力的管理者、宣传人员、行政人员。

第五类为相关者,是指拥有量子行业所需技能的其他专业人士,如电路设计工程师、人工智能算法工程师等。

### 4.3.3　量子科技领域的人才培养困境

当前,全球主要国家都在量子科技领域加强政策布局,相继制定发展战略规划,加大投入,加快量子技术从基础研究到商业化的进程,如英国"国家量子技术专项"、德国"国家量子技术框架计划"、欧盟"量子技术旗舰项目"、美国"国家量子计划法案"、日本"量子技术创新战略"、澳大利亚"量子技术产业发展"等。概括起来,这些发展战略规划都试图通过加强科学研究、标准制定和人才培养,以确保该国在量子科技领域竞争中的优势地位。与国外相比,我国的量子科技人才培养的困境主要集中在以下 6 个方面:

(1) 我国在量子科技领域的很多关键技术研发仍属起步阶段,与国际水平存在差距,在量子科技研究的相关硬件、软件等方面仍然存在重大技术障碍,量子科技的原始技术累积、研发投入、量子产业化等方面缺乏技术路线和政产学研金的全面布局,这就导致在人才培养上的顶层设计、基础设施、设施设备不足,人才培养较为分散,高端人才的培养能力比欧美地区弱。

(2) 整个量子科技市场尚在培育阶段,产业链不完善,商用条件苛刻且成本高,未来应用场景模糊,技术与应用之间尚有较大距离。目前虽然有量子保密手机、U 盘、电子化印章等应用型产品和传统量子计算机、模拟量子计算机、光量子计算机等最小可行性产品出现,但是整体覆盖和影响范围有限,难以获得大面积推广,这种技术应用上的局限使得企业等创新主体难以长期支撑高水平的资金投入和长周期的人才培养。

(3) 国内开设量子相关本科、硕士专业的高校较少,并且我国量子人才体系单一、集中,主要集中于中国科学技术大学、清华大学、南方科技大学等高校的研究团队。战略科学家、中高层人才数量稀缺,人才知识结构单一,很多高校也缺乏针对量子计算、量子通信等技术发展的系统化学科布局和建设。目前国内的高校在设立量子跨学科专业、开发跨学科课程体系等方面均处于探索阶段,而且开展量子科学实验也需要较高的硬件条件和仪器设备,投入成本较高,一般高校往往难以承担建设费用、匹配不到相应的师资力量。

(4) 作为新兴学科,量子科技具有交叉融合、数字赋能等特点,需要物理、数学、计算机等不同学科交叉融合,所涉及的技术范围较广,在基础研究、系统开发和工程层面均需要复合型人才。以量子计算领域为例,相关研究者还很少,量子计算既不是量子力学也不是计算理论,而是量子力学和计算理论交叉形成的全新学科,是一个单独的研究领域,有自己独特的方法论,所以这个学科的入门非常难,并没有捷径可以快速掌握相关的知识。量子计算涉及计算理论、超导物理等多领域的知识,了解量子物理是必要的,但是不能陷入研究物理的"陷阱",中国的研究人员数量大致只有一千多人,其中物理背景的研究者占 2/3 以上,量子计算其实还需要很多计算机背景的研究者参与,只有多个领域的学者一起努力,才可能推进量子计算领域的高速、和谐发展。

(5) 量子科技作为前沿技术,学术门槛高,量子科技领域的人才培养速度远低于行业增长需求,人才短缺已经严重制约量子科技发展,量子领域高端人才培养周期约为 10 年,目前中国尚未建立量子人才蓄水池,人才效应不能立竿见影。

(6) 与量子研究密切相关的物理、计算机与信息科学、电气工程等,也是半导体、人工智能等高科技行业的紧缺专业,而基础教育 STEM(科学、技术、工程、数学)后备人才质量不高也是中国面临的重大挑战。

## 4.4　经典案例:中国科学技术大学量子科技人才发育模式

### 4.4.1　量子科技发展概况

量子科技属于战略性、基础性的前沿科技创新领域,可以在确保信息安全、提高运算速度、提升测量精度等方面突破经典技术的瓶颈,事关全球科技革命和产业变革的走向,是国际竞争的焦点。量子通信有望解决金融、政务、商业等领域的信息传输安全问题,量子计算可为人工智能、密码破译、材料设计、基因分析等所需的大规模计算难题提供解决方案,量子精密测量可大幅提升资源勘探、医学检测等的准确性和精度。

自 20 世纪 90 年代初中国科学技术大学光学专业在国内率先开展量子信息科学的研究以来,迄今已演变为融合了包括物理学、计算机科学和技术、电子科学与技术、材料科学与工程、数学、控制科学与工程、软件工程等在内的交叉学科。中国科学技术大学量子科学与技术方向已经成为国际著名的人才培养和科学研究基地之一,为国家培养和输送了大批高素质科技人才。

经过 20 余年的不懈奋斗,以中国科学技术大学为代表的中国科研团队取得了一系列重大突破：在量子通信方面，在国际上首次发射了量子科学实验卫星"墨子号"，并建成了千公里级的京沪量子保密通信干线，在此基础上首次实现了洲际量子通信。在量子计算方面，研制出世界首台光量子计算原型机，并在多年研究的基础上完成了光量子、超导、超冷原子、离子阱、硅基、金刚石色心、拓扑等所有重要量子计算体系的研究布局，使得我国成为包括欧盟、美国在内的 3 个具有完整布局的国家（地区）之一。在量子精密测量方面，在国际上首次实现了亚纳米分辨的单分子光学拉曼成像，在室温大气条件下获得了世界上首张单蛋白质分子的磁共振谱。

2016 年 8 月，由中国科学技术大学潘建伟团队研发的世界第一个量子科学实验卫星"墨子号"升空，2017 年 8 月，"墨子号"在国际上首次成功实现了从卫星到地面的量子密钥分发和从地面到卫星的量子隐形传态，被《自然》杂志誉为"量子通信领域的里程碑"。

2020 年，教育部正式公布了 2020 年度学位授权自主审核单位增列的学位授权点名单，中国科学技术大学的量子科学与技术博士学位授权交叉学科位列其中，这是我国第一个量子科学与技术方向的博士学位授权点，也标志着中国科学技术大学在量子科技领域的学科建设取得了阶段性成果，并迈入了系统布局、成熟发展的新阶段。该博士授权点的获批，对促进量子科学与技术学科的发展，提升量子科技创新领军人才的培养质量和数量等方面具有重要的推动作用。

2020 年，中国科学技术大学团队成功构建 76 个光子的"九章"光量子计算原型机，首次在国际上实现光学体系的"量子计算优越性"，并克服了谷歌实验中量子优越性依赖于样本数量的漏洞。

2021 年，中国科学技术大学团队进一步研制成功了 113 光子的可相位编程的"九章二号"和 56 比特的"祖冲之二号"量子计算原型机，使我国成为唯一在光学和超导两种技术路线都达到了"量子计算优越性"的国家。

2023 年，中国科学技术大学潘建伟、陆朝阳、刘乃乐研究团队与中国科学院上海微系统所、国家并行计算机工程技术研究中心合作，成功构建了255 个光子的量子计算原型机"九章三号"，再度刷新了光量子信息的技术水平和量子计算优越性的世界纪录。

## 4.4.2  相关主体及学术衍生主体

量子科技是我国抢占未来产业制高点的重要领域之一，也是中国科学技术大学的"金字招牌"。从世界首颗量子科学实验卫星"墨子号"，到"九章""祖冲之号"等量子计算原型机，都发端于一点一滴的基础研究突破。中国科学技术大学逐步建立起以国家实验室、国家研究中心和大科学装置等重大平台为依托，以服务国家战略需求为导向的有组织科研模式，和以学院为基础、以重点实验平台为支撑、以自由探索为主的前沿科技创新体系。

中国科学技术大学部署原创探索类项目，引导和激励科研人员投身原创基础研究。利用中央高校基本科研业务费和"双一流"建设专项资金，设立多梯度校级自主部署项目，重点支持针对国家和中国科学院中长期科学和技术发展规划的重点领域或国际重大科技前沿。

通过体制机制创新，中国科学技术大学着眼于推动物理学、化学、生命科学、信息科学、材料科学5个一级学科之间的交叉融合，进一步加强合肥微尺度物质科学国家研究中心建设。中国科学技术大学匹配建设了几何与物理研究中心、彭桓武理论物理研究中心、安徽省应用数学中心等，加强对前沿基础理论研究工作的支持。

自由的学习环境、扎实的理论基础、严谨的求学氛围、丰富的研究基础设施设备，充分激发了学生探究新知识的动力，让学生坚定做最前沿、最艰深的研究，解决国家和人民迫切需要解决的难题的科研志向。

2020年，中国科学技术大学被列入全国首批40家"赋予科研人员职务科技成果所有权或长期使用权"改革试点单位，制定了《关于进一步加强科技成果转移转化工作的意见》，探索"科技赋权"改革的"中国科学技术大学模式"，引导教师逐步完成从科学研究、试验开发到推广应用的三级跳，发挥科技创新对高质量发展的支撑和促进作用，服务于国家重大需求和经济社会发展。

中国科学技术大学在量子科技领域衍生出了众多科研平台、高水平创新团队、高新技术企业、高水平科普人才,具体如表4.3所示。

表4.3　中国科学技术大学量子科技相关衍生主体信息概要

| 主体名称 | 成立时间 | 主　要　特　征 |
| --- | --- | --- |
| 中国科学院微观磁共振重点实验室 | 2000年 | 主任为杜江峰院士。实验室前身是杜江峰院士于2000年建立的自旋磁共振实验室,专注于自旋量子物理及其应用的研究。团队结构组成是学术委员会、室务委员会、各研究单元 |
| 中国科学技术大学量子物理与量子信息研究部 | 2001年 | 主任为潘建伟院士。研究领域为量子光学与量子信息。团队结构组成是研究部主任、固定岗科研人员、聘期制科研人员、博士后、研究生、行政人员 |
| 中国科学院量子信息重点实验室 | 2001年 | 主任为郭光灿院士。实验室长期从事量子通信与量子计算的理论与实验研究。团队结构组成是主任、学术委员会成员、行政人员 |
| 中国科学院量子信息与量子科技创新研究院 | 2016年 | 院长为潘建伟院士。主要方向为量子信息科技。组织架构为理事会领导下的院长负责制,已凝聚起一支多学科交叉的人才队伍,其中具有高级职称的科研人员560余人,连同从事基础研究、技术开发、工程应用的其他各类科研人员共计1800余人。在合肥、上海、北京、济南、深圳等地形成了分工明确、各具特色的集群基础和优势 |
| 中国科学技术大学量子材料与光子技术实验室 | 2016年 | 负责人为中国科学技术大学讲席教授陆亚林。在职研究人员20余人,研究生40人左右,主要研究方向为先进量子功能材料与器件 |

| 主体名称 | 成立时间 | 主 要 特 征 |
| --- | --- | --- |
| 合肥国家实验室 | — | 实验室设有研究员、博士后、研究生等各层次科研人才引进和支持计划,重点面向量子科技领域发展。2022 年合肥国家实验室牵头成立量子科技产学研创新联盟,已有 55 家成员单位,包括来自全国各地的 12 所高校、8 家科研院所、10 家行业龙头企业、16 家量子科技企业以及多家金融机构、相关组织等 |
| 量子信息未来产业科技园 | 2022 年 | 产业园入选科技部、教育部联合发文批复的未来产业科技园建设试点名单,中国科学技术大学和合肥高新区为共同主体。产业园正在建设多元融合的人才体系,依托中国科学技术大学培养量子基础科研人才,联合科技领军企业引育未来产业组织人才,打造人才"强磁场"。通过访谈安徽省政府、合肥市政府相关部门工作人员,调研了解产业园的人才培育机制 |
| 中国科学技术大学资产经营有限责任公司 | 1988 年 | 以学校科技成果评估作价对外投资,现有参控股企业 20 余家,持股企业产业结构以高新技术为主,拥有国盾量子、国仪量子、本源量子等一批知名量子企业的股权 |
| 国盾量子技术股份有限公司 | 2009 年 | 公司技术起源于中国科学技术大学,主要研究领域为量子保密通信、量子计算。创始人及首席科学家为潘建伟院士,组织架构为董事会、监事会、战略发展委员会、各运营部门,以及分布在新疆、北京、上海、广东、山东、湖北的 6 家全资子公司 |
| 安徽问天量子科技股份有限公司 | 2009 年 | 公司技术依托中国科学院量子信息重点实验室,由中国科学技术大学与芜湖市政府共同建设,主要研究领域为量子密码技术。专家团队主要包括中国科学技术大学郭光灿院士、韩正甫教授等 |

续表

| 主体名称 | 成立时间 | 主 要 特 征 |
|---|---|---|
| 国仪量子（合肥）技术有限公司 | 2016 年 | 公司技术起源于中国科学院微观磁共振重点实验室，核心技术是以量子精密测量为代表的先进测量技术。目前在北京、上海、广州、重庆、无锡设置子公司，研发团队博士、硕士人员 350 余人，创始人为中国科学技术大学贺羽博士 |
| 本源量子计算科技（合肥）股份有限公司 | 2017 年 | 公司技术起源于中国科学院量子信息重点实验室，首席科学家为中国科学技术大学郭国平教授，聚焦专注量子计算全栈开发及量子计算产业生态建设。公司目前有 100 余位员工，其中研发人员占比超过 75%，研究生学历人才占比超 40% |
| 安徽省国盛量子科技有限公司 | 2019 年 | 项目团队出自中国科学技术大学量子信息实验室院士团队，由赵博文博士、张少春博士、陈向东博士、单隆坤博士、王泽昊博士组成，孙方稳教授作为项目专家顾问，致力于量子工业检测技术。目前团队近 30 人，由博士牵头，以有经验的工程师和硕士研究生为中坚力量，以培养的初级工程师为基础力量 |
| 合肥幺正量子科技有限公司 | 2022 年 | 主攻方向为离子阱量子计算机，入选"2023 年安徽省创新型中小企业名单（第一批）"，经营范围包括量子计算技术服务、软件开发、光学仪器制造、集成电路芯片及产品销售、云计算装备技术服务等 |
| 安徽华典大数据科技有限公司 | 2017 年 | 一家量子增强数据安全服务商，致力于通过量子信息技术解决数据全生命周期安全问题，主要面向市场提供"量子＋信创"数据安全解决方案，自主研发了量子安全数据存储系统、量子安全云服务平台、量子安全智慧社区系统等产品，已在政务应用、金融保险、智慧城市等场景实现了一定程度的商业化落地 |

| 主体名称 | 成立时间 | 主 要 特 征 |
|---|---|---|
| 合肥弈维量子科技有限公司 | 2021 年 | 一家专注于量子计算研发与应用的高科技企业，目标是在未来的量子计算时代，通过量子经典混合云平台，向客户提供强大易用的量子计算算力资源与算法服务，实现计算价值的突破与更广泛应用。公司以应用驱动研发，研发了量子计算云平台、量子经典混合开发环境、量子芯片设计平台等产品，并与多家科研院所、行业客户建立了合作关系 |
| 合肥机数量子科技有限公司 | 2017 年 | 主要针对我国高端材料开发困难、底层数据缺乏、尖端材料工艺被封锁的"卡脖子"问题，融合量子化学计算、大数据分析和人工智能预测，提供材料大数据检索、新材料智能开发和整体解决方案等服务，践行材料产业数字化、数字材料产业化。建立了材料基因创新研究平台，开发了"国内创新性材料知识图谱"，已建成综合性材料数据库平台——机数大材库（包含 9448 万化合物、1120 万化学反应路径等） |
| 安徽云玺量子科技有限公司 | 2016 年 | 主要业务包括量子安全智能印签、量子安全智能办公、量子安全云服务，为政企客户提供量子安全整体解决方案。原创发明一体式智能印章技术，引领国内外新一代智能印签创新变革，解决了实体印章和电子印签管控的社会难题，主导起草了行业首个智能印章安全认证标准和智能印章产品标准，引领了智能印章行业发展。现有机构股东中国科学技术大学先进技术研究院、安徽国元金融控股集团有限责任公司、科大国盾 3 家 |

续表

| 主体名称 | 成立时间 | 主　要　特　征 |
|---|---|---|
| 合肥微观纪元数字科技有限公司 | 2022 年 | 专注于提供量子计算的算法应用软件和行业解决方案,团队成员主要来自中国科学技术大学、清华大学等国内外高校,并有一支来自不同领域的业界专家和学者顾问团队,具备跨越量子计算、结构化学、计算生物和人工智能等多个领域的技术攻关能力。以解决量子计算产业应用领域的卡脖子问题、填补国内相关产业的空白为使命,用量子化学模拟、量子优化组合等核心技术革新药物发现、新材料设计等领域的既有范式,是国内较早开展量子计算应用于制药领域的公司之一 |
| 国科量子通信网络有限公司 | 2016 年 | 由中国科学院国有资产经营有限责任公司联合中国科学技术大学(潘建伟团队)共同发起成立的国有控股高科技企业,主要提供量子密钥的运营服务,致力于成为国际领先的量子通信综合服务提供商 |
| 袁岚峰 | — | 1978 年出生,微博、微信、今日头条等社交平台全网综合粉丝量超 800 万,量子科普达人;2020 年 6 月,担任中国科学院量子信息与量子科技创新研究院科技战略与政策研究室副主任;2020 年 11 月,中国科学院科学普及领域引进优秀人才计划择优支持;2020 年 12 月,担任中国科学技术大学人文与社会科学学院科技传播系副主任、中国科学院科学传播研究中心副主任;2021 年 4 月 13 日,在央视《焦点访谈》节目解读量子科技;2021 年 5 月 9 日,在央视《共同关注》节目解读中国的量子计算机进展"祖冲之号" |

### 4.4.3 量子科技人才培养经验

#### 4.4.3.1 持续探索创新高等教育阶段的量子科技人才培养模式

中国科学技术大学一直以来坚持因材施教的理念,学生在就读一至二年级时,可以根据自身的兴趣和对学科的理解,自主选择专业和研究方向。中国科学技术大学在数学、物理、化学、生命等基础科学领域和信息、材料等高新科技领域成立了多个科技英才班,为学生发展、基础研究、学科交叉提供了充足的选择空间。基于此,中国科学技术大学形成了富有特色的"两段式(通识与专业教育有机融合的培养模式)、三结合(科教结合、理实结合、所系结合)、长周期(本硕博一体化)、个性化(100%自主选择专业)、国际化"的拔尖创新人才培养模式(方梦宇,2023)。

中国科学技术大学一直鼓励、支持基础研究工作,强调"基础宽厚实""专业精新活"。在全国范围内最早成立研究生院,最早创办少年班,最早实行"100%自选专业",最早探索"全院办校、所系结合"的培养模式。"所系结合"的研究型教育是中国科学技术大学人才培养的另一特色,利用中国科学院下属的100多个研究所作为中国科学技术大学学生的科研实践基地,本科生可以早早进入实验室,提前接触科研工作。从1999年起,中国科学技术大学在本科生中全面推行"大学生研究计划",目前,每年实施的大学生研究计划项目近700项,本科生中约45%的学生参与了该项计划,参与计划的学生中超过15%发表了科研成果。

中国科学技术大学对留校工作的学生,除提供实验室、科研经费等硬件外,在对创新人才的管理和考评上,充分尊重学术规律,不设置论文发表数量等硬性指标,而以"阶段考核"代替"年度考核",以"同行交流"代替"述职考评",通过"柔性考核"激发创造热情。

2021 年,为满足量子科技人才培养的需要,中国科学技术大学设立了国内第一个量子信息科学本科专业,同时,我国首个量子科学与技术方向的博士学位授权点也落户中国科学技术大学;2021 年 7 月,中国科学技术大学"未来技术学院"正式成立,旨在面向量子科技发展对未来人才的需求,创新未来科技创新领军人才培养模式,打造体系化、高层次量子科技人才培养平台,造就一批未来能够把握世界科技发展大势、善于统筹协调的世界级科学家和领军人才。

中国科学技术大学为学生提供优质的创业服务环境,2022 年开始设置"雏鹰计划""雄鹰计划""鲲鹏计划"。"雏鹰计划",中国科学技术大学为独立承接科研项目的学生提供 10 万~15 万元的科研经费;"雄鹰计划",中国科学技术大学为成立初创公司的课题组提供 30 万~50 万元的经费支撑,处于此阶段的高年级学生经过"雏鹰计划"的培养,若已具备技术转化的潜力,还可以进行初步融资;"鲲鹏计划"系中国科学技术大学与安徽省各市联合,按 1∶1 的匹配支持力度提供 200 万~500 万元的经费,助力学生的创新成果进一步在市场上放大。

### 4.4.3.2　创造适合青年教师发展的本土化学术环境

当前,很多高校大力引进海内外一流人才,这种方法可以在短时间内让学校在某个领域取得突飞猛进的进步,但是也不能忽视了本土普通教师的巨大潜能。中国科学技术大学坚持对教师的本土化培养,创造良好的学术环境,让普通教师勤勤恳恳、踏踏实实做自己的事情和积累自己的知识,很多青年教师经过多年努力,在各自的领域取得了骄人成绩。这种培养教师的模式值得借鉴。

例如,杜江峰院士,1985 年保送中国科学技术大学少年班后即转入近代物理系学习,1990 年起在中国科学技术大学近代物理系工作,曾在国外短期访问,但其最重要的量子成果都是在中国科学技术大学做出来的。李传锋,1990 年进入中国科学技术大学物理系读本科与研究生,师从郭光灿院士,1999 年博士毕业后留校任教,现为中国科学技术大学光学与光学工程系和中国科学院量子信息重点实验室教授,2012 年之前从未到国外进修过,2010 年在《自然》子刊发表论文 2 篇,2011 年在《自然》子刊发表论文 2 篇,2012 年在《模式识别快报》(PRL)发表论文 2 篇。这两位中国量子科技领域的专家都是在国内取得的博士学位,都是默默无闻了很多年才有了今天的成就。

中国科学技术大学的量子研究课题组有一个共性趋势,也即大胆起用年轻人作为项目主导力量,甚至是子项目的负责人。例如,"墨子号"量子科学实验卫星在 2011 年 12 月进入工程研制阶段时,担任首席科学家的潘建伟 41 岁、担任卫星系统副总设计师之一的彭承志 35 岁;2013 年,陆朝阳 31 岁跟随潘建伟去德国学习,回国后,陆朝阳开始着手光量子计算方面的研究,经过 7 年努力,陆朝阳作为主要完成人之一,成功构建 76 个光子的量子计算原型机"九章",使我国成为首个在光量子体系实现"量子计算优越性"里程碑的国家。

### 4.4.3.3　构建便利、高效、富有活力的学术衍生成果转化模式

中国科学技术大学作为全国首批"双一流"建设 A 类高校,科研基础条件领先,可以为量子科技发展提供创新源头供给,形成适合量子科技产业孕育发展的最优环境。在科研方面,中国科学技术大学在量子领域取得了一批具有世界领先水平的原创性成果;在转化方面,中国科学技术大学成立了科技成果转移转化领导小组,形成了"领导小组＋成果转化办公室＋校长工作会议"三级决策机构;在孵化方面,中国科学技术大学的成果主要在中国科学技术大学先进技术研究院、合肥国家大学科技园转化孵化,在地化合力构建"技术开发—成果转化—创业孵化"一体化的技术转移转化链条。

中国科学技术大学探索"先分田、后分粮",创新性地提出知识产权"赋权＋转让＋约定收益"新模式,即在科技成果转化前,先将职务科技成果的部分所有权赋予科研人员,科研人员与学校成为共同所有权人,科研人员在

利用该赋权后的职务科技成果作价入股转化时,可向学校申请,将其入股至转化公司,学校与科研人员约定收益。学校不持有转化公司股份,不是转化公司的股东,只通过"约定收益"的方式享受转化公司发展带来的未来收益。通俗而言,即先把成果放到市场上检验,有价值的再纳为国资,有价值的成果再审批,有利于促进成果转化和国资保值增值。

### 4.4.3.4　城校联合构建实质性"产学研金"一体化的人才及创新团队培养通路

2022 年 6 月 13 日,安徽省政府印发《"科大硅谷"建设实施方案》,组建了科大硅谷服务平台公司,由服务平台公司组织链接要素,由政府部门引导支撑改革,实现有效市场和有为政府相结合的市场化运营模式,拉紧中国科学技术大学等高校全球校友、高端人才链的纽带,在省、市、校三方共同努力下,建设以来呈现蓬勃发展态势,一流的创新创业生态也在加快形成。"科大硅谷"规划"一核两园一镇",其中,核心区位于合肥国家级高新区,布局一批高品质创新创业平台;蜀山园、高新园"两园",主要围绕中国科学技术大学布局,侧重于师生创业和成果转化;"讯飞小镇",打造"生产、生活、生态"三生共融、诗意栖居的科创小镇。

2022 年,中国科学技术大学科技商学院正式成立,由安徽省政府、合肥市政府、中国科学技术大学三方共建,对标世界一流,借鉴国内外知名商学院办学经验,聚力培养"懂科技、懂产业、懂资本、懂市场、懂管理"的复合型科技产业组织"五懂"人才。同年 5 月,由合肥市委、市政府批准设立,市委组织部业务指导,合肥产投集团组建的国有独资公司合肥市人才发展集团成立,这是合肥市运用市场化手段开发和配置人才资源的关键一步,将持续搭建系列一站式对接平台,助力更多优秀人才在合肥创新创业。

2023 年,安徽省政府办公厅发布"十四五"科技创新规划,其中关键词"量子"被提及 13 次,重点提出高标准建设量子中心,充分发挥量子通信、量子计算、量子精密测量研发领先优势,支持量子科技产业化发展,推动"科大硅谷"汇聚中国科学技术大学和国内外高校院所校友等各类优秀人才超 10 万名。

以中国科学技术大学和合肥高新区为共同建设单位的量子信息未来产业科技园,作为全国首批未来产业科技园建设试点培育单位入选科技部、教育部联合发布的名单,量子信息未来产业科技园将以中国科学技术大学和合肥高新区为共同主体,联合科技领军企业,聚焦量子科技方向,规划建设未来产业科技园,以完善体制机制为重点,培育引进高层次科技领军人才和创新团队。

### 4.4.3.5 面向国内基础教育阶段的学校联合建设量子实验室培养源头人才

在国民教育体系中,高中教育处于十分重要的位置,高中教育建立"高中—高校"人才贯通的培养模式对培养学生早期职业规划意识和专业能力培养有重大价值,尤其是在量子领域,可以填补国家的量子劳动力缺口。

中国科学技术大学通过与基础教育阶段的学校联合建设量子科技创新实验室,开设量子科技相关课程,以量子前沿科技实验仪器为主要载体,向基础教育阶段的学生传授量子力学、量子物理的基础知识,让学生体验、感知、探究量子技术在生活中的应用,激发学生的好奇心和想象力,提升他们对物理和量子科技的兴趣,这在一定程度上能够帮助我国普及量子技术科普教育,为量子科技发展储备规模化的后备人才。

2022 年 6 月,由中国科学技术大学、天津英华实验学校、国仪量子联合建设的量子科技创新实验室在天津英华实验学校正式揭牌,这是国内首个面向高中教育阶段,包含了量子计算、量子精密测量等量子科技领域的科技创新实验室。

2023 年 4 月,合肥市第一中学和国盾量子共同筹建的量子科学探究实验室正式揭牌,这是安徽省第一家落地的针对高中教育阶段量子方向的科普实验室。该实验室整合了量子科技三大分支领域——量子通信、量子计算、量子精密测量,采用科普为主、实验为辅的教学方式,配备先进的实验教学仪器和系统化课程,满足学生对于量子科技的理论学习与实验需求。

2023 年 6 月,由合肥第十中学、国盾量子联合建设的量子信息创新实验室正式揭牌。

2023 年 9 月,由浙江省东阳中学 1999 届 4 班(潘建伟院士团队)和相关部门联合捐建的量子科技实验室在东阳中学落成,该实验室结合《高中物理课程标准》开设量子科技相关课程,从认识光开始,分层次、分阶段面向中学生传授量子力学基础知识,让中学生由浅入深地体验、感知、探究量子技术。

2023 年 11 月,中国科学院量子信息重点实验室、问天量子与上海市宝山区行知中学合作建设"行知中学量子信息科学创新实验室",这是量子课程首次进入上海市中小学课堂,通过量子科学探究实验室的建设,激发学生的科学兴趣和探索精神,同时为对量子感兴趣的学生提供一个进行探究和创新的实践基地。著名量子专家郭光灿院士,课程内容紧跟课程改革方向,打造特色量子信息科学创新基础教育教学内容,让量子信息教育嵌入基础教育,共同探索量子信息人才培养在基础教育与高等教育的有效衔接模式。

### 4.4.3.6　面向国内外本科生开展"暑校＋科研导向"的培养模式

中国科学技术大学特任副研究员苏兆锋从 2021 年暑假开始,一直在开展"量子计算人才培养计划",面向国内外重点高校数学/计算机/物理等相关专业的二年级优秀本科生,选拔有天赋的低年级本科生提前进入科研团队开展量子计算理论方面的科学研究活动,为相关重大项目的实施培养基础性人才。培养形式从暑期课程开始,贯穿整个本科阶段。在组织模式上,建设若干个 10～15 人的精英小班,主要以在线会议形式交流研讨,组织适当规模的线下交流研讨。

针对本科生、研究生的培养主要分为 3 个阶段(图 4.1)。

第一阶段(大二暑期):基础知识强化训练,学习开展量子计算研究所需要的基础知识。

图 4.1　中国科学技术大学"量子计算人才培养计划"本科生、研究生培养
　　　　路线

第二阶段（大三、大四）：加入量子程序/量子计算复杂性/量子人工智能等方向的科研小组，阅读相关学术论文，探索研究前沿科学问题；参加定期举行的量子计算大讲堂、量子计算学术沙龙、量子计算学术论坛等学术交流活动，了解领域前沿动态，拓宽科研视野。

第三阶段（研究生）：加入国内外一流的量子计算相关科研团队，进行联合科研攻关、投入科研创新。

## 4.5　量子科技领域的专业人才培养路径

### 4.5.1　着眼宏观谋篇布局量子科技创新生态系统

近年来，国家高度重视量子科技并将其列为优先发展的国家战略，通过一系列举措来加强规划与布局，例如筹划成立合肥国家实验室。这些举措在宏观层面为我国量子科技的中长期发展指明了方向、创造了环境。着眼于未来我国量子科技研发布局的广度和深度，若干专家建议成立国家量子科技专业委员会，对我国量子科技的总体发展进行宏观指导，同时为政府相关部门提供有关量子科技发展的咨询服务与政策建议（李晓巍 等，2022）。

相关科技管理部门应当加强必要的规划和引导,避免完全交由市场和资本规律来主导。作为战略性新兴技术,量子科技发展离不开国家的战略支撑,从国际科技竞争的宏观视野出发进行谋篇布局,创建良好的政策环境,制定相关技术推进方案,支持部门协同和全生命周期的专业化管理,建立国家层面的跨部门协同管理机制,是当前的重要任务。

科技政策制定者的战略科学素养提升也非常必要,从事量子科技政策制定的政府管理部门人员、高校及科研院所领导,都应对该领域的发展保持清晰的大局观:量子科技发展的前途光明,但发展道路必定曲折,因此,在进行系统规划和谋篇布局时,要考虑到尽管技术发展有起伏,但政策上需要始终保持定力,这是把握领域发展主导权的必要保障。

可以预见的是:随着量子科技产业的持续发展,将需要更多相关高等院校、政府部门、学术机构、企业、社会组织等多元主体,在人才培养计划、量子科技创新生态系统建设、推动金融科技与量子技术的有效契合、参与制定量子行业标准、制定量子相关法律法规等方面进行重点关注和长期投入,这样才能营造一个吸引国内外人才的量子科技创新生态系统。

## 4.5.2　加快形成实质性产学研一体化的协同育人机制

需要加速构建产学研一体化的研发机制,通过"研究主体(基地/中心/研究所)—项目(横向课题/纵向课题)—人才(学生/实习生/正式员工)"的模式,汇聚多领域的研究人员、工程师、企业家,甚至包括终端用户,推进量子技术从基础研究到技术实证,实现对量子技术研究与人才培养的系统化支持,同时增加吸引海外人才、培养青年人才的任务。

例如,作为全国第三家获批增设量子信息科学专业的高校,长江大学自2008年起即开设量子信息导论、量子计算导论、量子信息实验等基础选修课,并建立了以杨文星教授为带头人的量子光学与量子信息学科团队,现有从事量子信息科学相关教学科研工作的专任教师 50 余名,分布于物理与光电工程学院、电子信息学院、计算机科学学院、人工智能研究院、微纳光子材料与器件重点实验室等多个教学与科研机构,并融合量子信息领域内的国盾量子、国仪量子、问天量子、湖北五方光电股份有限公司、深圳市杰普特光电股份有限公司、湖北凯乐量子通信光电科技有限公司等龙头企业的行业优秀人才共同建设。

长江大学新开设的量子信息科学专业与包括国内量子科技龙头企业等多家高新技术企业签订了产学研合作协议,募集了大量资金用于量子信息科学专业建设和实验室建设。学生毕业后可进入国内外高校和研究机构,在学术上继续深造;或进入研究机构从事量子信息科学方面的科研或技术管理工作;或在企业中从事量子材料、量子芯片、量子通信、量子计算机、量子软件等领域的技术研发、生产或管理工作。

### 4.5.3　推动建设基础教育-高等教育完整的量子科技教育链

量子技术距离实际应用可能还需要一段时间,但是随着数据科学和计算工具在研究中的应用,这一步伐在不断加快。与此同时,依靠增加投入,全面加强量子科学教育与培训,扩宽人才培养渠道,营造良好的量子科技教育生态系统成为许多国家的政策重点。具体措施如下:

(1) 应当加大科普力度和早期教育。

例如,4月14日是"世界量子日",可以利用这一主题日举办形式多样的科普活动,以培养公众的兴趣,开展面向大众的量子科普。同时政府部门应当意识到"量子教育从娃娃抓起"的重要性,因而有必要在中小学 STEM 教育中加入量子科技知识,丰富学生对量子科技的认识,并开展职业生涯教育。

推动国内量子科技领域的高水平院校、企业直接参与量子人才的早期培养工作也非常必要,可以有效发挥前沿技术的科学传播和科学教育价值。例如,国盾量子作为一家从高校走出来的量子科技企业,一直积极推进科技资源科普化,面向高校及中小学进行科普教育,已入选教育部产学合作协同育人项目,联合合肥市第一中学、合肥市第十中学等成立量子科学探究实验室。

(2)在高等教育过程中需要采取分级培养的方式定向培养人才。

本科阶段可以采用"量子专业＋专业班"的方式培养学科交叉人才,结合院校专业优势设定选拔优秀本科生免费参加暑期学校或量子专业班级,直接进入研究项目,可以有效发现和挖掘本科生中拔尖的量子专业人才。

硕士研究生、博士研究生阶段的培养可以采用非线性培育方式,即组建跨学科、跨专业的研究主体与教学单元,以问题导向、跨学科研究团队的方式培养学生,做到"干中学"。课程设置上重视实践导向,强调与产业界的合作,从产业前沿的战略高度明确培养方向。课程设置除了理论研究、应用研究之外,可以适当加入商科(金融科技)的课程内容,培养和提高学生科技成果转化的意识和能力。

## 4.5.4　完善人才培养机制和评价标准以构建高水平量子创新团队

人才是高科技事业发展的核心元素。为保障我国量子科技领域的长期健康发展,需要提升人才团队的规模和质量,保持国外一流人才的引进力度,积极进行引进人才的服务配套工作,支持在新环境中迅速发挥作用,拓展良好的发展空间。

长远来看,解决我国量子计算发展的人才紧缺问题需要立足自主培养,因为量子科技创新生态系统是一个整体复杂工程,对人才的需求具有多样性。早期的量子计算、量子通信、量子测量研发偏重基础研究、最小可行性方案设计;未来转向大规模、实用化、应用型开发,则需要越来越多的专业工程师,针对这种 1 到 100 的技术垂直化、团队综合化发展趋势,各培养机构需要加快建立合理的人才培养和评价机制以推动组建高水平量子创新团队。

在人才培养方面，需要关注具有扎实数学和物理基础、较强的计算机技术、较深厚的工程技术背景的复合型人才，可以成立专门的量子科学与工程专业，通过合理的"产学研"体系引导现有人才分流，促进学术界和产业界的良性互动，为各类人才的培养、流动、发展提供充分的机会与可能性。

在人才评价机制上，鉴于量子计算对人才需求的多样化，相应的人才评价机制也需保持灵活性。从当前的发育现状来看，从事量子技术探索和研发工作的主体是高校、科研机构的基础研究相关人才，相应的评价机制以论文、知识产权、项目级别等为主导标准；但量子高新技术企业工程师类的人才逐渐增多，对于此类人群的职评评定、晋升渠道设置也需要一套新的人才评价标准，可以从科技成果转化、市场经济价值、科普成果和社会价值等方面考量。

从历史角度看，基于量子力学的技术应用开发尚处于基础研发阶段，其显著特点是不可预见性，即不太可能事前预见会在什么方向和课题上取得突破，不太可能事前规划突破的时间进度表，不太可能预见某个突破在未来有何具体应用，因此就需要尽量避免量子人才评价体系应用过程中的简单化和庸俗化，需要努力创造宽松自由的量子科技研究环境，支持研究者追随自己的兴趣与品位去选择方向及课题，进行自由的学术与应用探索；对基础研究宜抱有"水到渠成"、一定程度上可遇不可求的态度，以立足长远的姿态来争取更多原创突破。

# 第5章
# 量子科技创新生态系统的资源构建

正确理解量子科技创新生态系统的资源构成,有利于创新组织厘清和掌握自身在创新过程中可利用的科技创新资源,并对这些资源进行有效的使用和配置。本章将基于科技创新生态系统的资源观探索构建适合于量子科技创新生态系统的资源构建模式,并在此基础上,提出量子科技创新生态系统的资源整合机制,希望能为前沿战略性新技术创新生态系统创新能力与创新绩效的提高提供的借鉴。

## 5.1 基于科技创新生态系统的资源观

资源是人类赖以生存、社会赖以发展的基础,按照存在形态来分,可以分为有形资源与无形资源。对资源概念研究滥觞于经济学领域:古希腊学者色诺芬(Xenophon,约前430—前354)将"经济"一词引入学术著作,其所指的经济为家庭经济,即奴隶主家庭如何鼓励奴隶工作增加家庭收入,色诺芬认为农业是经济的基础(张鹏飞,2010);资源经济学理论的鼻祖阿兰·兰德尔(1989)在其所著的《资源经济学》中从经济角度对自然资源和环境政策进行了探讨,并将资源定义为"由人发现的有用途和有价值的物力",这里的资源仅是指自然资源。在历史上,很长一段时间人们仅从生态学和经济学的视角将资源简单地分为自然资源和经济资源,也有学者称这种分类方式为狭义的资源观。随着社会的发展和进步，资源的概念边界不断被拓展，越来越多的社会要素被纳入资源的内涵中，除自然资源外，又出现了经济资源、文化资源、人力资源、政治资源和制度资源，后5种资源是人类社会劳动的成果，统称社会性资源（韦正球，2006）。资源内涵的扩展和要素的增加，其意义并不在于资源数量的扩充，反映的其实是人类生产力水平的提高对资源利用能力的增加，许多一度不被作为资源的部分被人们认识（张鹏飞，2010）。

在现代社会，科技已经渗透到国民经济乃至人类社会的各个领域，科学技术的快速进步使得科技创新成为经济发展的核心，这不仅决定了经济发展的速度，还决定了经济发展的质量。科技资源作为科技活动的基础要素之一，被赋予了"第一资源"的历史地位（周寄中，1999）。科技资源属于资源利用目标约束型概念，其内涵与外延广泛，涉及上述资源的各个方面（刘玲利，2008）。

我国学者对于科技资源内容的分类与建构有着大量的研究。周寄中（1999）认为，科技资源是科技活动的物质基础，是创造科技成果、推动整个经济和社会发展的要素集合，并将科技资源系统分为科技人力资源、科技财力资源、科技物力资源、科技信息资源以及科技组织资源等要素；孙鸿烈对科技资源进行广义和狭义概念上的区分，他认为广义的科技资源包括科技财力资源、科技人力资源、科技物力资源、科技信息资源4个方面，狭义的科技资源则限定在科技人力资源和科技财力资源方面；刘玲利（2007）在以上学者的划分基础上，加入了科技市场要素、科技制度要素和科技文化要素，依其内容特点及相互作用关系将科技资源要素分为基础性核心科技资源要素和整体功能性科技资源要素，区分了不同资源要素在系统内承担的不同功能、作用和地位；朱秀梅和李明芳（2011）将企业资源将资源划分为知识资源和资产资源两类；董明涛等（2014）将科技资源划分为科技条件要素和保障要素，强调其系统性和整体性；李恒毅（2014）从资源的角度分析创新生态系统构建过程，将新技术创新生态系统的资源分为组织资源、网络资源和系统资源；李应博（2021）提出了科技资源与科技创新资源的差异，他认为科技创新资源是直接作用于创新过程的各类资源要素,可以分为基础资源(知识、资金、人才、组织、制度、技术和基础设施)和协作资源(信息、政策、中介和文化),目标是经济效益产出;而科技资源是在科学技术过程中所使用的各类资源,配置目标是技术和知识产出。

创新生态系统具有复杂性、动态性、非线性和多样性等特点,仅靠单一主体的力量无法实现其建构。并且,由于科技创新生态系统中的创新行为具有商业导向的性质,因此,与纯粹的技术发明有着显著区别。在新技术被发明、不断演进并达到商业化和产业化应用的过程中,除了技术的研发,更为重要的是技术规则和市场应用等的建立,进而构建新技术创新生态系统(李恒毅,宋娟,2014)。

基于以上研究和创新生态系统的自身特征,本书以组织资源、网络资源和系统资源的划分方式对量子科技创新生态系统的资源进行分析。其中,组织资源为由某一类组织实际控制的资源,包括知识、技术、信息、人才、资金、政策、企业等;网络资源为通过网络成员间的交互作用产生的资源,包括技术创新网络成员之间的信任、网络文化、对共同目标的理解和愿景、网络控制的特定模式、网络的声誉等;系统资源主要指由一些集体性行为所产生的结果,即组织通过双边或多边交互活动的结果,包括行业标准、行业共性或关键技术的突破,知识产权体系或专利池、利益共享机制和科技创新环境等。三者之间相互促进,共同演化。组织资源的整合,促进了网络资源和系统资源的产生,同时,网络资源和系统资源又对其他两个层次的资源增长产生积极作用。网络针对特定的目标结盟,整合利用网络成员所提供的制度、技术、资金、人才等组织资源,建立起网络文化、信誉、影响力、机制等资源。这些资源一方面反过来促进了网络成员组织资源的成长,另一方面也是系统资源的构建的前提。系统层面的知识、行业标准、平台建设、经济社会效益等,进一步为网络资源和组织资源的发展提供支撑(李恒毅,2014),其作用模式如图5.1所示。

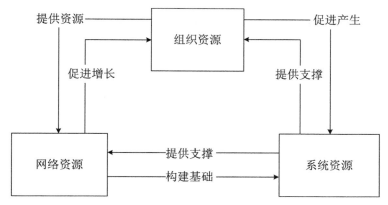

图5.1　科技创新生态系统的资源构建

## 5.2　科技创新资源的特征

### 5.2.1　使用的长效性

科技创新生态系统的资源具有长效性的特征,这种特性体现在资源的使用维度上。

使用的长效性是指资源在科学技术迭代的过程中是可以被反复利用而并非一次性的。创新资源是科学技术从研发到产业化过程中的核心要素,虽然对于资源的分类方式视角各异,但无论从哪一种视角分析创新资源,学者们都得到了一致共性观点:创新资源是一种区别于自然资源的关键要素,并非是天然形成的,而是可以后天创造的可再生的资源(张影,2019)。科技创新资源的可再生性来自科学技术本身的特性,马克思主义的科学观认为:

科学的发展表现为渐进与飞跃、分化与综合、继承与创新的统一（张明国，2017）。任何科技活动都是在前人研究成果的基础上不断地创新和发展的（刘玲利，2008），所以科学技术具有可继承、可积累的特征。前人的科技成果对于后人来说就是宝贵的创新资源，无论何种形态的科技创新成果与发现都可以被归纳为认识世界与改变世界的实践经验和方法，以"知识"的形式保存下来供后人反复利用。

## 5.2.2　时空分布的差异性

资源的差异性体现于资源在时空维度上分布的不均衡，人类一切科学研究和技术创新都离不开一定的空间范围（杨子江，2007）。

科技创新资源在时间分布上的差异是指资源会随着时间的变迁有所增减，除了数量上的变化，资源的形态、质量、利用价值都会发生改变。如科技文献资源的增长模式主要有指数增长、逻辑增长、线性增长和综合增长（邱均平，2007）；科学文献资源也会存在老化现象，即科学文献的使用频率会随文献年龄增长而下降（刘富康 等，2022），掌握文献资源的变化规律对于做好资源价值开发利用和知识资源管理具有重要意义。

科技创新资源在地理空间上的分布有显著的不均衡性，不同的区域环境、发展方向、政策导向、发展模式等因素都会导致创新资源的差异化，这也是资源在不同区域流动的前提条件之一。我国东、中、西部区域科技资源分布的差异性导致了我国区域科技政策是区域协调发展政策的重要组成部分（杨子江，2007），同时也导致了区域间创新能力差异的扩大。从全国范围来看，东、西部地区间差距在缩小，但南、北部地区间差距在扩大，因此，我国区域协调发展有待提升（中国科技发展战略研究小组，中国科学院大学中国创新创业管理研究中心，2021）。

### 5.2.3　运动的规律性

在自然界中,资源的形成与分布受到不以人意志为转移的自然规律的支配,在新技术创新生态系统中,科技创新资源同样具有运动的规律性,参与经济、社会、生态复合大系统的变化(杨子江,2007)。如科技人力资源的投入收益会遵循人力资本投资回报规律(如赫克曼曲线);科技财力资源使用的效用会遵循边际效用递减规律和总效用最大规律(章跃,2001);科技成果信息资源的开发和利用会遵循增长极模式和水波扩散规律(肖静华,谢康,1999);科技文献类资源会遵循文献信息老化规律或阶段性增长规律等。同时,科技创新资源自身也会在不断运动中生成独特的变化规律。

### 5.2.4　系统中的协同性

协同是指由某种机制将各自独立的系统联系起来进行共享和协调运作(Ansoff,1965)。在新技术创新生态系统中,科技创新资源的协同性表现为不同类型的资源通过发挥不同的功能,对维护系统的平衡与发展起到支撑与保障性的作用,各种不同类型的科技创新资源都是整个创新生态系统中的重要组成要素,并在科技创新的全过程起到了不同的作用。从另一种角度来说,科技创新资源也只有在系统中进行有效的协同,才能最大化地发挥资源的效能并提高资源的利用率,从而达到科技创新绩效提升的目的。

由于目前中国经济发展不均衡,科技资源分布较为分散,资源重复建设现象普遍存在,部分区域科技资源协同度与利用率较低(高思芃 等,2020)。科技资源作为重要的战略性资源,促进其协同与共享是国家科技发展的重要议题。我国科技资源的共享模式可以归纳为"政府与科研单位联合驱动式"(贾君枝,陈瑞,2018),具体方式主要是通过建设区域性的科技资源共享平台、布局科研项目集群等方式来实现资源的整合与协同,但其中仍存在许多管理、服务体系以及经费支撑等方面的问题。建设完善的科技创新资源协同体制,是一项需要政产学研界等资源的持有主体共同参与完成的系统性工程。

### 5.2.5　投入产出的高增值性

在科技创新领域,资源的投入方向为一般科学研究,产出的内容为技术创新成果。相比于传统资源,科技创新资源具有高度的智慧性与知识性,该类资源要素的投入往往能产出远大于其自身价值的技术成果,体现出了高增值性的特征。再结合上述科技创新资源所具有的使用上的长效性这一特点,知识资源在累积与反复利用的过程中,可以实现收益规模递增的效果(刘玲利,2007)。

## 5.3　中国量子科技创新生态系统资源的主要内容

### 5.3.1　中国量子科技创新生态系统的组织资源

组织资源为由某一类组织控制的资源,根据存在形式可以分为有形资源与无形资源。有形资源为可见的、能够直接量化的资源,如资金、设备、基础设施等;无形资源则体现在某些非物质资产中,如论文、专利、政策、人才(技能和智慧)等。

组织资源的作用表现为组织通过提供某些资源,不同的组织因此在新技术创新生态系统中扮演着不同的角色。技术创新是一个全过程的概念，包含了从理论上的发明一直到商品化的全过程，既包括新发明、新创造的研究和形成过程，也包括新发明的应用和实施过程，还包括新技术的商品化、产业化的扩散过程，也就是新技术成果商业化的全过程（陈冠军，2018）。

本书认为，当前量子科技领域在以上创新过程中，最主要参与的主体是政府管理部门、高校、科研院所，以及相关企业。其中，政府通过提供政策、资金等资源，扮演了制度创新主体；高校、科研院所提供了人才、技术、知识（论文、专利）等资源，是系统中的原始创新主体；而相关企业和科技服务中介等组织提供了市场、信息和平台资源，扮演了技术创新主体。

### 5.3.1.1 政府：制度创新主体

在量子信息科技创新生态系统的构建初期，政府不仅是重要的资源提供者，同时也能有效地吸引和调动其他创新组织和资源进入到创新生态系统中。政府部门可以凭借自己能控制的资源采用多种手段来营造良好的科技创新环境、构建创新网络，是量子科技创新生态系统的制度创新主体，采取的方式具体来说主要分为政策引导与财政扶持两种。

量子科技领域最初的发展和创新主要由高校和科研院所的部分科研团队自发推动，在进入 21 世纪之后，我国政府才开始逐渐高密度地出台量子科技方面的相关政策，从顶层设计层面进行全面推动。如 2006 年，《国家中长期科学和技术发展规划纲要（2006—2020 年）》将"量子调控"基础研究纳入规划，作为 4 个重大基础研究计划之一（新华社，2016）；2010 年，量子信息"超级 973 项目"获得科技部 1.3 亿元拨款支持，该项目集聚国内 10 多家大学和研究所的 50 多名研究人员，几乎囊括了当时该领域所有的主要研究队伍；2015 年，《中共中央关于制定国民经济和社会发展第十三个五年规划的建议》的说明中把量子通信列入国家重大战略科技项目（新华社，2016）；2016 年，国务院"十三五"规划继续加强科技前瞻布局，要求着力建设量子通信，构建安全物联网，力争在量子通信和量子计算等重点方向率先突破，

加强关键技术和产品研发,持续推动量子密钥技术应用(国务院,2016);
2017 年印发的《"十三五"国家基础研究专项规划》中将量子调控与量子信
息列为战略性前瞻性重大科学问题,并提出在信息技术的新一轮竞争中,我
国的优势基础和方向将是量子通信和量子计算(科技部,2017);2018 年,国
务院印发《关于全面加强基础科学研究的若干意见》,强调了对一些前沿、新
兴、交叉学科的建设,要求加快实施量子通信与量子计算机等"科技创新
2030 年重大项目"(新华社,2018);2020 年,《中共中央关于制定国民经济和
社会发展第十四个五年规划和二〇三五年远景目标的建议》指出要瞄准量
子信息等 8 个前沿领域实施一批具有前瞻性、战略性的国家重大科技项目,
制定实施战略性科学计划和科学工程,推进科研院所、高校、企业科研力量
优化配置和资源共享,推进国家实验室建设,重组国家重点实验室体系(新
华社,2020c);2022 年,《计量发展规划(2021—2035 年)》提出要加强量子计
量等关键技术研究,实施"量子度量衡"计划,推动量子芯片等新技术在计量
仪器设备中的应用,加快量子传感器的研制和应用(新华社,2022)。

　　综观以上重要政策,我国在量子通信、量子计算、量子精密测量等领域
均给出了有力的政策支持并予以充足的经费支持。政府在促进技术创新的
发展中起到了重要的支撑性作用,尤其是中国这样以国家推动为主要创新
模式的国家,在量子科技创新的发展过程中具有能够发挥集中力量办大事
的制度优势,以国家科技项目为载体,量子科研及其产业化应用才得以在量
子保密通信等领域做到国际领先(李文清 等,2021)。

### 5.3.1.2　高校和科研院所:原始创新主体

　　科技创新涉及两大体系:一是知识创新体系,包括基础研究、前沿技术
研究、社会公益性技术研究。在这个体系中,研究型组织是创新主体。二是
技术创新体系,即以企业为主体、市场为导向、产学研相结合的技术创新体
系。本书将高校和科研院所划分为量子科技的原始创新主体,将企业视为
技术创新主体。原始性创新是最根本的创新,高校、科研院所等研究机构作

为量子科技的原始创新主体,也是量子科技创新的基本支持单元。量子科技作为具有学科交叉特点的前沿技术,想要在这个领域上自主地掌握关键核心技术就必须在原始创新上厚积薄发。

基础研究是原始创新的重要抓手,量子科技属于原理性主导的科技成果,其发展尚处于初级阶段,绝大部分该领域的创业公司都孵化于科研体系的团队,由科研工作者将成果从实验室带到市场,尚没有实现大规模的商业化开发和应用场景落地。因此,高校与科研机构在量子科技创新生态系统中处于创新主体的核心地位,其提供的知识成果的积累和基础研究的人才队伍是量子科技创新生态系统的关键资源,做好量子科学基础研究方面的布局,才能真正掌握未来发展的主动权。

近年来,为了探索前沿性、革命性、颠覆性技术,培养前沿科技未来领军人才,国家选定了首批 12 所大学设置未来技术学院。其中,中国科学技术大学的未来技术学院以量子科学为研究靶心,依托量子创新研究院建设,并与合肥微尺度物质科学国家研究中心进行交叉科学融合研究,同时还与中国科学技术大学少年班学院合作,借鉴其创新育人的经验,紧紧围绕量子科学技术发展,培养引领全球量子科学发展的未来尖端人才(科大小郎君,2001)。由于量子是多学科高度交叉的领域,针对这一领域的教育也分布在物理、电子学、通信、密码学等各方面,中国科学技术大学未来技术学院所要完成的就是将量子作为一个专门的学科进行建设,形成一套完整的教育体系,并为学生提供进行技能实战、国际交流的平台。

同时我们也注意到,新型研发机构已越来越成为中国国家创新体系中不可忽视的创新主体,这类机构具有投资主体多元化、建设模式国际化、运行机制市场化等特征。量子信息技术作为当下全球物理与信息交叉研究的前沿与热点领域,是全世界瞩目的新兴战略技术焦点,我国在量子信息科技领域也展开了全面系统的布局,其中最具代表的就是由北京市政府联合中国科学院、北京大学、清华大学等多家顶尖学术单位共同建设的新型研发机构——北京量子信息科学研究院。

北京量子信息科学研究院成立于 2017 年 12 月 24 日,是由北京市政府牵头,联合北京多家顶级学术单位共同成立的新型研发机构。北京量子信息科学研究院的宗旨是瞄准世界量子物理与量子信息科技前沿和国家在量子信息技术等领域的战略需求,创新体制机制,整合北京现有量子物态科学、量子计算、量子通信、量子材料与器件、量子精密测量等领域优势资源,建设量子信息科技综合性实验和研发平台,汇聚全球杰出科技人才及其创新团队,开展重大科技任务攻关,在量子信息科学领域产出一批重大原始创新成果,努力打造成为协同攻坚、引领发展的国家战略科技力量(北京量子信息科学研究院,2023)。

### 5.3.1.3 企业:技术创新主体

当量子科技创新生态系统步入"成熟期",量子科技创新企业成为系统中的关键组织,而政府则成为市场秩序的维护者与协调者,企业成为量子技术的直接创新主体,对生态系统内部各创新主体的行动进行协调,从而推动形成更为强大的共生创新网络。

同时需要注意的是,在实际的创新过程中,政府、高校和科研院所、企业所起到的功能作用并不是绝对的,企业不会仅仅是技术和应用需求的提供者,三方的协同创新与资源流动呈现出多向互馈的机制,以此共同实现量子科技创新的目标。

对于量子科技创新生态系统而言,往往会出现一批"先驱者"型的企业,率先参与到量子科技产业化的过程中,而这类企业大多数由高校和科研院所孵化而出,这类先进入量子科技创新网络的企业通常会成为创新生态系统的核心企业。如国盾量子(量子通信)、本源量子(量子计算)、国仪量子(量子精密测量)等,其核心创始人均是出自高校的重点实验室,且各个公司的核心技术也具有差异化分布的特征,有利于良性创新网络的构建。

在先驱者企业所搭建的创新网络已经初具规模之后,其他的关联型企业也会逐渐加入并参与到量子科技创新的过程中。大量实践表明:关联企业种群与核心企业在产业链上开展纵向合作创新,有利于促进产业内部知识和技术的流动,在更大的范围内配置产业技术资源,也有利于实现整个产业关键技术创新突破,推动产业链技术升级和增强产业可持续发展能力(边伟军,2017)。

## 5.3.2 中国量子科技创新生态系统的网络资源

技术创新是一种网络化的过程,多主体合作的创新网络不仅能够实现信息共享和技术互补,而且能够分担风险,提高运行效率(孙永磊 等,2015)。在网络成员的协同交互行为中,会产生一些对于科技创新非常具有价值的新资产。

Lavie 将网络资源定义为:"网络资源指联盟伙伴间通过交互活动所转移的资源。"主要包含的有合作伙伴的声誉、合作伙伴的技术能力如何来进行获取、风险资本要如何进行获取等。与组织资源不同,网络资源必须通过网络成员的特定交互作用才能产生,且网络资源不是网络一建立便存在的,必须通过网络成员交互作用才能产生(李恒毅,2014)。

### 5.3.2.1 量子科技创新团队

斯蒂芬・罗宾斯曾在其著作《组织行为学》中对团队的概念进行了定义,他认为团队就是由一群为了完成共同目标而彼此之间合作与帮助的个体组成的正式群体。在此基础上,可以将量子科技创新团队定义为:"为完成量子领域的科研与创新任务,出于一致的目标而进行协作的创新个体所组成的群体。"当前,量子科技创新团队主要集中于高校、科研院所和企业中。

在高校和科研院所等研究型组织中,科技创新团队通常被称为科研团队。已有的实践证明,科研团队通过人才的群体效应和资源当量积聚效应带动了高校的重点学科和交叉学科的发展,为高校发展提供了人才和知识储备。同时,通过科研团队的形式开展了多种多样的学术交流与合作,提高了高校的科研水平、学术能力与竞争实力(周坤顺,马跃如,2019)。

在科技创新团队的运作中,科技领军人才通常作为团队的领导者,其眼界和研究水平在很大程度上影响着这个团队整体的科研水平和学术定位。他们承担着培育或传播团队文化或精神的任务,让整个团队拥有一致的理念目标和共同行为准则,孕育互助合作的土壤,从而形成合力(桂乐政,2010)。由此产生的团队创新氛围与创新文化又会对科技创新团队内部的创新能力产生正向的促进作用,团队创新氛围不仅可以帮助成员明确愿景目标,还能为其提供创新环境和创新支持,从而提升团队科学创造力(张建卫 等,2018)。

### 5.3.2.2 量子产业技术创新战略联盟

在跨界创新领域,跨界被定义为打破或超越原有障碍的行为过程。跨界创新中的"界"可以是跨越行业领域、组织、地域、学科、认知思维等的边界(张影,2019)。量子科技创新具有典型的跨界性创新特征,是一种通过跨行业、跨专业、跨时空资源的交互融合共同参与创新活动,实现协同共创价值,以契约、协议、合资等方式建立起的一种资源优势互补、风险共担、互利共赢的新型合作创新组织。在量子科技的创新联盟中,其协同发展的模式有别于传统创新联盟聚焦于产业链上中下游的方式,而是各创新主体通过跨界整合各方的创新资源,建立起"互利＋共生＋共赢"的协同创新关系,这样的合作机制不仅能够有效减少行业内的无序竞争和资源冲突问题,并且可以大幅度提升资源的利用效率。

产业技术创新战略联盟是以产业内的领导型企业或主要科研机构为核心,其他创新主体等积极参加,以联盟内的契约关系为纽带,通过成员间的知识资源共享和创新要素流动和整合,致力于产业共性技术、关键技术以及核心标准突破的利益共同体(黄静,2021)。在新技术创新生态系中,产业技术创新战略联盟能够高效地整合创新资源、合力攻克产业共性技术和关键技术、主导建立全球行业标准，由此全面提升产业核心竞争力。在量子科技创新领域，量子技术产业技术创新战略联盟的建设受到各个国家的高度重视。

美国、日本、加拿大、欧盟等发达国家和地区已围绕量子技术为核心，组建起各式跨界产业联盟，最典型如美国的 IBM Q Network。该联盟汇集了100 多个相关组织，包括跨多个行业的领先组织、学术机构、政府研究实验室和初创公司，所有组织一起合力推进量子计算的发展。

在中国，对标 IBM Q Network，本源量子于 2018 年提出了本源量子计算产业技术创新战略联盟（OQIA）的概念，该联盟于 2019 年 12 月正式落地，为国内首个量子计算产业技术创新战略联盟。该联盟为量子信息技术产业化的高新技术企业、行业用户、科研单位等，提供了一个加强沟通交流的平台，共同致力于量子计算全方位的应用开发，合力推进我国量子计算产业发展。本源量子将 OQIA 成立会议的主题定为"量子赋能，产业融合"。"赋能"的本意是量子技术对现有技术的影响初现，"融合"则是量子计算从学术界过渡到工业界的最佳表现之一，这也标志着量子计算公司开始拓展生态，并在产、学合作方面快人一步（量子客，2022）。

根据不同行业的应用落地，本源量子计算产业技术创新战略联盟分别建立了量子计算上下游生产制造联盟、量子计算应用生态联盟和量子计算科普教育联盟。其中量子计算应用生态联盟根据应用场景又分为量子计算生物化学行业应用生态联盟、量子计算金融行业应用生态联盟和量子计算人工智能行业应用生态联盟。

从以上各国家和地区组建量子技术相关产业技术创新战略联盟的现状来看，量子科技创新领域的产业战略联盟已突破了早期局限于企业之间的连接，构建了由横向的"技术-产品-市场"层级结构，和纵向创新协作关系与价值采用关系共同构成的创新生态系统，即产业技术创新战略联盟创新生态系统（黄静，2021）。由此构成的产业技术创新战略联盟可以实现在产、学、研各界之间的灵活合作，优化创新资源在主体之间的配置，降低创新风险，提升资源配置效率。

### 5.3.2.3　开放性量子技术创新平台

开放式创新平台主要指企业自己搭建的,吸引外部用户为企业内部创新发展进行知识储备的虚拟场所(Constance,Helfat,2018)。近年来,许多大型企业如海尔、腾讯等,都开发了自己的开放创新平台,以更好地实现与外部企业和客户的合作创新,在量子科技领域同样需要开放式技术创新平台,吸引更多主体参与到技术创新的生态系统中。

由本源量子与合肥市大数据公司共同打造的"量子计算双创平台"于2021 年 12 月正式上线。这是我国首家以量子计算为主要特色的双创平台。该平台具有完全自主知识产权,支持适配超导和半导量子芯片接入,可面向多行业用户提供量子算法开发、量子计算应用、量子计算科普教育等方案,为广大创新创业者提供优质的量子计算学习、量子算法仿真开发、量子计算应用推广和交流服务。

2022 年 1 月,"量子计算全球开发者平台"正式上线,其前身就是量子计算双创平台,目前正式升级为 2.0 版,更新为"量子计算全球开发者平台"。更新后,该平台将面向全球量子计算爱好者和开发者,提供全面丰富的量子计算服务,旨在打造国内首个"经典-量子"协同的量子计算开发和应用示范平台,推进量子计算产业落地。"量子计算全球开发者平台"具有完全知识产权,面向多行业用户提供量子算法开发、量子计算应用等方案,致力于量子技术人才培养、量子计算初创企业孵化,助力量子科技产业持续发展。与该平台的最初形态相比,"量子计算全球开发者平台"更加注重契合开发者的现实需求和未来发展,受众范围更加广泛,应用场景更加丰富,技术服务更加成熟。

正式发布的"量子计算全球开发者平台"有四大板块,分别为量子计算教育、量子计算编程、开发工具和量子计算应用(赵广立,2022)。

其中,量子计算教育板块提供丰富的在线教育资源,帮助量子计算初学者用户快速成长为量子计算专业开发者;量子计算编程板块提供可拖拽式的图形化编程页面,方便用户上手学习,快速验证量子算法;量子计算开发工具板块则为量子计算开发者提供从量子编程语言到量子编程框架等全套开发工具,让开发者专注于量子计算编程场景,开发量子计算程序,最大化挖掘开发者的潜能;量子计算应用板块则展示了量子计算在各个行业的落地场景应用,包括金融、大数据、人工智能、生物医药等,一方面向公众展示量子计算良好的应用前景,另一方面也激发更多的从业者加入量子计算队伍中来,共同探索量子计算在各行业中的应用。

为了平台用户能够使用先进的计算资源,合肥市大数据公司建设的合肥先进计算中心为该平台量子虚拟机服务提供了强大的算力支持,同时,平台还搭载了基于本源量子自主研发的超导量子计算机"本源悟源"的真实量子计算服务。"量子计算全球开发者平台"将继续通过"云上"和"线下"两种模式提供服务:开发者在"云上"接入平台,可随时进行量子计算学习、项目开发和创新应用;合肥市大数据产业示范园则在"线下"提供物理场地和双创服务平台,采用"基地+基金+数据+定制服务"运营服务模式,构建大数据生态链,为量子计算领域创新创业者提供全方位双创服务。

### 5.3.3 中国量子科技创新生态系统的系统资源

系统资源也可以称之为行业资源(industry/system resources),对于新技术创新系统而言,系统构建往往难以由单个参与者实现(Van de Ven,2005),大量的实例表明,企业必须通过与其他企业建立合作网络来调整自身的行为,以建立和改变系统资源(李恒毅,宋娟,2014)。Musiolik 等(2012)认为,公司和其他参与者在正式网络中合作,不仅能够产生新知识,而且可以战略性地创造和塑造支持性系统资源,行业或系统资源通常为支持行业或技术发展而有意创建的集体资产。

量子科技创新生态系统的系统资源主要体现在现有的行业成果方面,包括在国内外所取得的经济和社会效益,为政府提供决策咨询与支撑,以及为量子科技行业发展出谋划策的成果。具体来说，目前国内量子科技创新生态系统的系统资源主要有量子科技行业技术标准、行业共性技术和关键技术的突破，以及知识产权体系。

### 5.3.3.1　量子科技行业技术标准

行业标准是企业生产产品的依据，是企业规范运营的保障，同时也是保证产品质量并提升产品的市场竞争力的根本前提。量子科技作为新一轮科技革命和产业变革的前沿领域，技术标准化工作是行业大规模应用推广的必需条件。随着量子科技发展的国际竞争态势日渐激烈，技术标准已然成为各国竞争的焦点。掌握技术标准制定权，不仅可以引导量子及其相关行业的发展方向，同时能够提高本国科技成果的国际市场认同度。

自 2021 年开始，我国开始陆续出台量子通信行业的技术标准。2021年 5 月，工业和信息化部批准并正式发布实施国内首批量子通信行业标准《量子密钥分发（QKD）系统技术要求 第 1 部分：基于诱骗态 BB84 协议的 QKD 系统》及《量子密钥分发（QKD）系统测试方法 第 1 部分：基于诱骗态 BB84 协议的 QKD 系统》，适用于采用光纤信道传输的基于诱骗态 BB84 协议的 QKD 系统。上述两项标准由中国信息通信研究院牵头，国科量子、国盾量子、问天量子、济南量子技术研究院等参与编制（国盾量子，2021）。

2021 年 10 月，量子技术首次被列入国家密码行业标准，国家密码管理局正式发布 16 项密码行业标准，其中包括《诱骗态 BB84 量子密钥分配产品技术规范》《诱骗态 BB84 量子密钥分配产品检测规范》，这标志着我国量子技术在密码行业标准上实现零的突破。制定单位包括问天量子、国盾量子、中国科学技术大学、中国人民解放军信息工程大学、中国电子科技集团有限公司第三十研究所、北京邮电大学、国家密码管理局商用密码检测中心等量子及经典信息安全单位（刘航，2021）。

### 5.3.3.2  行业共性技术和关键技术的突破

行业共性技术与关键技术的突破需要创新主体之间进行协同合作,并以项目合作为主要途径,促进行业共性、关键性技术的提升。对于量子计算领域而言,硬件技术是量子计算应用的基础,目前量子计算的硬件环境已相对稳定,而为了使量子计算技术真正实现落地与大规模应用、使用量子计算技术解决实际问题,则需要对软件与算法技术进行大力的开发。

根据 ICV 与光子盒联合发布的《2022 全球量子计算产业发展报告》,现阶段,量子计算的软件主要是为研发服务的程序,例如可供芯片电路设计与验证、实验结果分析等,提高研发效率,降低研发试错成本(ICV,光子盒,2022a)。在我国,有本源量子开发的量子计算机操作系统——本源司南,该系统可以实现量子资源系统化管理、量子计算任务并行化执行、量子芯片自动化校准等全新功能,助力量子计算机高效稳定运行;京东探索研究院提出的量子并行处理框架 QUDIO(quantum distributed optimization scheme),可以实现充分调度现有量子计算资源去求解超越经典计算的大规模任务;百度量子计算研究所发布的全球首个云原生量子集成开发环境 YunIDE 拥有完备的量子计算环境配置,集成常用经典科研工具和量子开发工具链,能够降低经典程序开发者的学习门槛,使得全量量子开发触手可及,真正践行"人人皆可量子"的愿景;弧光量子发布的国内首个量子程序设计与验证平台 isQ 包括量子程序设计、编译、模拟、分析与验证等系列工具,已经上线的功能主要包括编译器、模拟器、模型检测工具、定理证明器;上海图灵智算量子科技有限公司(以下简称"图灵量子")研发的国内首款商用光量子计算模拟软件 FeynmanPAQS,专用于光量子计算模拟软件和三维光子芯片设计的 EDA 软件,是着眼于未来实际芯片开发且方便易用的云计算模拟平台。

而在算法研发方面,目前普遍认为金融、密码与制药有可能是最先因量子计算技术而受益的行业。在金融领域,投资组合优化问题一直是金融行业受关注度最高、收益率最明显的计算场景。2021 年本源量子云平台上线了基于该研究进展的量子金融应用——投资组合优化应用。该研究成果基于 Grover 搜索算法的量子优化算法 Grover 适应性搜索算法（grover adaptive search，以下简称"GAS 算法"），可快速从所有投资组合中找到给定风险偏好下的最佳收益组合，将进一步拓宽量子计算在金融领域的使用场景（本源量子，2021a）。在生化医药领域，量子化学模拟是量子计算最重要的应用之一，量子技术可以帮助化学研究者正确描述强关联性和复杂系统，为新材料与新药物研发带来革命性突破。2021 年 7 月，本源量子推出了量子化学应用 ChemiQ 正式版，ChemiQ 量子计算化学软件，可以适配量子虚拟机和量子计算机，能够可视化构建分子模型、快速模拟基态能量、扫描势能面、研究化学反应，最终以图形化形式展示量子计算结果。伴随着量子计算机技术的快速发展，ChemiQ 预计可以在化学合成、药物研发、材料设计和能源开发等领域带来广泛而深刻的计算效率影响，曾经在经典化学桎梏下的计算化学范畴内的普遍性难点，如大体系复杂分子态计算、过渡态理论的修正、高精度计算分子间弱相互作用等，有望被一一解决。

### 5.3.3.3　知识产权管理体系

知识产权作为企业最重要的无形资产之一，是企业核心竞争力的重要体现，完善的企业知识产权管理系统是保障企业有效运营知识产权的基础，是实现企业知识产权管理目标和落实企业知识产权基本任务的前提条件（冯晓青，2010）。当前，我国正在从知识产权引进大国向知识产权创造大国转变，2021 年 9 月发布的《知识产权强国建设纲要（2021－2035 年）》指出，要培养一批知识产权竞争力强的世界一流企业，推动企业等主体健全知识产权管理体系（新华社，2021）。从宏观上看，国家实施知识产权战略、推动企业健全知识产权管理体系可以解决在国际贸易中遇到的一系列全局性、制度性和政策性问题，提升国家整体竞争力，有效应对国际贸易中的知识产权壁垒问题；从微观层面看，企业根据自身特点制定知识产权管理体系，可以有效激励员工创新创造的积极性，并推动企业产生具备高附加值的自主知识产权的新产品、新技术,通过自己生产销售或通过技术贸易许可转让他人,将给企业带来丰厚经济收益。

目前,启科量子、国盾量子已获得国家知识产权管理体系认证。若想有效利用好现阶段我国在量子科技领域的优势并在国际竞争上拔得头筹,就必须在量子科技的各个领域建立好知识产权保护与管理体系,以此在国内外的技术创新市场中获得最大利益。

### 5.3.3.4 量子科技创新环境

科技中介平台、金融机构都是创新活动重要的支撑主体,但本身并不参与到创新活动中来,仅仅是为创新活动提供服务(李奇峰,2020),因此,本书中将该类支撑量子科技创新的服务性机构归为保障创新的环境类资源。

以合肥的量子科技产业发展为例。近年来,合肥市以综合性国家科学中心建设为契机,紧跟第二次量子科技革命浪潮,围绕量子通信、量子计算、量子精密测量等领域,强化基础研究,加快推进量子信息与量子科技创新研究院建设,积极打造量子创新技术策源地。以科研成果熟化转化为核心,以关键核心技术研发为突破点,以产业聚集发展模式为路径,打造量子科学、量子产业"双高地"。

## 5.4 量子科技创新生态系统的资源整合机制

资源整合就是把分离的要素资源作为一个可以动态化的集合体,整合的过程就是通过对各资源要素的分析、加工、组合,使资源要素彼此相互联系、彼此渗透,形成合理、优质的模式,实现资源要素整体的最优配置(陈劲,张方华,2002)。

创新资源的整合共赢是量子科技创新生态系统运行的核心特征。创新生态系统的竞争优势反映在资源的属性以及生态系统与环境的共生关系中,因此,创新资源整合是量子科技创新生态系统构建的重要动力,创新生态系统资源整合的关键在于创新媒介不同,创新主体参与的复合体形成不同类型的创新种群与创新要素、创新环境实现互动互联。在创新系统中,异质性主体的相互作用、交互协作,支持科技创新资源在不同主体间传递、转化、整合和利用,从而激发知识。共创是创新生产系统异质主体共生,引进协同发展的关键创新系统主体交互协作,通过知识融合和知识共创促进创新绩效。

量子科技创新生态系统具有典型的跨界创新特征,其创新过程势必由多主体共同参与,凭借单一主体无法完成,因此,其具有典型的开放式创新特征,本书也将基于开放式创新的视角对量子科技创新生态的资源整合机制进行研究与论述。

### 5.4.1　基于开放创新视角的资源整合

#### 5.4.1.1　开放式创新

开放式创新(open innovation)是一种相对于封闭式创新(closed innovation)而言的概念,其核心的思想最早在 20 世纪 60 年代就被开始讨论,之后由美国加州大学伯克利分校哈斯商学院亨利・威廉・伽斯柏(Henry William Chesbrough)(2003)在《Open innovation: the New Imperative for Creating and Profiting from Technology》里提到并推广开来。根据亨利・威廉・伽斯柏的论述,封闭式创新与开放式创新的区别如表 5.1 所示。

表 5.1　封闭式创新与开放式创新的区别

| 封闭式创新原则 | 开放式创新原则 |
| --- | --- |
| 该领域的人才为我们工作 | 并非所有人才都为我们工作,因此,我们必须找到并利用公司以外人才的知识和专长 |
| 要从研发中获利,我们必须自己发现、开发和运输 | 外部研发可以创造重要价值,需要内部研发来获得该价值的一部分 |
| 如果我们自己发现它,我们将首先将其推向市场 | 我们不必为从中获利而进行研究 |
| 率先将创新推向市场的公司将获胜 | 建立更好的商业模式比先进入市场要好 |
| 如果我们创造出业内最多最好的创意,我们将获胜 | 如果我们充分利用内部和外部的想法,我们将获胜 |
| 我们应该控制我们的知识产权(IP),这样我们的竞争对手就不会从我们的想法中获利 | 我们应该从他人使用我们的知识产权中获利,并且只要它推进我们的商业模式,我们就应该购买他人的知识产权 |

资料来源:Chesbrough H W,2003. Open innovation:the new imperative for creating and profiting from technology[M]. Harvard:Harvard Business School Press.

在其著作中,亨利·威廉·伽斯柏认为企业应该打破传统封闭的研发组织边界,广泛向外界取得创新的资源和能力,并分析了如苹果、宝洁等世界知名公司采取开放式创新策略而获得成功的案例。在开放式创新的模式下,企业发展新技术或新产品时可以像使用内部研究能力一样借用外部研究能力,同时用内部与外部渠道来拓展市场。开放式创新强调创新过程和创新资源获取的外部化。

对于新技术创新生态系统而言,其主要功能特征是创新知识的生产、应用与扩散,因此,量子科技创新生态系的开放式创新过程就是创新主体之间有目的地进行知识的流动,以加速创新主体内部与外部的资源整合,并以此尽可能地提升创新的发展效率与质量。

### 5.4.1.2    开放式创新视角下量子科技创新资源整合能力的影响因素

1. 区位优势

开放式创新环境下，Teece(1986)认为诸如上游供应商与下游顾客等均系企业创新的互补性资产，有助于提升企业创新产出，供应商和顾客及早参与企业创新均被视为竞争优势的来源。产业所在区位会影响运输成本、人力成本、对外交流成本、管理成本等多方面要素，因此，区位优势会对产业的创新绩效产生重要影响。影响科技创新的区位因素可以分为以下4个方面：

(1) 政策环境。政府提供的创新支持政策是区域创新环境的重要组成部分，对区域创新资源整合具有重要影响。政府的创新支持政策是影响区域产业、人才集聚等重要创新集聚的重要动力。

(2) 产业发展环境。自主可控的关键核心技术体系和产业体系建设是推进产业链上下游协同，进而优化和稳定创新链的重要基础。当产业所在地区具有良好的产业集聚度和完善的产业链生态时，即可更为便捷地展开技术合作，为客户提供更好的产品与服务。

(3) 基础设施环境。科技创新的基础设施包括知识基础设施、技术基础设施和信息基础设施。知识基础设施包括各类公立图书馆、博物馆、文献中心等；技术基础设施包括实验室、工程中心、孵化器、创客、检测认证中心等；信息基础设施包括互联网、通信、大数据中心等。高质量科技创新依托于高质量的、多样性的和完善的创新基础设施建设。如大规模、综合性、共享化的研发基础设施在大科学研究中对提高合作创新绩效具有重要作用（Weiberg，1967）。

(4) 人才资源环境。人才是支撑创新发展的第一资源，创新观念、创新思想、创新活动和创新成果都需要科技创新人才来执行并完成。在科技创新中主要可以通过科学研究与试验发展人员和普通高等学校在校学生数来进行人才资源的衡量。在创新人才资源的配置过程中，应根据创新的不同阶段和形式，配置各类创新人才，做到"人尽其才"，提高创新的人力资本效应。高质量的创新群体建设已成为创新人才配置的最主要形式,创新群体以大学科研院所等机构为依托单位,学术带头人与研究骨干、团队正式成员均须隶属于依托单位,具有一定程度上的地域性、区间性、群落性。一个区域是否具有人才优势是区域创新资源整合能力的基础和核心。

2. 创新环境

本节中的创新环境指的是相对于"硬环境"(基础设施、产业集聚、人才数量等)而言的"软环境",是指物质条件之外的那些非物质、无形的环境条件之和,例如政策、文化、制度、科研创新氛围、组织模式、教育体制等。立足于开放式创新的视角,创新环境又可以分为外部环境与内部环境,外部环境包括区域创新文化、政策支持、经济条件等,内部环境则为创新主体内部的微观环境,如高校和科研院所科技创新团队的科研组织模式、科技创新企业的管理制度和战略发展模式以及产学研三方的协同创新机制等。软环境主要影响的是区域创新氛围,主要体现在对各种创新工作的自由度、支持程度以及对于创新失败的包容等方面,良好的软环境能够有效提高创新主体的工作积极性,帮助他们完成具有挑战性的工作,对于技术创新稳定、持续、高效发展与硬环境具有同等的重要性。

3. 知识吸收能力

关于吸收能力(absorptive capacity)的观点源自 March 和 Simon 的研究,其指出大多数的创新活动都来自"借用"而非"发明",其中的"借用"指的是参考其他组织的知识或经验而创造出新的想法,而"发明"指的是从无到有创造出新的想法,因此,组织是否有能力采用新知识将是影响组织创新能力的重要因素。Cohen 和 Levinthal 从学习和创新角度探讨吸收能力的研究,而组织对于知识吸收能力的研究主要来自 Cohen 和 Levinthal 提出的吸收能力理论,认为吸收能力是指企业在拥有过去相关知识的基础上,组织在于辨识、消化与利用外部知识的能力。吸收能力具体包含 3 种基本能力:辨识外界有用知识、对新知识理解与消化、将知识作商业化应用。

在开放式创新环境下,组织在适应环境改变的过程中,获得或发展组织能力的一个重要的指标为组织能学习新知识与否。故企业进行创新的先决条件在于是否能够经由累积过去的经验,将个人所拥有的知识转化企业知识,并且经由持续的学习,发展组织适应环境的能力。而组织知识的学习和获取知识的能力主要受到组织吸收能力的影响,吸收能力即是组织对于知识的取得、利用、消化和应用的能力。Cohen 和 Levinthal 认为组织过去相关的知识会影响组织认知知识价值、消化与利用的能力;Zahra 和 George的研究也指出先前多数知识吸收能力与创新的验证性研究表明两者间具有显著正向相关,两者相互配合建立组织竞争优势,提出吸收能力应由潜在能力及实现能力形成,并且吸收能力是组织取得、消化、转换与利用知识的一种潜能。此外,Zahra 和 George 通过动态能力的观点重新诠释吸收能力,指出吸收能力是一种分析组织知识累积与流动的流程,通过动态能力的培养以创造和维持组织的竞争优势,因此,知识吸收能力有助于提升企业动态能力进而影响创新绩效的必要发展。而知识分享程度越高的组织,其吸收能力对于潜在吸收能力产生影响越大(王凯,2016)。

### 5.4.2　量子科技创新资源的整合过程

#### 5.4.2.1　资源识别

资源识别是指组织对现有资体系属性状态、核心资源、所需资源的识别过程,对资源进行识别也是资源整合过程的起点,直接影响资源整合成果的绩效。由于量子科技的创新过程具有典型的跨界协同特征,开放式的创新边界使得资源的异质性与互补性程度高,产学研等多方的互动关系复杂,因此,该类生态系统得以持续发展的关键就是通过不断整合,配置不同创新主体所拥有的资源进行跨界创新活动,更需要及时对可掌握、可利用的资源进行识别,以判断资源的有效性和可利用性,从而判断现有资源是否可以有效支撑正在进行和计划中的技术创新活动,以及是否要进行资源升级和更新,来响应不同的创新行为。正确地识别创新主体所拥有的核心资源及缺口资源,有助于明确创新主体之间如何进行资源整合的最佳方案,促进良好创新绩效的产生。

对于量子科技创新生态系统的资源识别,可以从本节所提出的组织资源、网络资源、系统资源等层面展开,对资源的种类、数量以及属性展开对应的定量或者定性的分析,从而掌握现有资源的存量、利用情况、变化趋势及资源关联结构等方面的信息,帮助资源实现更好的融合与连接奠定基础。除了识别目前可使用的创新资源,也要注意对资源缺口进行全方位扫描。资源缺口是任何一个企业或组织在成长壮大的发展需求过程中所缺乏的资源,即组织的实际资源需求与当前实际资源供给之间的差距(张影,2019)。根据市场与政策等外部环境的变化,及时弥补资源需求与资源供给之间的差距,是创新主体得以长期顺利发展的重要条件。

### 5.4.2.2 资源融合

资源融合是资源整合过程的中坚环节,是各创新主体通过对内外资源汇集、转移与交互,形成一个多层次、相互关联的资源聚合体的过程(张影,2019)。在开放式协同创新系统中,单一主体无法具有支撑创新活动必需的所有资源,因此,需要在识别资源的基础上合理地融合各主体所具有的创新资源,从而形成良好的协同创新能力。量子科技创新生态系统中的资源融合过程有别于一般行业,它是产学研界的集合,需要涉及跨学科、跨产业的多个创新环节,既关注到基础研究的发展,也需要以市场需求为导向展开应用研究。在量子科技创新生态系统中存在着经济实体企业、互联网聚合型企业、高校、科研院所、投融资机构、跨界创新服务中介、政府等多种创新主体构成,各种创新资源的流动都是以创新主体作为载体实现资源的集聚,而不同跨界创新主体所拥有的创新资源各不相同,因此,跨界创新联盟可以根据跨界创新主体类型差异,集聚不同专业化与多样化属性特征的创新资源。如主要负责知识产生和技术创新的人才资源,需要集聚的是其智慧、技能、创意等方面的资本,可以通过组织专业的学术会议、开展学术沙龙、创办人才交流项目等方式,给予相同领域或不同领域的专家、学者进行充分的交流与思维的碰撞,相关主体也可以通过提供恰当的人才激励政策,吸引高端人才进入到量子创新的行业中;而对于行业共性和关键技术资源而言,则需要产业界或者产业联盟之间建立起信任机制和完善的资源共享平台,融合不同主体的技术资源来寻求问题的解决方案,可以使用技术引进和技术交易的方式来满足自身的技术缺口需求,再者可以通过项目合作的途径促进联合研发以及合作创新;资金资源是科技创新活动得以开展的基础保障,无论是基础科学研究还是技术设备研发都离不开大量资金的投入,除了依靠政府给予的 R&D 经费投入等资金支持外,还要积极通过吸引天使投资机构、风投机构参与,为量子技术的创新活动提供产业化前端的资本支持。

### 5.4.2.3　资源配置

资源配置是指创新主体通过识别与融合大量创新资源后,不同组织的成员间进行跨界创新项目或活动的资源要素按照一定的比例进行分配与组合,使资源发挥最大效能,实现资源高效利用的过程。资源配置的主要问题在于资源投入的方向以及数量,最终落脚点在资源的配置效率,科学合理地规划资源配置是提高资源利用率、实现高效创新的关键所在。

科技创新资源配置涉及 4 个基本问题:① 有哪些创新资源? ② 谁来使用创新资源? ③ 谁来配置创新资源? ④ 采用何种模式配置创新资源? 基于这 4 个基本问题,科技创新资源配置的定义为资源配置主体采用一定的机制和手段,为资源使用主体提供特定数量和结构比例的某种或者某些创新资源的过程(李应博,2021)。

在量子科技创新生态系统内,资源配置的领域或者说对象可以分为:① 资金;② 政策;③ 技术;④ 信息和知识;⑤ 人才。资源配置的主体既可以是直接进行创新行为的组织和个人,也包括创新过程中提供资源支持的组织和个人,两者可以是相同的也可以是不同的,具体来说可以分为:① 政府;② 高校和科研院所;③ 量子科技企业;④ 金融和投资机构;⑤ 科技中介;⑥ 其他相关供应商。

不同的配置主体对于不同种类的资源在配置上具有优势,如政府在配置政策资源上具有先天优势,高校和科研院所则通常善于配置人才和信息资源,企业在配置技术、资金方面也具有一定优势。对于量子科技领域而言,由于大部分技术尚未实现大规模的产业化和商业化应用,因此,政府的资金支持对于创新活动的持续至关重要。在世界范围内,量子技术的研究与开发活动还是普遍依赖政府的大量拨款与专项资金支持,政府组织在该领域充当着资金配置的重要主体,在政府的引导下,继而带动相关社会组织、投资机构等多方的投入。在评价量子科技创新资源的配置(图 5.2)效率时,要考虑到该行业在当前创新阶段的发展特点,以此来理解资源相对应的配置主体。

整体来看,中国的量子科技创新生态系统还处于发育阶段,由于量子科技尚处于产业化初期,系统内的创新主体多元性欠缺、异质性较强,因此整个创新生态系统对于资源的需求程度更高,这里的资源包括充足的金融资源、稀缺性的市场资源、互惠性的平台资源、丰富的人力资源和技术资源等,因此,建设中国量子科技创新生态系统的资源共享机制就显得尤为重要。

中国的量子科技创新生态系统需要通过整合、共享互补性资源,推动异质性主体之间开放协作,让资源在创新生态系统中快速流动。例如 2022年,由合肥国家实验室牵头的量子科技产学研创新联盟在合肥成立,该联盟以量子科技创新为驱动,以发展量子产业为目标,实现政产学研用金协同创新、优势互补,推动产业链与创新链、资金链、政策链深度融合和协调发展,有效促进了我国量子科技创新生态系的资源流动和有效配置。

长远来看,中国的量子科技创新生态系统需要统筹有形主体和无形资源,实现资源要素的合理配置和有效整合,实现创新主体和资源要素的正向相互作用和动态均衡,从整体上提高量子科技的原始创新能力、创新效能,在国际量子科技竞争的关键领域实现非对称赶超。

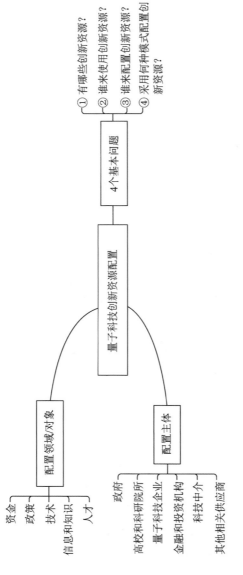

图 5.2　量子科技创新资源的配置框架

# 第6章
# 量子科技创新生态系统的演化研究

## 6.1　演化理论在量子科技创新生态系统中的适用性分析

### 6.1.1　生物学视角下的演化

"演化"被广泛应用于各领域,但主要因生物学研究而被熟知。达尔文(Darwin)提出的"自然选择"理论,以及拉马克(Larmarck)提出的"获得性遗传"理论,共同构成了科学史中影响最为深远的演化机制理论(杨帆,2010)。

1859年,达尔文在《物种起源》一书中提出,自然界中的生物根据"物竞天择,适者生存"的规则演化,即适合当前生存环境的物种将获得更大的生存概率,反之则易被自然淘汰。经过自然选择的生物在子代不断繁衍的过程中,适应性特征得以传承与优化,进而整个物种朝着更为适应生存环境的方向演化。

1809年,拉马克在《动物的哲学》中系统阐述了用进废退与获得性遗传的法则,并指出这两者既是变异产生的原因也是适应形成的过程。外界环境的更替变化是生物变异的主要原因,生物在新环境的直接影响下习性得以改变,如某些经常使用的器官逐渐发达,不经常使用的器官则渐为退化。演化后的性质在繁殖过程中逐渐延续进而使得物种演变。

拉马克提出的"获得性遗传"理论早于达尔文提出的"自然选择"理论,但"获得性遗传"理论难以在试验与考察中获得支撑,因此,支持该理论的生物学家较少。然而,拉马克的演化理论既考虑到特性的"继承",也囊括在逆境条件刺激下变异的及时出现,因此,在各领域的研究中具有更广泛的实用性。

### 6.1.2　演化理论在经济学、社会学中的延伸应用

演化经济学是一门借鉴生物进化理论以及自然科学研究成果,研究经济现象和行为演变规律的学科,它将技术变迁看作众多经济现象背后的根本力量,以技术变迁和制度创新为核心研究对象,以动态的、演化的理念来分析和理解经济系统的运行与发展(李微微,2007)。

1982 年,理查德·R. 尼尔森(Richard R. Nelson)和悉尼·G. 温特(Sidney G. Winter)(1982)合作出版经典著作《经济变迁的演化理论》,是演化经济学形成的一个重要标志。

尼尔森和温特批判地继承了熊彼特的创新理论和西蒙(Simon)关于人类行为和组织行为的理论,在著作中提出了一个涉及自然选择理论和企业组织行为的综合分析框架。"自然选择"思想不仅适用于自然界,也适用于经济学领域,自然界物种间的优胜劣汰对应市场中的企业竞争。在市场中,处于优势地位的企业不断扩大规模,抢占劣势企业的生存空间,进而实力强劲的企业愈发强大,劣势企业逐渐被逐出市场。在这一演化选择过程中,创新作为经济发展的根本驱力,是企业具备及保持竞争优势的必要因素。

20 世纪 80 年代以来,演化经济学作为现代西方经济学创新的重要分支,日益受到学界的重视,并且社会经济学领域对演化经济学理论的应用呈现爆发式增长。西方学者利用演化理论对产业竞争、制度变迁、市场过程等

议题进行了大量研究,取得了颇具影响力的研究成果。

伴随基因生物学的逐渐发展,学者们发现,演化理论同样适用于人类文化及社会过程的分析,并随之涌现了一大批研究成果。爱德华·威尔逊(Edward Wilson)的早期工作是社会演化理论的基本模型,弗里德里克·A. 哈耶克(Friedrich A. Hayek)、罗伯特·博伊德(Robert Boyd)等在这方面的研究占有突出而重要的地位。社会演化理论认为,人类社会的演化是根据日常惯例进行选择的,而日常惯例是由一般的行为经验、习惯构成的,它们形成人类行为选择的价值体系。

卡尔·门格尔(Carl Menger)和哈耶克尝试运用生物进化的理论观点解释社会秩序的形成观点。门格尔认为,占据主导性的社会制度并不总是行为个体协商后所形成的目的性结果,它们往往源于众人的非意图性行为。哈耶克在此基础上提出自发秩序理论,即社会秩序在很大程度上由社会演化形成,有规则系统及行动结构两种演化方式。

### 6.1.3 演化理论在量子科技创新生态系统中的体现

不同学科对演化隐喻存在差异性理解,但一般演化理论具备如下特质:研究对象为变化着的系统或其他变量,理论目的是探索引起这些变化的过程,尤其是解释为什么系统或变量可以达到目前的状态,以及它是如何达到的。这些变量或系统的变化既具备一定偶然性,又因系统的筛选机制而呈现出一定的规律性。

演化经济理论探究经济的变迁,它认为经济变化的关键是"新奇"(指新知识、新技术、新制度等)的创生(陈劲,王焕祥,2008)。量子科技创新生态系统作为一个复杂、动态变迁且开放的适应性系统符合演化理论的研究对象条件。本书第1章论证的创新生态系统所具备的多样性为演化提供环境条件、生态性为演化系统的内部创造活动及其与环境的互动产生"新奇"——量子科技理论成果及产品提供内驱力。量子科技创新生态系统的发展既因系统的动态平衡性存在一定的发展规律,同时也因环境的变化及技术的前沿性存在许多未知的偶然性。本书借鉴演化理论在经济学、社会学中的成功应用,认为演化理论在量子科技创新生态系统中也具备良好的适用性。

## 6.2　演化的动力机制

达尔文的生物进化理论将进化机制概括为遗传、变异和自然选择,物种的演化因变异而起,遗传机制保证物种原始特质以及物种间差异的存在,自然选择通过对前两种机制的作用,导致了物种的更替以及自然的演进。

尼尔森等(Romanelli et al. ,1986)将生物学隐喻方法引入经济管理研究并指出,"惯例"在演化中扮演的角色与"基因"在生物进化中发挥的作用相似。创新生态系统的惯例和基因相似也具有遗传、变异、选择的特征,并且在创新生态系统演化过程中惯例的遗传、变异和选择同样是演化的核心动力机制。创新生态系统的有序演化是长期渐进增长中伴随短期突变的过程(图 6.1),创新主体能否取得成功取决于是否可以被环境选择、能否在变动中不断创新适应并与环境匹配。

### 6.2.1　遗传

尼尔森和温特认可西蒙等人的行为主义理论,认为人的理性有限,因此,创新单元可选择满意的决策方案,而此决策并不一定是最优解。尼尔森和温特的演化理论还提出,经济均衡只能是暂时的,即创新单元维持现阶段生产规模的状态是短期的。创新单元或物种会因相关物种的变迁及环境的变动而做出相应调整,但由于某些变动因素,如经济危机、社会动乱等不确定因素的存在,只能感知到部分变化而进行局部改良。

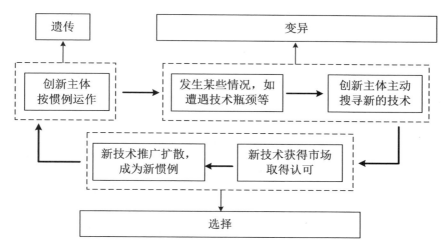

图 6.1　基于演化理论的创新生态系统动态过程

基于有限理性和知识的分散性,尼尔森和温特提出了"惯例"(routine)的概念。惯例是一种规律的、可预测的组织行为模式,包括创新主体的创新行为、生产行为、投资政策、合作策略等,创新主体通过惯例可以找到的一种赖以生存的稳定性物质(林婷婷,2012)。

创新单元基于惯例进行日常决策,而不是随时计算最优解。惯例深深根植于创新主体的行为中,是创新单元或物种知识与经验积累的成果,具备可遗传的特质。在生物学视角下,基因复制过程实现基因遗传,而在量子科技创新生态系统中,创新惯例被其他主体学习与遵循的过程即为基因复制过程。具备创新性、可行性、盈利性等优势的惯例更容易被复制,当此惯例获得较优成果或较普遍地存在于创新物种时,它便会被遗传,实现基因遗传,与此同时,处于劣势的惯例将被逐渐舍弃。

惯例的可遗传性对创新主体的发展形成双向作用。一方面,惯例维护种间差异,促进生态系统更新并保证了生态系统多样性,为创新提供了良好环境;另一方面,可遗传性使得惯例具备记忆属性,创新主体具备延续以往优势惯例的倾向。但随着时间的推移,以往的优势并不保证惯例在当下依旧处于优势地位,因此,惯例容易促使创新主体走向固守,这不利于创新生态系统的更新与发展。

量子科技创新生态系统演化的过程也是创新惯例演化的历程。在系统形成阶段,具备竞争优势的创新种群逐渐聚集,优势惯例出现并被保存;在系统发展阶段,初具规模的种群扩大规模,优势惯例被系统内的其他创新主体学习与模仿;在系统成熟阶段,优势惯例在系统内逐渐普及;在系统衰退阶段,原先的优势惯例与环境的匹配度降低,失去竞争优势,系统开始搜寻新的惯例。

例如,2022 年 2 月,安徽省发展和改革委员会正式发布 2021 年度安徽省工程研究中心评审结果,安徽省量子计算工程研究中心正式获批。安徽省量子计算工程研究中心是本源量子和中国科学院量子信息重点实验室联合组建的省级工程研究中心,以量子计算为研发方向,致力于推进中国量子计算机的工程化和产业化,而本源量子的技术起源于中国科学院量子信息重点实验室,3 个主体之间即是遗传关系。

值得一提的是,惯例是一种光滑序列的协调一致的行为能力,知识是惯例的核心要素(Andersen,1994)。量子科技创新生态系统沿用物理学中的许多理论与研究成果,遵循借鉴当前国内外发展良好的创新单元所采用的发展模式与成功经验,进而不断在原先的基础上实现突破。

## 6.2.2　变异

变异在生物学中指代超越常规的变动,在创新系统中对应为根本创新,即技术的重大突破。如果主体在按照惯例运行过程中可获得满意的结果,则惯例往往会被继续沿用,但是当其遭遇某些情况,如技术瓶颈、效益不佳时,主体将会尝试调整惯例。主体调整惯例的行为被称为搜寻,在搜寻过后,主体转向新技术的研发应用则被称为创新。

搜寻是在已知中探寻适合主体当前阶段的技术与惯例,创新则是通过研究和开发去探索原先并不存在的技术和惯例。创新意味着对原先惯例的突破,优势创新促使创新者比其他主体获得更多的发展优势,但创新不是一劳永逸的,其他主体的模仿与学习会逐渐瓜分原先少部分群体独享的创新优势,创新优势的逐渐减弱促使创新单元转向进一步的搜寻与创新。创新是现有要素组合的结果,演化经济学认为,创新主体现有的信息存储决定了他们如何及在何处搜寻新知识,并不是所有的路径都具备同等的被探索机会,但创新主体可从正在发生的实践中排除某些创新的结果或路径。

以量子计算为例,本源量子总经理张辉博士在访谈中举过一个例子来说明,经典计算机遭遇的技术瓶颈推动了量子计算的创新发展。经典计算机是由经典力学加上计算机组建的计算机体系,其基础单元为晶体管,晶体管的运行如三峡大坝的控制,内部开关控制着里面的电流通和不通来表示"0""1",传统电子计算机即是"0"和"1"的二进制架构。由于摩尔定律的效应,换取更高算力,要求做小晶体管,提升集成度,每 18 个月左右人类的电子计算机集成度就会提升一倍,晶体管需要缩小一倍。在微观体系下,不论内部控制开关的材料是什么,当它薄到只有十几个原子的时候,电流中的电子一定会穿过这个墙壁,进而形成量子力学中的"碎穿效应"。开关一旦失效,经典计算机就无法继续发展,长期以来许多工程师、科学家为保证开关的有效性一直遏制量子"碎穿效应"的发生。20 世纪 80 年代,一批科学家建议利用量子力学的原理研制人类下一代计算机,1982 年,费曼第一次提出了量子计算的概念。

类似的是,作为量子科技创新生态系统中的创新主体,其本质上也存在变异的现象。例如,中国科学技术大学作为原始技术创新的策源地,培育了一批国际知名的高水平量子科研团队。在发展过程中,科研团队产生了"变异",潘建伟院士团队缔造了"量子科技第一股"国盾量子,他的学生金贤敏在上海创立了图灵量子;郭光灿院士与学生先后成立了问天量子和本源量子,后者成为国内量子计算领域首个"独角兽"企业;而在杜江峰院士的支持下,中国科学技术大学"90 后"学生贺羽创建了国仪量子,成为高瓴创投在量子赛道投出的第一个项目。这种由科研团队变异为商业团队的过程也是创新的过程,当研究通路发生阻碍,必须通过变异的行为改变前进方式,直接推动了科研成果走向量子产业化和产业量子化,促进了量子科技创新生态系统的繁荣。

创新是改变惯例的路径,同时创新也受惯例驱使。创新主体在遇到现行惯例无法解决的问题时,通常会转向使用创新手段破解困境,因此,从现有惯例出发解决问题的尝试反而可能导致创新的生成。变异由学习的过程诱发,并通过学习的方式扩散传播,惯例在创新的延展中不断丰富。创新起步于现有基础,因此,创新既包括惯例突变、惯例渐变,也包括惯例重组。

### 6.2.3　选择

自然选择决定生物进化方向,环境选择决定量子科技创新生态系统演化方向。量子科技创新生态系统的演化可被视作惯例的变异、环境选择,以及成功惯例的积累性保留,优势惯例将会被环境支持与选择,成功惯例将会被吸纳入创新生态系统的"惯例库"中(陈劲,王焕祥,2008)。

量子科技创新生态系统的环境选择包含两个方面:环境对系统的自然选择过程,以及系统能动适应环境的过程。前者基于达尔文主义的演化理论,认为环境选择主导演化方向与过程,系统无法预知环境选择的方向,只能在有限能力内战略性调整,之后则是接受环境的选择检验。系统不断接受来自学界和业界的选择,具备竞争力与发展力的创新单元不断繁殖扩大,反之劣势创新群落则被淘汰。量子科技创新生态系统在自然选择的作用下,保留有益变异,消除不利变异,进而实现系统本身的功能与结构优化。

相对而言,环境的自然选择更具有不可控性,系统主动适应环境是其生存与发展的关键。环境选择的第二个层面基于拉马克主义的演化理论,这种演化理论认为,环境的变化是引起遗传与变异的本源,演化取决于系统的适应性能力。系统的演化依赖于现有的环境,这表明主动演化中的变异并非随机,而是目的性的调整,主动变异后的功能将进一步得到遗传与传播。

量子科技创新生态系统的主动适应指代系统能动学习与创新,引入正反馈机制,促进产业的发展,使得系统从稳定状态转向不稳定状态,并在调整与适应中迈向更高阶的稳定状态。

量子计算机过大的体积、极其严苛的运行环境、数千万美元的价格等环境条件,使得当前量子计算的应用主要通过云计算服务平台的形式使用。量子计算与经典计算并非取代和被取代的关系,而是在对算力要求极高的特定场景中发挥量子计算高速并行计算的独特优势。当前的环境条件需要创新主体发展量子云平台,并朝着弥补而非取代经典计算机的方向发展,这是环境释放的信号,同时也是主体的选择空间。环境对系统及系统对环境的双向选择构成了环境选择的内涵,同时它也是创新系统演化的前提条件及内在动力。

## 6.3　量子科技创新生态系统演化的特征

### 6.3.1　自组织性

德国理论物理学家哈肯指出,自组织是指没有收到外部指令的情况下,组织自身按照系统本身形成的特定的规则和程序,内部各要素各尽其责、相互协调,形成一个有序结构的过程。如果一个系统在演化的过程中,获得了人才、资金等资源,其功能进一步完备,但在这过程中系统并没有收到外界的特定干涉,便可认为该系统具备了自组织性。

本质上而言,自组织是一个开放性的系统,系统通过与外界进行物质、能量、信息的交换,依靠系统自身进行运转,逐渐从无序向有序演化。量子科技创新生态系统便是通过内部各个主体间的竞争、合作、协同等机制来实现无序结构向有序结构的演化,因而具有明显的自组织性特征,系统演化的自组织特性如图6.2所示。

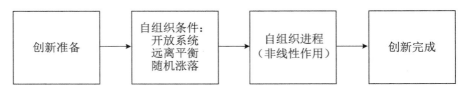

图6.2　系统演化的自组织特性

资料来源:李锐,鞠晓峰,2009.产业创新系统的自组织进化机制及动力模型[J].中国软科学,S1:5.

　　量子科技创新生态系统具备自组织特性需满足开放系统、远离平衡、随机涨落3个条件,同时其自组织进程具有非线性的作用。

　　开放系统是进行创新活动的前提。在量子科技创新生态系统中,各个创新主体与环境间进行着物质、能量与信息的交流,以保证量子科技创新活动顺利开展。优质人才的引入可以给系统带来全新的知识、前沿的技术,从而激发创新主体的创新活力;市场信息与技术信息在系统内扩散后,能够推动系统中的企业创新主体共同开展技术创新,系统的演化逐渐从无序走向有序。

　　远离平衡是系统有序演化的源泉。量子科技创新生态系统在进行创新活动的过程中,逐渐形成了健全的内部竞争机制与激励机制,使得量子科技创新生态系统及其内部组织形成了一种既有差异又有竞争的远离平衡态,在竞争与协同的作用下,各个创新主体能够充分发挥其创新积极性,开展创新活动,进一步推动系统形成有序结构。

　　随机涨落是创新的内部推动力。由于量子科技创新生态系统内部各个主体开展竞争、协同等活动,以及环境因素产生的随机干扰,系统内的主体状态都会与平均值有所偏差,它们之间的波动幅度称为涨落。在量子科技创新生态系统的演化过程中,政策、经济、技术、社会等多方面都会出现变化,新人才、新技术、新融资等的出现导致系统的涨落。根据协同理论的观点,当系统的涨落处于不稳定状态之时,系统中的各个主体要素的竞争与协同行为,都可能引发整个系统出现有序的功能行为,有利于系统向有序结构的演化(邓君,2007)。

非线性的相互作用是创新的根本机制。非线性主要是指系统中各要素的量值不成比例,表明了系统本身就存在着不规则运动与突变。当量子科技创新生态系统内部处于远离平衡态的时候,就有可能表现出非线性相互作用,这会直接引发系统内部各要素之间的竞争、合作与协同行为,进一步推动系统演化成有序结构。

### 6.3.2　路径依赖性

路径依赖的概念,由生物学家古德尔在研究生物演化过程中的间断均衡和"熊猫拇指"演化问题时提出。古德尔认为生物演化路径的机制可能并非是最优解,存在着路径依赖,生物学中路径依赖现象的发现很快运用到社会科学领域之中(刘元春,1999)。该概念与创新生态系统,尤其是高技术创新生态系统的演化非常契合。亚瑟最早对技术演化过程的自我增强和路径依赖性质做了开创性研究,他认为,新技术的使用往往表现出报酬递增的性质,技术因某种原因率先发展起来,可凭借先占地位占据优势,利用单位成本降低、学习效应和协同效应等,使得其在市场中快速流行,从而实现自我增强的良性循环(North,1993)。

路径依赖指具有正反馈机制的系统,在外部事件的影响下为系统所采纳之后便会沿着一定的路径发展演化,很难被其他潜在的甚至更好的系统替代。路径依赖具有客观规律性,其运行包括给定条件、启动机制、形成状态、退出闭锁等过程,如图 6.3 所示。

给定条件指随机偶然事件的发生,大量随机偶然事件均会推动或阻碍

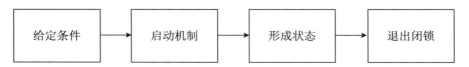

图 6.3　系统的路径依赖运行过程

资料来源：Arthur B, 1994. Increasing return and path dependence in the economy[M]. Anna Arbor：Michigan University Press：1-80.

量子科技创新生态系统的演化。积极的随机事件包括国家颁布激励量子科技发展的政策、量子科技领域关键核心技术实现突破、量子科技相关企业获得投资支持等，这些随机事件为量子科技创新生态系统演化提供了机遇。同时，一些随机事件也会制约量子科技创新生态系统的演化进程，近年来最为明显且突出的便是中美关系摩擦造成的美国对中国相关企业实施进出口限制，以及新冠病毒疫情对国际人才交流造成阻碍。

启动机制指系统中的正反馈机制随着给定条件的成立而启动。在量子科技创新生态系统演化过程中，当创新主体遇到随机事件后获得发展机遇，抓住机会并适应该随机事件，并由此产生了学习效应，通过各个创新主体间相互缔结契约，如建立产业联盟、协同中心等，实现协调效应。而随着契约的普遍履行，适应性预期随之产生，系统在演化过程中的不确定因素也随之减少。

形成状态指正反馈机制的运行使系统出现某种状态和结果。系统演化的路径取决于系统的初始状态，系统一旦采纳某种方案，该系统的演化路径便会呈现出前后连贯、相互依赖的特点。在量子科技创新生态系统中，目前的形成状态也表现一定的稳定性。中国量子科技的发展源于高校，最早由国内从事相关领域研究的专家学者牵头发起，受到高校的支持；随着量子科技在国际科技竞争中表现出突出重要性后，政府开始介入并予以支持，政府对高校、科研院所予以资金、人才、设备等资源的支持，推动着量子科技创新生态系统的演化。同时，一些高校创新主体在意识到商业化与市场化对量子科技未来发展的重要性后，积极开展市场布局，建立起高校-企业协同发展的演化路径,这种演化路径表现出一定的稳定性,在量子科技创新生态系统演化过程中,逐渐形成了该状态。

退出闭锁指政府干预或系统内主体的一致行动实现演化路径替代。在我国社会运行背景下,政府会对前沿新兴技术进行干预,但并不意味着原有的旧技术就会受到限制。尽管当前量子计算机发展火热,经典计算机还将在一些领域发挥重要作用,并不会被取代。同时,系统主体在进行路径演化的过程中,即使原路径与其发展方向不相契合,但完全抛弃原有路径所需要付出的成本代价过高,主体实现一致行动进行替代的可能性仍低。

### 6.3.3　环境选择性

在企业管理学领域,企业组织的"环境选择"是影响其实施和部署收缩或者扩张战略的基本考量,环境选择影响着企业组织的发展,企业组织也反过来影响甚至改变环境。在量子科技创新生态系统演化过程中,其主体要素的生存与发展,以及演化进程都不是孤立的,是与外部环境互动的结果。

因此,量子科技创新生态系统的演化要实现生存与持续性发展,必须对外部环境进行选择,系统在不断变化的环境中进行演化,系统中适应环境的创新主体可以促进主体间知识、信息、技术的流动演化,并通过共享创造,进一步扩大价值。环境选择的影响因素有很多,包括自然资源、社会文化、产业技术和政策法规,如图6.4所示。

自然资源是自然界中可被人类利用的物质和能量的总称,无论是可再生资源还是非可再生资源,对一些产业领域的培育与发展,均有着重要的现实意义。一些对自然资源依赖程度较高的产业,例如采矿业、能源行业,若区域内具备种类多、储量大的自然资源,其区域内主体的竞争力处于优势,区域内主体聚集形成集群规模效应,能够建立起集人流、物流和信息流于一身的市场。量子科技对自然资源的依赖较小,有时自然资源仅表现为辅助作用,但在一定情况下也会体现出决定性作用。例如,在量子科技产业发展

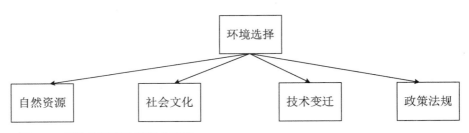

图 6.4　系统的环境选择影响因素

过程中,建立高新技术园区以聚集量子科技企业,需要土地资源,以实现量子科技企业创新主体的聚集;量子科技发展的过程中,少不了使用大科学装置,一些装置对自然环境有较大的要求,需要在生态环境较好的地方得以运行,为了保证装置的使用,选址于环境适合的区域,是系统演化对自然资源的环境选择。

　　我国作为一个后发工业化的国家,在面临尖锐的国际竞争环境时首先追求的战略目标是摆脱不平等不公正的经济和政治地位,缩小与先进国家之间的差距,因此,我国的工业化进程是一个具有明确政治导向的赶超过程。同时,政治导向的"赶超"也带来了社会文化中的"赶超意识",这种意识对社会文化产生了潜移默化的影响,渗透到社会内部后,也会反过来推动科技发展。

　　在量子科技创新生态系统演化过程中,"超美"的社会文化意识也渗透到整个产业发展的过程中。2019 年,谷歌发布 72 个量子比特处理器 Bristlecone,引起业内极大关注,将普遍认为的 50 个量子比特所代表的"量子霸权"拔高到 72 个量子比特;而后不到一个月的时间,阿里巴巴达摩院便刷新了这个数字——81 个比特量子电路模拟器"太章"问世。两者相比较,国内媒体在进行报道时,也洋溢着我国在量子计算领域的自豪感。

　　产业变迁的基本动力是其技术变迁,技术日新月异的变化为产业变迁提供了强劲动力。技术的快速发展使得新兴产业得以快速成长,给旧产业带来了巨大的冲击,加快了新旧产业的替代过程;新技术的广泛应用还会导致产业内部新来产品的更替速度加快,使得产业生命周期出现普遍的缩短趋势。基于这种规律,产业变迁中的技术变迁是量子科技创新生态系统演化的一个重要方面,它使得系统演化经常受到技术发展的影响。以半导体晶体管集成电路为基础的现代计算技术的指数式增长,迎来了当今信息时代的爆发式发展,而随着半导体基本器件——晶体管的尺寸逐渐逼近物理极限,摩尔定律将在近未来走向尽头,量子力学的出现与发展提供了全新的技术支撑(量子创投界,2021)。

自改革开放以来,中国采取渐进改革方式,逐步实现从计划经济向市场经济转化;而随着市场化进程的不断深入,企业、政府在市场的各个方面、各种行为都不同程度地发生了变化,如消费需求的拉动作用增强,投资与生产的市场导向日益强化等。在市场化推动背景下的量子科技创新生态系统演化,受制度架构变动、政策导向的影响非常明显,呈现出较强的政策法规环境选择特征。

2016 年、2018 年和 2021 年的"两会"政府工作报告均提及量子信息科技,肯定其发展成果。国务院 2016 年发布《"十三五"国家科技创新规划》,将"量子通信与量子计算机"列入"科技创新 2030 年重大项目";"十四五"开局之年,无论是作为顶层设计的"十四五"规划,还是进一步细化的《"十四五"数字经济发展规划》,均提到量子信息,明确要推进这一具备战略性、前瞻性的高新技术;2023 年 2 月,中共中央经济工作会议上再一次强调要加快量子计算等前沿技术研发和应用推广。这些政策文件和会议内容体现了我国政府对量子技术的高度重视和大力支持,这种推动无疑为量子科技创新主体的发展和环境选择注入了强大动力。

虽然国家层面持续关注量子科技发展,但我国不同地域对量子科技的重视程度还是存在一定的差异。东部地区,尤其是华东地区,对量子科技的发展极为重视,较早就从政策法规的层面对量子科技领域的发展进行布局,在这些政策法规环境良好的区域内,量子科技创新主体得以快速发展,能吸纳更多资源进入系统,推进着系统的加速演化。

# 6.4　量子科技创新生态系统的演化过程分析

## 6.4.1　量子科技创新生态系统的结构演化

### 6.4.1.1　创新主体种类与规模的变化

在演化的过程中,首先是量子创新生态系统内的创新主体种类和规模在不断发生变化。量子科技的创新过程具有由线性创新演变到动态交互式创新的特点,线性创新范式强调技术的"累积性",高校和科研院所提供的基础研究成果及培养的人才资源为我国量子科技的未来竞争起到了储备性的作用。在 20 世纪八九十年代,我国逐渐涌现出一批卓越的科学家,他们在全国范围内较早地认识到了量子技术的重要性,并开始进行研究与布局,领导课题组并建立实验室开始进军量子科技领域,为我国量子科技的基础研究打下了良好的基础。因此,在量子科技创新生态系统的初期,高校、科研院所及新型研发机构是核心创新主体。

随着基础研究的逐渐完善,量子技术也进入到产业化、商业化的过程,源自科研团队的成果逐渐涌现。除了相关的企业,包括设备供应商、内容服务提供商、技术合作伙伴以及金融机构和科技中介的积极参与,也开始吸引了更多的高等院校、研究机构、政府部门等辅助型创新主体参与到量子科技创新生态系统中,为量子科技的发展提供研发、生产、销售、解决方案以及技术支持等方面的帮助,创新主体实现了多元共生和分工细化。在 21 世纪初期,我国的量子技术相关企业逐渐开始崭露头角,且大多都是起源于高校与科研院所,例如起源于中国科学院量子信息重点实验室的本源量子、由山东省政府与中国科学技术大学共同组建的山东量子科学技术研究院有限公司、来自清华大学量子信息中心的华翊博奥（北京）量子科技有限公司等。创新主体种类与规模的扩大，有助于将量子科技领域的最前沿成果转化为成熟的商业化产品，同时能够大幅度拓展技术的应用范围，帮助基础研究实现向应用研究的演化过程，最终推动量子技术成果商业化和产业化。

### 6.4.1.2　创新主体之间的关系演变

创新主体间的关系不断变化。随着系统内创新主体种类的增加以及创新主体提供服务的多样化，创新主体的关系趋于复杂化，由原来的链式关系演变为了创新网络关系，线性创新的范式也逐渐演变为动态交互式创新，具体体现为参与创新的多主体的合作是呈动态的。例如量子技术的基础研究可以在不同行业内开始发挥重要作用和影响，而市场的需求与动向又会快速反馈给技术研发主体，从而有效提高研究的目标性和应用性。

在基础研究阶段，政府的角色通常为创新系统内的能量提供者，投入政策、研发资金等资源，而当量子技术的创新进入动态交互阶段，政府更多地承担起了"环境构建者"的职责，为生态系统提供支撑性的"养料"，保障各类创新活动的顺利开展，打造良好的基础环境和社会环境，同时做好引导工作，使各类社会机构及投资企业关注到量子领域，引导它们对量子技术的研发与应用进行投资。此时，金融及风投机构则转变为主要的投入者，为技术创新提供各类投融资渠道，加强产业内资本的流动与循环，促进并提高创新效率。

从各国实践来看，政府对开发型金融机构行使管理权，其经营权归开发型金融机构，开发型金融机构一般不直接进入已经成熟的商业化领域，而是依循政策路径，从尚不成熟的市场做起，运用国家信用工具，通过融资支持项目建设和制度建设，是政府信用、政府协调下的一种创新模式（李应博，2021）。高校和科研院所作为知识与人才的供给主体，为量子科技的发展提供必需的人力与智力支持，当量子技术由实验室走向市场时，高校和科研院所成为企业技术研发的强力合作伙伴。同时,随着政策与科技成果转换体系等外部环境日渐完善,该类机构在量子创新生态系统中的作用愈发显著,通过应用导向的项目合作来进行关键核心技术的研发,可以发挥高校和科研院所的"知识溢出"效应,同时也推动了核心与社会层面组织的互动融合。

### 6.4.2　量子科技创新生态系统和信息技术的共生演化

量子科技创新生态系统的演化是伴随着相关技术的发展而产生的。量子科技是量子物理与信息技术相结合而发展起来的新兴技术,主要包含量子计算、量子通信、量子测量三大领域,各领域的发展脉络已在本书第 2 章进行了介绍,此处不再赘述。

信息技术的发展对量子科技创新生态系统的演化及运行机制具有重要的推动作用,信息技术本身就是发展迅速的一个跨学科领域,也是技术创新的成果,主要包括传感技术、计算机与智能技术、通信技术和控制技术等。量子力学的加入,使信息技术和数字经济发展的演进产生了新动能,同时也推动了信息技术产业的更新换代以及数字经济产业的突破性发展。目前,量子技术正与各类传统产业结合并以种种新兴的技术形态进入大众的视野。如量子计算应用于量子模拟和加速优化领域,为生物医学与金融等行业提供了全新的技术解决方案,在药物模拟、量化金融、组合优化问题等场景中逐渐活跃。量子通信技术则具有传统通信方式所欠缺的高度安全性,在国家安全、金融等信息安全领域有着重大的应用价值和前景,将广泛地应用于军事保密通信及政府机关、军工企业、金融、科研院所和其他需要高保密通信的场合。由中国科学技术大学潘建伟院士主持的"京沪干线"项目为世界上第一条量子保密通信干线,"京沪干线"使用了世界最前沿量子加密技术,这一量子保密通信干线从北京出发,途经济南、合肥,到达上海,全长2000 多 km,是广域光纤量子通信网络。作为一个实用化的通信网络系统,"京沪干线"为沿线城市间的政府及国家安全部门、金融机构提供高速、高安全等级的信息传输保障,该成果也标志着量子通信技术真正走进社会,开启了商业化的进程。量子测量技术能够实现超高测量精度和灵敏度,在心脑磁医疗诊断、大气环境探测以及高端工业制造检测等领域极富应用潜力,但同时由于其技术复杂性高、应用场景分散,导致民用门槛高,因此尚未实现成规模的商用与产业化。

可见,量子技术的发展是与信息技术协同共生的,信息技术的革新为量子技术的发展提供了设备与底层技术支持;量子技术与传统行业结合的同时也推进了信息技术的整合与创新,对整个科技创新生态系统都产生了巨大的助推作用。在两者协同演化的过程中,也导致了创新主体之间关系的演化,由单一产业链条转化为复杂创新网络。

### 6.4.3 量子科技创新生态系统演化中的创新扩散

技术创新是量子科技创新生态系统的演化动力,而技术创新扩散是推动系统演化的重要途径,是新技术通过一定渠道传播给潜在适用对象并最终被采纳的过程。作为技术创新的后续过程,技术创新扩散是在技术创新首次商业化应用之后的大规模商业化应用的过程(Diamond,1996),因此,技术只有实现了规模性的扩散才能给行业、产业甚至整个社会经济带来进步和变化。

量子技术创新扩散的过程始于向潜在用户进行技术推广,并实现商业化的过程。采纳新技术的用户又成为了技术的使用者和二次创新者,向相关对象进行新技术的传播,如此循环往复,采纳新技术的用户逐渐增加,实现了技术的创新扩散,而技术创新扩散的最终目的就是实现大规模商业应用和推广(许庆瑞,盛亚,1989)。同时,从效益论的角度出发,量子技术在现代社会得以实现创新扩散的重要原因是,相对于传统信息技术而言,使用量子技术能够使技术采纳对象提高生产效率,并获得更高的效益。从宏观角度来说,即采用量子技术在扩散至不同行业、取代传统信息技术的同时,能够提升整个社会的经济发展水平并产生更高的经济效益。

### 6.4.3.1　量子技术创新扩散的行为动因

#### 1. 量子技术潜在采纳企业

从潜在采纳企业的角度看,在信息通信技术迅速发展的宏观背景下,企业出于提高生产效率、突破产品局限等方面的需求而产生采纳量子技术创新的愿望。随着量子技术的完善与发展,消费者对该项新技术越来越认可,市场对量子产品的需求量越来越大,企业为了扩大市场份额,增加企业的经济效益,提高企业竞争优势,从外部创新主体引进成熟的量子技术创新成果是相对自主研发更方便且投入较少的途径。研究表明,创新供给方并非主导方,在扩散过程中不能起到决定性的作用,潜在需求者是扩散过程中的主导者,在扩散过程中起决定性作用(斯通曼,1989)。因此,可以认为潜在采纳企业对量子技术创新的需求是量子技术创新链式扩散的原动力。

从本质上来看,量子技术的潜在采纳企业即"产业量子化"过程中涉及的企业。随着量子科技的不断突破,应用场景逐渐向纵深拓展,将成为驱动各产业转型升级的新关键点,从而成为实现"产业量子化"的基本驱动力量。从量子科技的各关键领域分别来看,量子计算可以大幅提高信息处理的速度和效率,为各行各业提供强大的计算支持;量子通信可以实现高度安全的信息传输,为国家安全、金融交易、个人隐私等领域提供保障;量子测量和传感可以实现高精度的物理量检测,为科学研究、工程建设、环境监测等领域提供服务。现阶段,量子信息主要应用领域为通信与信息传输、科学研究与技术服务、教育、金融、能源电力、军工国防、生物医药。

随着各家企业组织的管理信息化、业务数字化进程的加速,远程协同在提升了便捷性的同时,也导致公司敏感数据、重要信息泄露,以及内网攻击暴露面的大幅增加,并且随着量子计算、超级计算等技术的发展,经典加密算法的安全性也面临挑战。

例如钉钉(中国)信息技术有限公司目前已有超过 6 亿用户、2300 万企业组织,覆盖互联网、医疗、教育、制造等全部一级行业和全部 96 个二级行业,其数据保密性要求极高。2023 年 12 月,国盾量子与钉钉(中国)信息技术有限公司在杭州举行了战略协议签订仪式,双方达成业务合作共识,共同推进"量子安全应用门户系列产品"开发,将量子安全加密技术融入钉钉门户平台,增强专属钉钉的安全属性。在即时通信、文件传输、视频会议、邮件传送等功能中,提供独特的信息安全解决方案,并拓展身份认证、系统访问、数据保护等企业关心的核心信息安全业务场景。

这个过程即作为经典计算机技术使用者和量子技术潜在采纳企业的钉钉(中国)信息技术有限公司,在面临企业的实际需求时,从外部创新主体引进成熟的量子技术创新成果和解决方案。未来,随着更多像钉钉(中国)信息技术有限公司一样前瞻布局的企业入局,量子信息技术应用新场景将持续开拓,我国"量子＋"产业生态有望进一步完善。

2. 量子技术创新供给者

从量子技术的创新供给者的角度看,当自身具有量子技术创新的垄断优势时,对量子技术创新的扩散持被动态度,若政府通过激励和引导的方式进行宏观调控,会加大创新供给者将量子技术创新向其他企业扩散的主动性。随着时间的推移,技术创新供给者实施量子技术创新进行生产的垄断优势会出现逐步下降的趋势,随着垄断优势的减弱,供给方会考虑将量子技术创新成果通过转让的方式向其他潜在采纳企业扩散。市场经济体制下量子技术创新从创新供给企业向潜在采纳企业转让是一个有偿交易的过程,创新供给企业会以一定的价格转让该项量子技术创新来获取收益。创新供给企业通过转让的方式向潜在采纳企业扩散量子技术创新的目标是收益最大化,创新供给企业对量子技术创新的转让包括一次性转让技术所有权,也可以保留所有权转让使用权,若创新供给者只向潜在采纳企业转让使用权,则可同时向多个需求者提供,形成一对多的扩散局面。无论通过何种形式实现量子技术创新的扩散,创新供给企业都以收益最大化为最终目的。

### 3. 中介机构

从中介机构的角度看,在实现量子技术创新链式扩散过程中,中介机构属于创新供给者和潜在采纳企业之外的第三方。中介机构在量子技术创新链式扩散过程中主要起到桥梁和代理的作用,当创新供给者寻求中介机构的帮助时,中介机构代表创新供给者的利益采取方式实现对量子技术创新的推广;当潜在采纳企业寻求中介机构的帮助时,中介机构代表潜在采纳企业遴选具有市场潜力且适合企业自身发展的成熟的量子技术创新供给者。无论中介机构代表哪方的利益,都要从中收取报酬,而这种报酬最大化是中介机构的最大目标。

中国的量子科技创新生态系统已经出现了部分比较优质的中介机构,它们可以提供技术咨询、金融投资、商务拓展以及一定程度的科普内容。例如,C114 通信网开设微信公众号"量子大观",持续更新国内外量子通信和量子计算领域的技术信息、商业情报;量子客平台定位是国内首家量子信息技术准备平台,致力于为量子计算技术、量子通信、基础研究落地提供的在线资源服务以及产业服务平台,提供定制的分析报告、产业所需的商业情报、咨询和专业知识,助力中国量子技术发展;光子盒平台定位为量子产业服务平台,通过推送前沿量子科技新闻、科普量子知识、解读量子技术、发布年度和专题报告等形式,布局了公众号自媒体、研究、活动、科普与投融资等多个服务产品,致力于为中国量子信息产业的发展壮大提供第三方力量。

### 6.4.3.2　量子技术创新扩散的具体过程

量子技术创新扩散的具体过程是在信息通信技术换代演进,以及市场对于更高效的信息技术的需求推动下展开的。在初期,市场中同时存在着经典信息技术和量子信息技术,因此,新技术的扩散会同时涉及创新供给者是否愿意提供量子技术创新的问题和潜在采纳者是愿意选择采纳量子技术创新,还是仍然选择原始的传统技术问题。创新供给者和潜在采纳者之间的相互作用对双方策略选择具有重要的影响。

当达到创新供给者选择提供量子技术创新,同时潜在采纳企业选择采纳量子技术创新时,双方将进入下一阶段的"讨价还价"过程。该过程包括两种形式:一种是从创新供给者直接向潜在采纳企业扩散的过程;另外一种是有中介机构参与的过程,即从创新供给者经中介机构向潜在采纳企业扩散的过程。在量子技术创新从创新供给者直接向潜在采纳企业扩散的过程中,即创新供给者和潜在采纳企业将针对该项量子技术创新进行关于价格的谈判。

例如,量子计算机的使用成本很高,因此很多创新主体往往选择开发量子计算云平台,将量子计算与云计算相结合,通过云平台调用量子计算资源,实现重点场景实用化,极大地降低了量子计算机使用门槛,而且降低了开发、应用、维护成本,体现出量子科技创新供给者和潜在采纳企业之间的经济博弈。

2023 年,中国电信集团有限公司发布"天衍"量子计算云平台;本源量子也开发了自己的云平台,是国内首家基于模拟器研发且能在传统计算机上模拟 32 位量子芯片进行量子计算和量子算法编程的系统。目前后一系统主要服务于各大科研院所、高校及相关企业,旨在为专业人员提供基于量子模拟器的开发平台。2020 年,中国科学院量子信息与量子科技创新研究院(上海)联手国盾量子开发量子计算云平台,该平台是一个集实验(平台有实体量子计算物理机)、交流(关键量子计算技术和前沿研究结果)、分享(量子计算知识普及)为一体的公共平台信息系统。

在量子技术创新从创新供给者经中介机构再向潜在采纳企业扩散的过程中,中介机构作为第三方联结创新供给者和潜在采纳企业,双方通过中介机构来进行技术信息沟通和价格谈判互动。中介机构既可以代表创新供给者,也可以代表潜在采造企业,一般而言,这种中介机构为营利性组织,若中介机构代表创新供给者,则在讨价还价过程中由中介机构代表创新供给者与潜在采纳企业谈判,创新供给者支付中介机构相应的报酬。

例如,光子盒平台正在不断扩充自有量子科技产业数据库的广度与深度,建立多维量子产业数据信息,提供客观、专业、深入且具有时效性的量子行业报道与咨询服务。已经为本源量子、国仪量子、合肥弈维量子科技有限公司、北京玻色量子科技有限公司等 10 余家中国量子科技头部企业提供量子行业咨询和数据服务。

　　同样,若通过中介机构代表潜在采纳企业,则在讨价还价过程中中介机构可代表潜在采纳企业与创新供给者谈判,潜在采纳企业支付中介机构相应的报酬。在现实中,同时存在从创新供给者直接向潜在采纳企业扩散和从创新供给者经过中介机构向潜在采纳企业扩散两种形式的链式扩散现象,在扩散过程中是否需要中介机构的参与会视具体博弈场景而定。

# 第 7 章
# 量子科技创新生态系统的运行机制

随着对创新生态系统的认识和研究不断深入,近年来协同发展的形成和运行机制研究引起广泛关注。基于系统学的视角,构建主题化的创新生态系统的运行机制框架,大致可分为运行初期、运行中期和运行成熟期3个阶段(赵倩倩,马宗国,2021)。对于一个创新生态系统来说,运行初期普遍包括主体衍生机制、动力机制、伙伴选择机制、信任机制、文化孕育机制等;运行中期普遍包括协同共生机制、学习机制、竞争与激励机制、信任机制、文化促进机制等;运行成熟期普遍包括耦合机制、风险识别与防控机制、政策导向机制、利益分配机制、信任机制、文化推动机制等。

量子科技创新生态系统是在特定的生态时空内,以专业的量子科技资源供给方为基础,以政府、企业和社会大众的需求为导向,将量子科技的人力资源、财力资源、物力资源、信息资源、技术资源、制度资源、组织资源进行流转、共享、价值叠加,实现社会效益、经济效益、生态效益协调的动态平衡系统。

量子科技创新生态系统是中国的量子科技相关企业、高校和科研机构与政策环境、市场环境、文化环境和竞争环境之间相互作用、相互影响形成的复杂系统。通过相关案例、文献和数据梳理,本章将中国量子科技的协同发展机制概括为高校-企业的主体衍生机制、政府推动下的"政产学研用"合作机制、快速响应的同步创新机制、创新文化环境支撑机制、国际协同与创新机制,这5种机制是量子科技创新生态系统内部作用的主要推动力。

## 7.1　当前中国量子科技富集地区的创新主体发育情况

当前,中国的量子科技产业发展现状大致呈现出合肥辐射到上海、杭州形成焦点,同时北京、深圳、济南"多点开花"的格局。从整体地域分布来看,中国的量子科技富集地区集中在东部沿海地区;从参与主体的属性来看,科研院所和高校在量子领域研究成果的数量和质量上都占有绝对优势,初创企业的创新活力强于互联网科技巨头;从领军人才看,各参与主体的领军人物绝大部分拥有留学经历或海外生活经历,在高校担任过重要职务。

北京是以高校-政府为主导的平台型量子产业发展模式,北京市政府牵头,联合中国科学院、北京大学、清华大学等多家顶级学术单位共同成立北京量子信息科学研究院;深圳则是以政府-地方资本推动的量子科技创新集群发展模式,如深圳量子科学与工程院由深圳市科技创新委员会专项支持,依托南方科技大学而建立;上海路径是科研院所-资本引导的量子科技产业集聚模式,如中国科学院、上海市政府合作共建的上海量子科学研究中心,以及中国科学院上海研究院联合阿里巴巴成立的量子计算实验室;杭州路径与前述有明显不同,是科研院所-民间资本联动的量子科技产业发展模式,如中国科学院-阿里巴巴量子计算实验室是阿里巴巴创建的第二个量子实验室;合肥则走出了高校-科研院所资源主导下的前沿学术衍生企业发展模式。

### 7.1.1　北京模式: 高校-政府为主导的平台型量子产业发展模式

在政策上,北京市的关键性政策发布集中于 2021 年,发布主体多为北京市委、市政府,内容上显著突出量子科技的应用导向、产业落地、前沿技术布局,协调、引导地方资源汇聚(表7.1)。

表7.1　北京市量子产业发展的关键性政策

| 政策名称 | 发布时间 | 发布主体 | 主要内容 |
|---|---|---|---|
| 北京市促进未来产业创新发展实施方案 | 2023年9月 | 北京市人民政府办公厅 | 重点面向量子物态科学、量子通信、量子计算、量子网络、量子传感等方向,开展量子材料工艺、核心器件和测控系统、量子密码、量子算法、量子计算机和操作系统等核心技术攻关。研制超导量子计算机,培育量子计算技术的产业生态和用户群体,加快量子密钥分发、量子安全直接通信等创新突破,拓展量子通信在国防、金融等高保密等级行业的应用 |
| 北京市"十四五"时期国际科技创新中心建设规划 | 2021年11月 | 中共北京市市委办公厅 | 承担国家量子计算重大科技任务;围绕电子型量子计算机和全球量子网络等战略方向,完成大规模多量子比特芯片的自动校准系统;完成针对量子互联网络算法等应用场景的量子算法开发 |
| 北京市"十四五"时期高精尖产业发展规划 | 2021年8月 | 北京市人民政府 | 进行拓扑和量子点量子计算机研制,开展量子保密通信核心器件集成化研究,培育一批专精特新企业,完善量子信息科学生态体系 |
| 北京市关于加速建设全球数字经济标杆城市的实施方案 | 2021年8月 | 中共北京市市委办公厅 | 超前布局量子科技,成为新兴数字产业孵化引领高地,聚焦突破高端芯片、基础软硬件、开发平台、基本算法、量子科技 |

续表

| 政策名称 | 发布时间 | 发布主体 | 主 要 内 容 |
|---|---|---|---|
| 北京市"十四五"时期公共财政发展规划 | 2021 年 6 月 | 北京市财政局 | 支持北京量子信息科学研究院 |
| 北京市促进金融科技发展规划（2018—2022 年） | 2018 年 11 月 | 中关村科技园区管理委员会 | 支持研究量子密钥分配或者基于量子密钥分配的密码通信、进阶密码技术等底层密码技术的研究，推动国家商用密码标准系列的进一步完善，支持量子技术在城市内部进行量子保密通信 |

北京市的量子科技主要科研团队集中在清华大学、北京大学及北京市政府发起成立的北京量子信息科学研究院，这些重点研究机构成立时间均在 2010 年之后。另外，北京理工大学、北京航空航天大学、北京邮电大学、北京师范大学等高校也有若干从事量子科技相关领域研究的科研团队（表 7.2）。

表 7.2　北京市量子科技主要科研团队

| 重点单位名称 | 成立时间 | 核心科学家 | 重 要 成 果 |
|---|---|---|---|
| 清华大学交叉信息研究院量子信息中心 | 2011 年 | 姚期智院士、段路明教授 | 首次实现具有 225 个存储单元的原子量子存储器，刷新量子存储容量的国际纪录等，提升了中国在量子信息领域的国际影响力；段路明在中国科学技术大学先后获得学士（1994 年）和博士（1998 年）学位，师从于中国科学技术大学量子通信与量子计算开放实验室主任郭光灿教授。1999 年，段路明来到奥地利因斯布鲁克大学（国际量子科学研究的著名学府）从事博士后研究工作；2010 年，全职回国的姚期智开始在清华组建一支在量子计算领域做出创新工作的团队 |

续表

| 重点单位名称 | 成立时间 | 核心科学家 | 重要成果 |
| --- | --- | --- | --- |
| 北京大学量子材料科学中心 | 2010 年 | 崔琦教授、王楠林教授、王健教授、刘雄军教授 | 北京大学量子材料科学中心已获得了何梁何利奖、亚洲计算材料科学奖、中国科学十大进展、国家自然科学二等奖、陈嘉庚科学奖、华人物理学会亚洲成就奖、求是杰出青年学者奖、马丁伍德爵士中国物理科学奖、国际纯粹与应用物理学联合会青年科学家奖、教育部"创新团队"等国际国内多项奖励与荣誉 |
| 北京量子信息科学研究院 | 2017 年 | 薛其坤院士、向涛院士、袁之良（首席科学家）、谷垣勝己（首席科学家） | 薛其坤教授荣获 2020 年度菲列兹·伦敦奖 |

在产业上,北京是全国最多的量子企业或总部所在地集中的地方,有多达 28 家企业/单位,在上游、中游和下游环节均有在京企业(光子盒,2023),代表性企业如科技巨头百度、京东与初创企业神州国信(北京)量子科技有限公司、北京中创为量子通信技术股份有限公司、启科量子(表 7.3)。北京在量子企业发展方面具有先发优势,一方面是因为北京的技术、资金和人才优势明显,集中了一众顶尖研究型大学及科研院所,人才汇集,并享有国际一流的实验条件和较好的营商支持;另一方面,诸多历史悠久的大型国资下设研究所位于北京。除此之外,北京量子科技优势辐射整个京津冀地区,天津、河北均有少量的量子企业。

表 7.3　北京市代表性量子企业

| 单 位 名 称 | 成立时间 | 核心量子科学家 | 重 要 措 施 |
|---|---|---|---|
| 百度量子计算研究所 | 2018 年 | 段润尧（悉尼科技大学量子软件和信息中心创办主任）、Artur Ekert 教授（百度研究院顾问委员会） | 聚焦 QAAA 研究计划，展开量子人工智能（quantum AI）、量子算法（quantum algorithm）、量子体系架构（quantum architecture）等方面的研究，2021 年发布全球首个云原生量子集成开发环境 YunIDE |
| 京东探索研究院 | 2020 年 | 陶大程（悉尼大学教授、京东探索研究院院长）、杜宇轩、钱扬（量子计算研究团队主要成员） | 2021 年提出全球首个以经典云平台为依托、量子计算设备为终端的量子并行处理框架 OQUDI |
| 神州国信（北京）量子科技有限公司 | 2018 年 | — | 神州信息数码信息服务股份有限公司、国盾量子、北京国翔辰瑞科技有限公司共同出资成立神州（北京）国信量子科技有限公司，以完善量子通信产品化、产业化发展体系和应用场景 |
| 国开启科量子技术（北京）有限公司 | 2019 年 | 陈柳平（曾任美国 MagiQ 公司总工程师）、罗乐（曾任美国国家标准研究院联合量子研究所研究科学家）、韩琢（曾在加拿大联合创立了世界第一家量子计算软件公司 1QBit） | 2021 年推出了中国第一台离子阱量子计算机工程机 AbaQ-1 |

| 单位名称 | 成立时间 | 核心量子科学家 | 重要措施 |
|---|---|---|---|
| 北京中创为量子通信技术股份有限公司 | 2014 年 | — | 中关村 2018 年新晋"独角兽"企业 |
| 北京玻色量子科技有限公司 | 2020 年 | 文凯,清华大学本科、斯坦福大学海归博士,师从量子计算领域的著名学者山本喜久教授 | 主要从事研发光量子计算设备,开发上线量子生物医药和量子金融两个云计算平台,在行业内首次使用 100 量子比特模拟实现了蛋白质靶向药物(TACE-AS)的分子构象生成的量子加速应用,入选《麻省理工科技评论》2021 年度 50 家聪明公司(TR50)名单 |

　　总体来看,在量子科技领域,北京市的高校,中国科学院、各部委的研究院所和高科技企业拥有齐全的相关学科、顶尖的科研队伍、先进的组织管理经验和一流的技术成果,从基础研究、器件研发到产业布局均处于国内领先地位,具有国际一流的研发与成果转化条件。

### 7.1.2　深圳模式：政府-地方资本推动的量子科技创新集群发展模式

　　深圳市量子信息产业发展走在全国前列,量子计算领域科研取得较大突破。在政策上,深圳市通过政策及资源优势吸引省外、海外量子信息高水平院校、科研机构与龙头骨干企业分支机构,开展量子信息人才培养与重大科技成果转化(表 7.4)。深圳市于 2017 年初启动了科技创新"十大行动计划",将量子科学列为重点发展的十个方向之一。2018 年,筹建深圳量子科学与工程研究院,作为首批建设的 3 个"十大基础研究机构"之一,重点开展量子通信、精密测量、量子材料等领域的前沿基础科学研究。此外,俞大鹏院士推动量子信息科学国家实验室设立了深圳基地,他带领研究团队在深圳承担国家、省、市级科研项目 60 余项,其中国家自然科学基金项目 30 余项,申请相关国家专利 3 项,三维量子霍尔效应入选了 2019 年度中国科学十大进展。

表 7.4　深圳市量子产业发展的关键性政策

| 政　策　名　称 | 发布时间 | 发布主体 | 主　要　内　容 |
|---|---|---|---|
| 《关于发展壮大战略性新兴产业集群和培育发展未来产业的意见》 | 2022 年 6 月 | 深圳市人民政府 | 重点发展量子计算、量子通信、量子测量等,推动在量子操作系统、量子云计算、含噪声中等规模量子处理器等方面取得突破性进展 |
| 《深圳市培育发展未来产业行动计划(2022—2025 年)》 | 2022 年 6 月 | 深圳市工业和信息化局、深圳市发展和改革委员会、深圳市科技创新委员会 | 在发展重点上,10～15 年内有望成长为战略性新兴产业:量子信息产业重点发展量子计算、量子通信、量子测量等 |
| 《深圳市国民经济和社会发展第十四个五年规划和二〇三五年远景目标纲要》 | 2021 年 6 月 | 深圳市人民政府 | 推进量子、生物医药等国家实验室基地建设。重点围绕未来信息材料、量子计算和模拟、量子精密测量和量子工程应用等领域开展关键技术攻关。强化量子科技发展系统布局,重点培育量子通信、量子计算等细分产业 |

| 政 策 名 称 | 发布时间 | 发布主体 | 主 要 内 容 |
|---|---|---|---|
| 《2017 年深圳市人民政府工作报告》 | 2017 年 | 深圳市人民政府 | 深圳实施"十大行动计划",重点在数学、医学、脑科学、新材料、数字生命、数字货币、量子科学、海洋科学、环境科学、清洁能源等领域谋划建设 10 个基础研究机构,开展前沿科学探索、关键技术研发、高端人才培养等,强化创新的基础支撑。2017 年启动 4 个研究机构建设 |

在科研团队方面,目前深圳的科研力量集中在深圳量子科学与工程研究院和鹏城实验室两个由政府推动建立的机构上(主要科研团队如表 7.5 所示),其中深圳量子研究院依托南方科技大学进行建设和管理,鹏城实验室独立建制运行,鹏城实验室以哈尔滨工业大学(深圳)为依托单位。

表 7.5 深圳市量子科技主要科研团队

| 单 位 名 称 | 成立时间 | 核心科学家 | 重 要 举 措 |
|---|---|---|---|
| 深圳量子科学与工程研究院 | 2017 年 | 俞大鹏院士、陈廷勇、翁文康、范靖云、张守著 | 研究分为四个方向:量子精密测量、量子物态、量子计算、量子工程应用 |
| 鹏城实验室 | 2018 年 | 俞大鹏院士 | 设置鹏城实验室量子计算研究中心 |

续表

| 单 位 名 称 | 成立时间 | 核心科学家 | 重 要 举 措 |
|---|---|---|---|
| 深圳中国计量科学研究院技术创新研究院 | 2019 年 | 方向（中国计量科学研究院院长、党委书记，国家时间频率计量中心主任，国家标准物质研究中心主任）、宋振飞（中国计量科学研究院技术创新研究院常务副院长） | 重点建设计量科技创新基础设施，开展计量基标准技术、量子计量与传感、精密仪器集成技术研究，打造计量基础技术和共性技术扩散中心，旨在形成一系列测试测量新技术、技术标准新体系、仪器仪表新形态及技术服务新业态，最终构建全过程量子计量科技产业新生态，成为量子时代精密测量技术、装备和标准的全球创新中心 |
| 深圳国际量子研究院 | 2021 年 | 俞大鹏院士 | 深圳国际量子研究院是由深圳市科创委、福田区政府等作为共同举办单位成立的深圳市级独立法人事业单位，是量子科技国家核心战略力量——合肥国家实验室深圳基地的南方运营载体 |
| 粤港澳大湾区量子科学中心 | 2022 年 | 薛其坤院士 | 量子科学中心瞄准量子科学前沿和国家重大战略需求，以量子基础科学研究为核心，量子技术应用为牵引，抢占国际技术制高点 |

　　深圳市的光明区和福田区积极布局量子信息产业创新平台，围绕光明科学城和河套深港科技创新合作区双轮驱动。光明科学城布局中国计量科学研究院技术创新研究院，开展量子计量与传感基础研究、量子计量与共性关键技术研究，打造科技成果转化及产业应用示范中心，研究建立先进测量

技术在重点领域的成熟应用场景,构建国家先进测量体系、国际量子计量科技创新与产业生态新体系。

福田区依托河套深港科技创新合作区,积极推进深港合作,建设国际量子研究中心、粤港澳大湾区量子科学中心。深圳国际量子研究院以量子信息技术为核心,聚焦量子物态与量子器件、量子计算、量子极限传感、量子工程应用等战略性新兴量子信息技术研发及产业应用,致力于打造国际一流的共享中心和产业化中试中心。

同时,深圳国际量子研究院还致力于凝聚港澳地区的量子科技优势力量,在合肥国家实验室和深港科技创新合作区的大力支持下建设了量子科学与工程"粤港澳大湾区联合实验室",积极参与和承担量子科技国家战略任务,促进港澳地区融入国家发展大潮,充分利用港澳地区的国际化、开放化优势。

在产业方面,代表性企业(表7.6)如科技巨头腾讯、华为与初创企业量旋科技。华为在量子通信及量子计算领域均有布局。在2017年的《创新研究计划公开项目》中华为首次提到了其在超导量子计算、量子算法方向的研究规划。2018年初,华为就开始着手组建量子计算研发团队,华为中央研究院数据中心技术实验室邀请了南方科技大学物理系副教授翁文康,担任量子计算软件与算法首席科学家。2018年,华为和西班牙电信在商用光网络上进行了一项成功的量子密码学现场试验,克服由信号衰减或其他困难造成的问题;同年,华为在全联接大会上发布了量子计算模拟器HiQ云服务平台。当前,华为正在进行量子计算的研究,包括量子计算基本原理、实验仪器、计算架构、不同路线的电路设计、电路QED、容错计算、商用机会等。华为要做的几乎是整个产业链,彰显了华为在量子计算上的巨大布局(光子盒,2020a)。

表7.6 深圳市代表性量子企业

| 单位名称 | 成立时间 | 核心科学家 | 重要措施 |
| --- | --- | --- | --- |
| 腾讯量子实验室 | 2018年 | 葛凌、张胜誉 | 2017年初,腾讯进军量子计算,葛凌教授以腾讯欧洲首席代表身份加入腾讯,被认为是腾讯布局量子计算的开端,2018年香港中文大学张胜誉教授加盟,搭建腾讯量子实验室 |
| 华为中央研究院 | 2018年 | 翁文康 | 华为中央研究院担负着华为创新前沿的重任,构建万物感知、万物互联、万物智能的未来信息社会,全面布局音视频、量子、新材料、新动力,先进制造及探索技术转化为商业的可能性;2018年,华为组建量子计算研发团队,邀请南方科技大学物理系副教授翁文康,担任量子计算软件与算法首席科学家,发布量子计算模拟器 HiQ 云服务平台 |
| 深圳量旋科技有限公司 | 2018年 | 郭毅可(首席技术顾问,香港浸会大学副校长)、曾蓓(首席科学顾问,香港科技大学物理系教授) | 2021年完成 A＋轮融资近2000万元,聚焦研发超导芯片量子计算机 |

　　腾讯自2018年开始着手组建量子实验室,现已建成一支具有 AI、算法、体系结构、电子学、数学、物理、化学、材料、制药等跨学科的多元化团队,在全栈量子计算机系统、量子算法和基础理论研究、软件云平台开发等方向

开展工作,并积极探索量子科技在药物、材料、能源、金融等行业的应用。

总体来看,作为"科技之城"和"创业之都",高新技术产业是深圳的城市硬核。量子科技是未来信息技术取得颠覆性创新的潜在领域,深圳作为全世界信息产业最发达的城市之一,抓住这个主要矛盾,聚集重点问题,作出了非常科学准确的判断,在量子科技领域已经抢了"先手"。

### 7.1.3　上海模式:科研院所–资本引导的量子科技产业集聚模式

在政策方面,除了表7.7中的两个重要政策外,《上海市张江科学城发展"十四五"规划》《上海市服务业发展"十四五"规划》都明确表示要重点发展量子科技。《上海市先进制造业发展"十四五"规划》还重点关注了量子科技与人工智能、电子信息的结合。

表7.7　上海市量子产业发展的关键性政策

| 政 策 名 称 | 发布时间 | 发 布 主 体 | 主 要 内 容 |
| --- | --- | --- | --- |
| 《上海市国民经济和社会发展第十四个五年规划和二〇三五年远景目标纲要》 | 2021年1月 | 中共上海市委、上海市人民政府、上海市第十五届人民代表大会 | 围绕国家目标和战略需求,持续推进脑科学与类脑人工智能、量子科技、纳米科学与变革性材料、合成科学与生命创制等领域研究;加快推进李政道研究所、上海量子科学研究中心等研究机构建设 |
| 《关于加快建设具有全球影响力的科技创新中心的意见》 | 2015年5月 | 中共上海市委、上海市人民政府 | 把握世界科技进步大方向,积极推进脑科学与人工智能、干细胞与组织功能修复、国际人类表型组、材料基因组、新一代核能、量子通信、拟态安全、深海科学等一批重大科技基础前沿布局 |

在科研基础方面,中国科学院与上海市人民政府在沪签署合作共建上海量子科学研究中心,中国科学技术大学在上海创办新型研究院,中国科学院上海技术物理研究所、中国科学院上海微系统所、复旦大学、上海交通大学、华东师范大学、上海科技大学等机构都有相关量子科研团队(表7.8)。

表7.8　上海市量子科技主要科研团队

| 单 位 名 称 | 成立时间 | 核心科学家 | 重 要 举 措 |
|---|---|---|---|
| 上海量子科学研究中心 | 2019年 | 潘建伟、王建宇 | 服务上海量子科学研究中心建设,以中国科学技术大学上海研究院为基础,联合在沪相关量子科研力量,推进重大基础前沿科学研究、关键核心技术突破和系统集成创新 |
| 中国科学技术大学上海研究院 | 2004年 | 潘建伟、陈宇翱、陆朝阳 | 驻院团队主要有量子科研团队、管理教学团队、几何与物理研究团队等,以潘建伟院士为科研带头人的量子科研团队,联合中国科学院在沪机构,协同上海地区一流优势力量,从事量子通信、量子计算和量子精密测量等领域的重大基础科学研究和关键核心技术攻关 |
| 中国科学院微小卫星创新研究院 | 1992年 | 朱振才、周依林 | 世界首颗量子微纳卫星的发射,负责总研制卫星系统(参与);国际上首次实现千公里级基于纠缠的量子密钥分发(参与) |
| 中国科学院上海技术物理研究所 | 1958年 | 王建宇、舒嵘、贾建军、张亮 | 量子科学实验卫星项目,上海技术物理研究所牵头承担量子密钥通信机和量子纠缠发射机2项有效载荷的研制 |

| 单 位 名 称 | 成立时间 | 核心科学家 | 重 要 举 措 |
|---|---|---|---|
| 中国科学院量子信息与量子科技前沿卓越创新中心 | 2015 年 | 潘建伟 | 中国首次由科研单位引入民间资本来全资资助基础科学研究 |
| 中国科学院-阿里巴巴量子计算实验室 | 2015 年 | | |
| 张江实验室 | 2017 年 | — | 在光子科学、生命科学和信息技术等领域取得一批突破性成果 |
| 复旦大学 | 2005 年 | 陶瑞宝、向红军 | 复旦大学量子调控中心 |
| | — | 沈健、关放、郭杭闻 | 复旦大学微纳电子器件与量子计算机研究院 |
| 上海交通大学 | 2014 年 | 金贤敏 | 光子集成与量子信息实验室 |
| | 2013 年 | 何广强 | 量子非线性光子学实验室 |

在产业方面,目前上海的典型量子科技企业(表 7.9)主要为上海循态量子科技有限公司、上海思量量子科技有限公司,两家公司均起源于上海交通大学。

表 7.9 上海市代表性量子企业

| 单 位 名 称 | 成立时间 | 核心科学家 | 重 要 措 施 |
|---|---|---|---|
| 上海循态量子科技有限公司 | 2017 年 | 曾贵华(上海交通大学量子感知与信息处理研究所所长)、汪超(毕业于上海交通大学) | 起源于上海交通大学量子感知与信息处理(QSIP)研究所,专注于基于连续变量量子密码技术的信息安全产品研发、推广与应用 |

| 单 位 名 称 | 成立时间 | 核心科学家 | 重 要 措 施 |
| --- | --- | --- | --- |
| 上海思量量子科技有限公司 | 2019 年 | 金贤敏（上海交通大学长聘教授） | 起源于上海交通大学集成量子信息技术研究中心，控股上海图灵智算量子科技有限公司（2021 年创建） |
| 上海图灵智算量子科技有限公司 | 2021 年 | 金贤敏（上海交通大学长聘教授） | 成立不到一年已完成了从实验室迈向产业化的过程，已发布的核心产品包括全系统集成的商用科研级专用光量子计算机——TuringQ Gen 1、三维光量子芯片及超高速可编程光量子芯片等，自主研发的首款商用光量子计算模拟软件 FeynmanPAQS 开始试商用，弥补了国内光量子 EDA 领域技术和产品的空白 |

总体来看，上海把推进量子科技发展放在重要位置，有多支高水平创新团队在量子通信、量子计算等细分领域不断耕耘，加快集聚海内外顶尖创新人才和团队，强化跨学科、跨领域协同合作，致力于成为国家量子信息与科学研究网络的核心枢纽。

### 7.1.4　杭州模式：科研院所-民间资本联动的量子科技产业发展模式

在政策方面，杭州市一直发挥着数字经济和城市智慧大脑的核心功能，其政策导向更偏向量子科技的信息技术领域应用（表 7.10）。

表 7.10　杭州市量子产业发展的关键性政策

| 政 策 名 称 | 发布时间 | 发 布 主 体 | 主 要 内 容 |
| --- | --- | --- | --- |
| 《浙江省全球先进制造业基地建设"十四五"规划》 | 2021年7月2日 | 浙江省人民政府 | 谋划布局未来产业。谋划布局人工智能、区块链、第三代半导体、类脑智能、量子信息、柔性电子、深海空天、北斗与地理信息等颠覆性技术与前沿产业,加快跨界融合和集成创新,孕育新产业新业态新模式 |
| 《浙江省数字经济发展"十四五"规划》 | 2021年6月6日 | 浙江省人民政府 | 谋划建设人工智能、量子传感、工业互联网等重大科学装置及验证平台;布局未来产业。积极发展量子通信,谋划发展量子精密传感测量、量子计算、量子芯片等产业 |
| 《杭州市人民政府关于加快推动杭州未来产业发展的指导意见》 | 2018年1月18日 | 杭州市人民政府办公厅 | 建立高端高效的产业体系。加快培育人工智能、虚拟现实、区块链、量子技术、增材制造、商用航空航天、生物技术和生命科学等具有重大引领带动作用的未来产业 |

　　在科研基础方面,浙江大学是杭州的核心科研平台,杭州依托浙江大学和西湖大学不断推进量子科技的创新和产业化(表 7.11)。

表 7.11　杭州市量子科技主要科研团队

| 单 位 名 称 | 成 立 时 间 | 核心科学家 | 重 要 举 措 |
|---|---|---|---|
| 量子技术与器件浙江省重点实验室 | 2018 年 | 李儒新、朱诗尧、许祝安 | 依托浙江大学物理系筹建,是浙江省第一个以量子物理为基础、量子技术和器件为研究内容的省重点实验室 |
| 西湖大学 | 2018 年 | Pavlos Savvidis | 理学院物理系量子光电子实验室 |
|  |  | Simon Groeblacher | 量子光力学实验室 |
|  |  | 孙磊 | 分子量子器件和量子信息实验室 |
|  |  | 吴颉 | 量子材料生长和表征实验室 |

在产业方面,通过"天眼查专业版"以"量子"为关键词进行检索,截至 2022 年 7 月 21 日,共得到 689 家单位信息(表 7.12)。

表 7.12　杭州市代表性量子企业

| 单 位 名 称 | 成 立 时 间 | 核心科学家 | 重 要 举 措 |
|---|---|---|---|
| 中能建(杭州)量子科技发展有限公司 | 2018 年 | 鲁珂(电子科技大学计算机科学与工程学院教授) | 承担了沪杭量子通信干线的建设,并承建杭州萧山量子信息城域网,产品已广泛应用于国防(某边防部队野外驻训)、政务(杭州市萧山区政务安全项目等)、电力(浙江省电力公司电力数据传输安全项目等)、金融(中国人民银行南昌中心支行金融数据安全项目等)等领域 |

| 单 位 名 称 | 成立时间 | 核心科学家 | 重 要 举 措 |
|---|---|---|---|
| 阿里巴巴达摩院量子实验室 | 2017 年 | 潘建伟、施尧耘（北京大学计算机本科、普林斯顿计算机博士）、邓纯青 | 阿里巴巴达摩院量子实验室成立于 2017 年，由中国科学院物理研究所潘建伟院士担任主任，实验室在超导量子计算、光量子计算等领域取得了一系列研究成果；阿里巴巴达摩院配置了国际领先的量子实验专用仪器设备，建成 Lab-1、Lab-2 两座硬件实验室，具备量子计算软硬件全栈开发能力；阿里巴巴达摩院于 2023 年 11 月 24 日宣布，将裁撤旗下量子实验室，阿里巴巴达摩院联合浙江大学发展量子科技，阿里巴巴达摩院将量子实验室及可移交的量子实验仪器设备捐赠予浙江大学，并向其他高校和科研机构进行开放 |
| 浙江九州量子信息技术股份有限公司 | 2012 年 | 段路明（中国科学院量子信息重点实验室副主任，清华大学基础科学讲席教授、姚期智讲座教授）、Nicolas Gisin（日内瓦大学教授、量子通信企业 IDQ 创始人） | 九州目前涵盖以新一代量子密钥分发设备（QKD）和单光子探测器等为代表的量子网络基础建设设备和以量子随机数发生器（QRNG）和量子密钥云为代表的量子密码应用产品两大系列，形成了量子保密通信设备研发及生产、量子通信网络建设及运营的全产业链运作模式，产业架构完备成熟，量子安全加密产品已成功实现商业化应用 |

总体来看,杭州作为数字经济先发城市,正由侧重模式创新向注重技术创新迭代升级,重视以高新硬技术推动城市发展,加速布局量子信息科技等颠覆性产业,着眼抢占未来产业制高点,积极创建升级未来产业先导区。

### 7.1.5 合肥模式:高校-科研院所资源主导下的学术衍生企业发展模式

在政策方面,合肥市一直致力于创新生态的培育和发展,注重科创,正在努力将"科里科气"培育成合肥最鲜明的城市气质。合肥市颁布的量子产业发展的关键性政策如表 7.13 所示。

表 7.13    合肥市量子产业发展的关键性政策

| 政 策 名 称 | 发布时间 | 发布主体 | 主 要 内 容 |
|---|---|---|---|
| 《中共合肥市委关于制定国民经济和社会发展第十四个五年规划和二〇三五年远景目标的建议》 | 2020 年 | 中共合肥市委 | 打造具有全球影响力的"量子中心",依托国家实验室,聚焦量子通信、计算、测量三大领域,加快建设量子信息创新成果策源地和量子产业集聚地 |
| 《合肥市培育新动能促进产业转型升级推动经济高质量发展若干政策》 | 2020 年 | 中共合肥市委、合肥市人民政府 | 重点支持量子信息科学国家实验室、聚变堆主机关键系统等重大科学基础设施建设 |

在科研基础上,合肥拥有合肥国家实验室、中国科学技术大学、中国科学院合肥物质科学研究院等国内顶尖的量子领域科研院所及高校(表7.14)。

表 7.14　合肥市量子科技主要科研团队

| 单 位 名 称 | 成立时间 | 核心科学家 | 重 要 举 措 |
| --- | --- | --- | --- |
| 合肥国家实验室 | — | — | 合肥国家实验室是我国面向世界科技前沿组建的国家实验室,是国家战略科技力量的重要组成部分,主要任务是凝聚国内外高水平人才,推动国际交流与合作,开展战略性、前瞻性、基础性重大科学问题研究和关键核心技术攻关,抢占科技发展制高点,培育新兴产业,为建设科技强国、实现高水平科技自立自强作出重要贡献。合肥国家实验室总部位于安徽省合肥市,总占地面积 0.49 平方千米,并在北京、上海、济南、深圳等地设立基地 |
| 中国科学院量子信息与量子科技创新研究院 | 2016 年 | 潘建伟院士、彭承志、陆朝阳、李传锋等 | 中国科学院、安徽省政府进一步整合量子信息与量子科技前沿协同创新中心(教育部)、中国科学院量子信息与量子科技前沿卓越创新中心(中国科学院"率先行动"计划)资源,按照国家实验室的体制机制和运行模式进行建设量子创新研究院 |
| 中国科学技术大学量子物理与量子信息研究部 | 2001 年 | 潘建伟院士、彭承志、陆朝阳、曹原、苑震生、陈宇翱、张强等 | "墨子号"量子科学实验卫星 |

续表

| 单 位 名 称 | 成立时间 | 核心科学家 | 重 要 举 措 |
|---|---|---|---|
| 中国科学院量子信息重点实验室 | 2001 年 | 郭光灿、李传锋、郭国平等 | 2005 年在国际上首次经由实际通信光路实现了 125 km 单向量子密钥分配,2009 年在芜湖建成世界上首个量子政务网,2011 年首次实现八光子纠缠源,2012 年首次实现了量子惠勒延迟选择实验 |
| 中国科学院微观磁共振重点实验室 | 2006 年 | 杜江峰、彭新华、周先意、段昌奎、荣星等 | 专注于自旋量子物理及其应用的研究,是国内自主培养成长起来的、在自旋量子调控领域具有国际知名度的研究室。多年来自主研发了一系列国际领先的自旋量子物理实验技术和实验装备,并用以在量子计算、量子模拟、量子精密测量等方面做出了系列具有重要国际影响的研究成果 |

　　在产业方面,合肥典型的量子科技创新企业为国盾量子、本源量子、国仪量子等公司(表 7.15),皆起源于中国科学技术大学。截至 2023 年 4 月,安徽省量子企业数量 25 家,是除北京市外,量子企业最多的地区。安徽省有着优越的量子产业孵化条件,一方面,安徽省对量子信息技术的重视程度较高,2021 年安徽省投入 20.2 亿元资金用于量子理论研究和前沿攻关;2022 年,安徽省人民政府发布了《安徽省"十四五"科技创新规划》,该规划提及量子 13 次,包括量子信息技术创新、精密测量实验设施建设、量子中心高标准建设等。另一方面,中国科学技术大学坐落于安徽,中国科学技术大学下设一批量子相关实验室,也培育了诸多优秀量子顶尖人才(光子盒,2023)。

表 7.15  合肥市代表性量子企业

| 单 位 名 称 | 成立时间 | 核心科学家 | 重 要 举 措 |
|---|---|---|---|
| 科大国盾量子技术股份有限公司 | 2009 年 | 彭承志、应勇 | 拥有国内外量子保密通信技术相关专利 240 多项及多项非专利技术,先后承担科技部 863 计划、多个省(区、市)自主创新专项、省(区、市)科技重大专项等项目,并作为量子技术国内外标准制定主力,牵头国内外标准项目 13 项,参与 27 项 |
| 合肥本源量子计算科技有限责任公司 | 2017 年 | 郭光灿、郭国平、张辉、孔伟成、赵勇杰、贾志龙 | 2018 年发布国内首款量子计算编程框架 Qpanda,2018 年本源量子计算产业联盟 OQIA 成立,2019 年发布国内首个量子计算学习工具 |
| 国仪量子(合肥)技术有限公司 | 2016 年 | 荣星、贺羽 | 源于中国科学技术大学中国科学院微观磁共振重点实验室,发展全球领先的量子精密测量技术,抢占全球制高点 |

## 7.1.6  我国量子科技创新主体发育路径总结

总体而言,中国量子科技区域-城市发育主流是研究型高校、代表性科研院所、政府等支持主体为核心布局,辅以城市资源特征支撑共同探索前行的发育路径。在创新发育的模式上,作为中国量子科学基础研究与产业技术应用的主要发源地,合肥凭借超前的布局,优质的人才和创新资源,以及多点开花的产业布局,已逐渐崛起为量子信息科学和产业版图上的"双高地",量子产业已成为合肥的闪亮品牌。在当前该前沿领域国际博弈激烈、针对我国的战略封锁急剧强化的背景下,合肥模式在创新上具有独特的探索意义,值得深入总结和进一步提炼推广。

## 7.2　高校-企业的主体衍生机制

### 7.2.1　量子科技产业从高校到企业的衍生逻辑

科研的本质是知识创造,科学家追求学术成果的优先发现和发表,能为其带来在学术共同体内的声望和其他学术与社会资源;教育的本质是知识传播,是人类社会特有的传递经验的社会活动,经由人们的主动意识而形成并得到满足;创新的本质是知识应用逻辑,知识应用是指知识实现其市场价值的过程,即"创新"的过程。中国量子科技的发展历程,正是从高校内的科研群体,逐渐扩大影响进入教育领域,通过高校教育体系培养出大量技术人才,直接推动了量子科技产业的发展。

作为量子科技相关的人力资本、技术资本和社会资本高度富集的创新型大学,其自身的作用和影响在社会中具有非常突出的地位。大学衍生企业的出现有两个基本动因:市场拉动和创新驱动,因此,在学术衍生企业的过程中,技术发明人、创业团队、风险资本、市场环境、制度因素等逻辑要素是至关重要的。

#### 7.2.1.1　技术发明人

技术发明是指利用成熟的理论研究成果创造出新产品或新技术,按创新程度不同,技术发明人可以分为两大类:开创性技术发明人和改进性技术发明人。作为开创性技术发明人，其新技术方案所依据的基本原理与已有技术有质的不同，这种技术发明又称基本技术发明。作为改进性技术发明人，是指在基本原理不变的情况下，对已有技术作程度不同的改变和补充，这种技术发明又称改良性技术发明。

回顾量子科技的发展史，我们可以发现当前的量子技术发明人中，著名的领军人物几乎都是开创性技术发明人，其余大多为改进性技术发明人，这个特征在当代前沿科技领域也极为明显。例如，在当前竞争激烈的量子计算领域，众多研究团队聚焦这个领域不断精细化研究：2015 年 5 月，IBM 在量子运算上取得两项关键性突破，开发出 4 量子位原型电路，奠定了未来 10 年量子计算机的基础；2016 年 8 月，美国马里兰大学学院市分校发明出世界上第一台由 5 个量子比特组成的可编程量子计算机；2019 年 9 月 20 日，科技巨头谷歌一份内部研究报告显示，其研发的量子计算机成功在 3 分 20 秒时间内，完成传统计算机需 1 万年时间处理的问题，并声称是全球首次实现"量子霸权"；2020 年 12 月 4 日，中国科学技术大学潘建伟团队构建了 76 个光子的量子计算原型机"九章"，实现了"高斯玻色取样"任务的快速求解。

当前，在中国的量子科技创新生态系统中，比较典型的技术发明人即中国科学技术大学的潘建伟、郭光灿、杜江峰。1998 年，郭光灿组织了量子信息香山科学会议，他致信钱学森，提出应该以"两弹一星"精神推动量子信息发展，抢占先机；2001 年，郭光灿主持的中国第一个量子通信和量子信息技术的"973 项目"获得通过，这个项目组走出了 5 名中国科学院院士——郭光灿、潘建伟、杜江峰、彭堃墀、孙昌璞。1999 年，潘建伟作为第二作者的量子态隐形传输实验取得了"量子信息实验领域的突破性进展"，这个实验被公认为量子信息实验领域的开山之作。2015 年，杜江峰团队创造了一项惊艳世界的研究成果，将量子技术应用于单个蛋白分子研究，在室温大气条件下获得了世界上首张单蛋白质分子的磁共振谱。由此可见，技术发明人的价值是源头性、引导性和战略性的，在中国科学技术大学的量子科技领域，技术发明人往往具备战略科学家的核心素养。

### 7.2.1.2 创业团队

创业团队是为进行创业而形成的集体,它使各成员(包括创业搭档团队成员)联合起来,在行为上形成彼此影响的交互作用、在心理上意识到其他成员的存在及彼此相互归属的感受和工作精神(陆雄文,2013)。

当前的量子科技创业团队属于硬科技创业团队,硬科技是指对经济社会发展具有较大支撑作用的关键核心技术,例如人工智能、量子科技、绿色能源、半导体等领域。在量子科技领域,旧的创业团队法则已经不再适用,需要根据前沿科技创新特质组建创业团队。

最小可行技术是项目的最低版本,可以满足或解决用户问题,在很短的产品开发周期验证产品创意并可以吸引早期使用的用户。在量子科技领域,由于整体产业发育仍处于初级阶段,虽然近几年在量子计算物理验证取得的进展是有目共睹的,并且引发了越来越强烈的市场兴趣和越来越频繁的投资活动,但是在实际解决问题方面,国际公认短期内无法实现通用量子计算机。

中国的量子公司在具体的最小化技术验证上做了诸多实践:本源量子公司在数月之内完成了本源悟源 1 号和 2 号的开发和推广,并上线本源量子云平台,面向全球用户提供量子计算服务,这也是本源量子打造量子计算服务生态系统、完善自身量子计算产业链的重要一步。国盾量子从 2011 年建设合肥城域量子通信试验示范网,到 2017 年完成世界首条远距离量子保密通信干线"京沪干线",用实际行动证明了量子通信技术产业化不是空想,"京沪干线"的开通证明量子通信适用于广域通信,可以达到远程、高速通信的要求。国仪量子基于金刚石 NV 色心的量子信息处理,形成了两大业务线——共振业务线和量子测控产品线;除此之外,国仪量子近年来在描电镜业务线加大投入,并发布了一系列自主研发的扫描电镜产品,研发的量子精密测量仪器可广泛应用于医疗、新材料、工业等多个领域。

国内多家量子科技公司通过此类最小化技术验证,以市场需求为导向开发出系列原型产品,逐渐开拓了量子技术在多个领域的潜在市场,继而研发相关可批量化生产、被市场接收的产品,形成产业供应链,这是一条可行的科技成果转化通路。

### 7.2.1.3 风险资本

风险资本亦称"创业投资资本",是机构性创业投资基金投资于新创立的、经评估认为有不寻常成长机会与潜力的小企业的资本,因被投资小企业创业成功的机会小、风险很大而得名。其投资选择的核心标准是在可预期的未来获得高额回报,故新创立的高新技术企业往往成为其主要投资对象。

中国科学院院士薛其坤在近期指出,在众多科技领域中,包括量子计算的第二代量子技术作为一种颠覆性技术,一旦实现实用化,有可能会引发一场新的工业技术革命。当下,正处于第二次量子技术革命的前夜,量子计算、量子通信和量子精密测量三大技术赛道在国防、金融、大数据、生物制药等领域的巨大潜在应用价值,引发世界科技强国和国际一流高科技公司都高度重视量子科技领域。

百度量子计算研究所所长段润尧也指出关键所在:一家公司,一个组织不可能完全把整个产业链的链条打通,需要尽可能把相关的科研力量和群体组织在一起,形成一个可以持续发展的生态链,而这就给了众多公司成长的机会。国际数据公司(International Data Corporation,IDC)曾预计,全球量子计算市场将从 2020 年的 4.12 亿美元(约 26 亿元人民币)增长至 2027 年的 86 亿美元(约 543 亿元人民币),年复合增长率达 50.9%。

在量子科技领域,风险资本集中表现为科技资本,风险极大,需要把三种人(科技人员、企业经营人员、投资者)和 4 笔钱(政府科研经费、企业资本、保险、金融机构贷款)聚到一起。当量子科技由高等院校、科研机构做了原始创新和发现时,合适且必要的资本注入可以帮助其更好成长。例如,国盾量子目前的三大股东为中国科学技术大学资产经营有限责任公司、潘建伟、中国科学院控股有限公司,两家企业股东的背书推动了国盾量子在"量子通信第一股"的光环下成功挂牌上市,首日涨幅近 10 倍。

2023 年,成立仅 1 年的合肥幺正量子科技有限公司发生工商变更,新增小米董事长雷军旗下顺为资本的 3 家合伙企业:天津海河顺科股权投资合伙企业(有限合伙)、广州初枫股权投资合伙企业(有限合伙)、深圳顺赢私募股权投资基金合伙企业(有限合伙)以及科大讯飞旗下科大硅谷引导基金(安徽)合伙企业(有限合伙)等多位股东。合肥幺正量子科技有限公司主攻方向为离子阱量子计算机,技术源自中国科学技术大学,风险资本的投入将加速其技术研发的效率和企业发展的速度。

### 7.2.1.4　市场环境

市场环境是指影响营销管理部门发展和保持与客户成功交流能力的组织营销管理职能之外的个人、组织和力量,这些因素与企业的市场营销活动密切相关,市场环境的变化,既可以给企业带来市场机会,也可能形成某种威胁。因此,对市场环境的调查,是企业开展经营活动的前提。由于中国量子科技的整体发展处于最小可行性技术验证阶段,因此,在市场中的大规模应用上并不多。目前比较常见的产品如下:

量子安全芯片,将量子密钥分发、安全算法等集成在芯片内部,实现了"一次一密"的量子密钥分发与数据加密。研发主体是由武汉量子技术研究院联合国盾量子孵化成立的长江量子(武汉)科技有限公司,自带技术与市场"双基因",成为打通量子科技从高校和科研机构的实验室到市场"最后一公里"的新力量。

量子安全 U 盾、量子安全 TF 卡、国盾密语蓝牙耳机、量子安全智能办公本、量子安全执法记录仪等是由国盾量子研发的产品,这些产品实现了量子密钥资源到移动终端的"最后一公里"配送以及移动量子安全应用,国盾量子的技术来源是中国科学技术大学,产品的研发成果延续了高校-市场的科技成果转化路径。

创新主体除了通过产品与市场环境建立关联,另一个重要的方式就是构建行业协会、产业联盟。2023年11月,粤港澳大湾区(广东)量子科学中心发起成立了粤港澳大湾区量子科学创新联盟,量子科学中心主任、中国科学院院士薛其坤担任首届理事长,由量子科学中心15家共建单位代表组成创始成员。联盟以学术研究为引领,以智库支撑、科学普及、产学融合为服务宗旨,致力于为成员单位创造更便捷的沟通和协作渠道,帮助联盟内成员协同开展基础研究、技术研发、成果转化、供应链对接、人才交流,推动促进未来行业发展的政策落地(罗云鹏,2023)。

### 7.2.1.5 制度因素

制度,是反映并维护一定社会形态或社会结构的各种制度的总称,包括社会的经济、政治、法律、文化、教育等制度。其中,社会的经济制度,即一定社会的经济基础,决定社会的性质;政治、法律、文化、教育等制度是建立在经济基础之上的上层建筑,决定了经济制度,又为经济制度服务。在量子科技领域,制度因素主要有3个维度:国家层面、产业层面、地域层面。

1. 国家层面

2023年,12月11—12日举行的中央经济工作会议提出以科技创新引领现代化产业体系建设,开辟量子与生命科学等未来产业新赛道,加强应用基础研究和前沿研究,强化企业科技创新主体地位,鼓励发展创业投资、股权投资。

在2022年12月和2023年2月的两次中央经济工作会议上,均强调要加快量子计算等前沿技术研发和应用推广。

在2021年3月,《中共中央关于制定国民经济和社会发展第十四个五年规划和二〇三五年远景目标的建议》(以下简称《建议》)受到了科技界的高度关注,"科技"被放入第一章节,"科技"一词在整个《建议》全文中一共出现了36次,科技被确立为"我国现代化建设全局中的核心地位",是"国家发展的战略支撑",受重视程度空前。

《建议》明确指出:"要瞄准人工智能、量子信息、集成电路、生命健康、脑科学等前沿领域,实施一批具有前瞻性、战略性的国家重大科技项目。"在列举出的几大前沿科技中,量子信息仅次于人工智能,被放在了第二位,在一定程度上说明了在国家发展中的战略重要意义。在"十四五"规划指引下,各省(区、市)纷纷针对量子信息制定发展规划,加强前沿技术布局和战略技术储备,如安徽省提出培育若干独角兽企业,辐射带动全国量子信息产业发展;广东省提出积极布局量子信息前沿技术和基础研究,推动建立量子信息产业园区,加快量子信息上中下游全产业链布局。

2020 年 3 月科技部发布的《关于科技创新支撑复工复产和经济平稳运行的若干措施》中指出,要加大量子通信等重大科技项目的实施和支持力度,促进科技成果的转化应用和产业化,首次提出量子信息产业化发展。

2018 年和 2021 年的《政府工作报告》在回顾发展成绩中分别谈到量子信息或量子科技。并且,在发布的"十四五"规划中指出,不仅要整合优化科技资源配置,聚焦量子信息等重大创新领域组建一批国家实验室,而且加强原创性引领性科技攻关,瞄准量子信息等前沿领域,实施一批具有前瞻性、战略性的国家重大科技项目。

2016 年,《政府工作报告》在回顾"十二五"发展成就时称:"科技创新实现重大突破。量子通信、中微子振荡、高温铁基超导等基础研究取得一批原创性成果。"

2013 年 2 月国务院出台的《国家重大科技基础设施建设中长期规划(2012—2030 年)》中,提出要建设量子通信网络等试验设施。

### 2. 产业层面

2015 年,由中国科学院国有资产经营有限责任公司牵头,中国科学技术大学、国盾量子、阿里巴巴(中国)有限公司等单位作为成员参与的"中国量子通信产业联盟"成立,该联盟旨在促进中国量子通信产业在创新链、产业链和资本链之间的有效联动。

2022 年,中国工业和信息化部的直属科研事业单位中国信息通信研究院牵头,联合清华大学、中国科学技术大学、中国通信标准化协会、华为、腾讯等 40 家量子信息领域相关高校、协会、企业等单位共同发起成立了量子信息网络产业联盟,联盟的任务是促进量子信息产业链构建、要素聚集、生态培育。

2022 年 9 月,量子科技产学研创新联盟由合肥国家实验室牵头组建,以量子科技创新为驱动,以发展量子产业为目标,实现政产学研用金协同创新、优势互补,推动产业链与创新链、资金链、政策链深度融合、协调发展,技术创新、产业协同是创新联盟的两大核心任务。具体任务如下:

(1)战略咨询:形成量子科技战略研究与决策咨询能力,制定量子科技产业战略规划,开展智库咨询工作。

(2)标准测评:支撑和加强量子技术标准化,工作的前瞻性和引领性,推动量子技术标准化体系的健全和完善,推进标准的实施与评测。

(3)技术创新:推动项目落地,组织技术协同攻关;为量子科技相关项目做技术把关。

(4)产业协同:推动产业合作,打通链条,活跃生态;搭建交流平台,凝聚共识,融合创新;宣传产业发展,形成持续社会影响力。

(5)教育科普:探索人才培养模式,服务相关教育政策的制定和实践;打造权威科普平台。

3. 地域层面

在中国地域层面上,量子科技产业从高校到产业上最具显著效果的就是"安徽省、合肥市、合肥市高新区"这 3 家主体,全力支持中国科学技术大学的量子科技学术衍生。

(1)安徽省、合肥市、合肥高新区

依托中国科学技术大学的人才优势,安徽省正在成为量子科技创新的枢纽重地,围绕量子通信、量子计算、量子精密测量等领域,积极打造量子创新技术策源地,以科研成果熟化转化为核心,以关键核心技术研发为突破点,以产业聚集发展模式为路径,全力打造"量子科学""量子产业"双高地。

2022 年,安徽省人民政府办公厅正式印发《安徽省"十四五"科技创新规划》,提出高标准建设量子中心,聚焦量子科学等领域,力争取得若干"从 0 到 1"重大原创性成果;以建设高水平创新型省份为目标,以强化科技创新策源能力为主线,以提升基础研究能力和突破关键核心技术为主攻方向,加快建设科技创新攻坚力量体系和科技成果转化应用体系,推进长三角科技创新共同体建设,力争在量子信息、核聚变、集成电路、生命健康等领域取得关键性技术突破。

2022 年,安徽省印发《安徽省实施长三角一体化发展规划"十四五"行动方案》,提出将推进"量子中心"建设,加快布局"量子科技"等未来产业,推进量子计算机研发等。

2023 年,安徽省委常委会审议通过《以高水平创新型省份建设为旗帜性抓手在国家创新格局中勇担第一方阵使命的指导意见》,做出打造量子信息科创引领高地的重要部署。

《合肥市 2023 年政府工作报告》中"量子科技"的身影多次出现,显示出合肥市在量子科技产业的重要地位。国家实验室入轨运行,量子信息未来产业科技园入列首批国家试点;全国规模最大的量子保密通信城域网开通运营,首颗量子微纳卫星成功升空;实施大科学装置集中区建设三年行动,提升能源、人工智能等六大研究院运行效能,开工建设先进光源、量子精密测量等大科学装置,全力打造未来科学城;加快建设量子信息未来产业园,打造"世界量子中心"。

量子产业已初具规模,构建起了量子产业生态。截至 2023 年 4 月,合肥高新区共有量子企业 54 家,其中从事量子关键技术研发与应用的企业 25 家,位居全国第一,量子上下游配套企业 29 家,全区 2022 年量子关键技术研发与应用企业实现营业收入近 14 亿元。高新区始终坚持"政府支持、国资主导、社会补充、多方参与"的发展路径,大规模新建科技企业孵化载体,形成了以"量子大道"为核心的产业集聚空间(田先进 等,2023)。

(2)其他地区

2023 年,北京市人民政府办公厅关于印发《北京市促进未来产业创新发展实施方案》的通知,提出重点面向量子物态科学、量子通信、量子计算、量子网络、量子传感等方向,开展量子材料工艺、核心器件和测控系统、量子密码、量子算法、量子计算机和操作系统等核心技术攻关。研制超导量子计算机,培育量子计算技术的产业生态和用户群体,加快量子密钥分发、量子安全直接通信等创新突破,拓展量子通信在国防、金融等高保密等级行业的应用。

2023年,《山东省数字基础设施建设行动方案(2024—2025年)》发布,强调推广量子通信网络应用。依托国家广域量子保密通信骨干网络,推动量子密码应用技术和云计算技术相结合,探索量子通信规模化应用。加快量子通信关键技术与核心器件研发,拓展量子通信网络在国防、政务、金融、能源等领域的融合应用。山东省正在培育形成以济南为中心的量子技术产业集群,打造一批量子保密通信网络的典型应用场景,山东济南已经形成从核心元器件研制、整机制造、系统集成到运营服务的量子信息产业链条,其中量子通信实力全国领先,建成济南量子通信试验网、济南党政机关量子通信专网,拥有济南量子技术研究院、山东国盾网信息科技有限公司、山东国耀量子雷达科技有限公司、山东国科量子通信网络有限公司、山东国迅量子芯科技有限公司、山东极量信息科技发展有限公司等一批企事业主体,初步形成了从核心元器件研制、整机制造、系统集成到运维服务的量子信息产业链条。

2022年,深圳市人民政府发布《关于发展壮大战略性新兴产业集群和培育发展未来产业的意见》,提出将重点发展量子计算、量子通信、量子测量等领域,建设一流研发平台、开源平台和标准化公共服务平台,推动在量子操作系统、量子云计算、含噪声中等规模量子处理器等方面取得突破性进展,致力于建设粤港澳大湾区量子科学中心。

2023年,苏州市人民政府发布《关于加快培育未来产业的工作意见》,指出:开展高性能量子计算机、超导量子芯片、量子-电子协同算力网产业化探索,搭建量子计算云服务平台,强化图形化编程和量子任务管理,推广量子计算算力服务,打造量子计算产业体系。围绕高成码率、高集成度、超远安全传输距离、量子共纤传输等量子通信重点方向,开发量子随机数发生器、量子路由器、量子交换机等关键核心设备,积极开展实验验证和商用化方案探索,推动量子通信在金融、政务、能源等领域的广泛应用。

## 7.2.2　量子科技发展的社会化协同

### 7.2.2.1　公共机构引导、支撑量子科技事业发展

从 2016 年开始,中央政治局会在每年 10 月左右举行一次全体会议,专门用于对关键科技领域进行集体学习,以便对前沿科技的发展现状、前景、趋势有更加清晰的把握。2016—2021 年,学习的专题分别为网络强国(网络安全＋信创)、大数据、人工智能、区块链、量子科技,可见国家领导人已经将视野从主流技术逐渐拓展到更前沿的方向。量子信息科技是全球各个国家发展竞争的焦点领域,也成为国家领导人重要的关注方向,2020 年 10 月 16 日,中共中央政治局十九届第二十四次会议就量子科技研究和应用前景进行了集体学习。

习近平总书记对量子科技的判断是:"量子科技发展具有重大科学意义和战略价值,是一项对传统技术体系产生冲击、进行重构的重大颠覆性技术创新,将引领新一轮科技革命和产业变革方向。"强调"要充分认识推动量子科技发展的重要性和紧迫性,加强量子科技发展战略谋划和系统布局,把握大趋势,下好先手棋"。同时,从政策、资金、科研、技术、人才等方面,对大力推动量子科技发展提出了进一步的要求。

(1)政策方面:加快营造推进量子科技发展的良好政策环境,形成更加有力的政策支持。

(2)资金方面:要保证对量子科技领域的资金投入,同时带动地方、企业、社会加大投入力度。

（3）科研方面：要加大对科研机构和高校对量子科技基础研究的投入，加强国家战略科技力量统筹建设，完善科研管理和组织机制。

（4）技术方面：要加大关键核心技术攻关，不畏艰难险阻，勇攀科学高峰，在量子科技领域再取得一批高水平原创成果。

（5）人才方面：要加大量子科技领域人才培养力度，培养一批量子科技领域的高精尖人才，建立适应量子科技发展的专门培养计划，打造体系化、高层次量子科技人才培养平台。

### 7.2.2.2 教育研究机构为量子科技事业提供原始创新积累

理工类优势明显的中国高校的量子科技研究课题组，发展初期在学术界多有建树，是纯粹的科研组织形态。之后从单独向学术界提供知识产品和创新服务，转为引领建成包括国家级科研机构、大学和企业等在内的科研生态圈，成为驱动国家创新发展的核心力量。随着量子技术的不断发展和战略地位的凸显，产业的发展反哺量子科技教育，学生培养走向标准化、规模化和正规化的模式。

在教育和研究机构方面，我国主要有中国科学技术大学、浙江大学、中国科学院、清华大学、北京大学、南京大学、北京计算科学研究中心等高校和机构参与量子科技的产业发展，在相关领域已取得一定成果。

### 7.2.2.3 市场机构培育量子科技创新主体

1. 央企、大型国企纷纷进入量子赛道

量子科技发展作为国家战略，关系国家未来军事安全和经济发展，国有企业特别是中央企业，作为创新驱动的"主力军"、科技强国的"顶梁柱"，抢抓智能产业兴起的先机，抢占智能科技新赛道，为我国在日益激烈的国际竞争中赢得新优势。目前已经有一批央企、大型国企及其他行业龙头企业和量子企业开展合作。

2020年，由中国电信集团有限公司、国盾量子共同出资设立中电信量子科技有限公司；2023 年，中国电信集团有限公司斥资 30 亿元组建中电信量子信息科技集团有限公司，这是中国电信集团有限公司与安徽开展战略合作的重要成果；2023 年，中国移动挂牌成立央企首个面向行业应用的量子计算实验室——"中国移动量子计算应用与评测实验室"。

大型国资企业或其下设研究所在国防军工和航空航天领域具有显著优势，比如中国航天科技集团、中国航天科工集团、中国电子科技集团和中国船舶工业集团等，它们适时引进和开发量子技术，对加速中国量子产业化发展具有极强推动作用（光子盒，2023）。

2. 国内科技巨头参与产业生态建设

腾讯、百度、阿里巴巴和华为等国内科技巨头积极参与产业生态建设，纷纷建立相关实验室。从目前来看，国内互联网科技企业想要持续投入量子科技，属于比较难变现的方向，从时间维度而言，量子科技的未来处于未知状态，需要不断的资金投入和科研过程中的试错。

腾讯量子实验室，由香港中文大学张胜誉教授带队，主攻量子计算云以及器件，推出过量子开放系统的绝热演化捷径、自研量子参量放大器，如今主要进展集中在量子化学模拟、材料设计和新药研发方向。

百度量子计算研究所，由悉尼科技大学终身教授段润尧带队，2022 年，推出搭载 10 个量子比特超导量子芯片的第一台超导量子计算机"乾始"，以及量子软硬一体化解决方案"量羲"，目前主要进展集中在金融科技、光量子和量子芯片领域。据规划，2023 年，百度量子芯片将超过 100 个量子比特，实现高潜量子应用；2025 年，百度量子芯片将超过 1000 个量子比特，实现实际的量子优势；2028 年，百度量子芯片将超过 10000 个量子比特，实现规模化商用及容错量子计算。

华为量子技术基础研究实验室，主要做量子计算的上层软件平台支持，推出过量子计算模拟器 HiQ 云服务平台等，2019 年 6 月华为曾经推出"华为昆仑量子计算机"原型。2021 年，华为董事、CEO 任正非表示，在量子计算机出现后，几百万年破译不了的信息都能破译，信息安全是相对的。现在说区块链多伟大，但在量子计算机面前，就不值一提了。

2015年，阿里巴巴达摩院量子实验室的前身"量子计算实验室"正式成立，由阿里云和中国科学院共建；2017年，阿里巴巴与中国科学院联合打造的量子云平台也正式上线；同年，阿里巴巴成立达摩院，3年在量子计算、机器学习、网络安全、自然语言处理、人机自然交互、芯片技术、传感器技术、嵌入式系统等基础科学研究方面投资1000亿元；2018年，阿里巴巴达摩院量子实验室施尧耘团队宣布研发出当时世界最强大的量子电路模拟器"太章"；2023年，阿里巴巴达摩院联合浙江大学发展量子科技，将量子实验室及可移交的量子实验仪器设备捐赠予浙江大学，并向其他高校和科研机构进行开放。

整体来看，在经济下行压力影响下，互联网大公司为确保盈利能力，节省成本，选择关停一些试验性质业务，或开始缩减短期内商业化前景并不明朗的项目。

### 3. 头部创新主体深耕专业领域展示非对称优势

中国科学院在量子科技领域整合优化资源、形成攻关合力等方面发挥了关键作用。在"率先行动"计划的支持下，中国科学院作为国家战略科技力量主力军，统筹全国高校、科研院所和相关企业的创新要素和优势资源，聚焦国家长远目标和重大需求，开展大体量大协作的技术攻关，量子科技发展的体系化能力正在稳步建立。

但是，全球主要发达国家把发展量子科技作为提升国家科技实力、维护国家安全的重大战略选择，相继启动国家级行动计划，对我国的部分领先优势发起强烈冲击。同时，在当前的国际形势下，我国量子科技领域所需关键材料、核心器件、高端仪器设备面临越发严重的禁运风险。如何巩固优势、发挥优势，在新一轮竞争中继续领跑并最终形成产业优势，已经成为迫在眉睫的问题。

整体来看，我国大力发展量子通信技术，在量子通信保密试点应用、网络建设和星地量子通信探索，QKD网络建设和示范应用项目的数量和规模等方面,均处于世界领先地位,但是中国还需要在量子科技的若干环节、关键节点争取形成非对称优势。

**4. 当前市场仍小众但意义重大**

当前市场主要集中在对保密要求高的党政军金融系统,受制于技术因素,量子通信带宽较低。以国盾量子为例,其 QKD 设备最高成码率为 80kbps,仅适合进行公文或语音传输。量子通信成本较高,一套 QKD 加密设备价值约 30 万元,一套量子城域网需要成百上千套 QKD 加密设备,如果传输距离较长还需要中继和路由设备,因此,目前量子通信市场主要在于对保密性要求极高的党政市场、军用市场、金融市场。

虽然目前量子通信市场比较小众,但是中国的量子科技创新主体实行了三步走的策略:一是通过光纤实现城域量子通信网络;二是通过量子中继器实现城际量子通信网络;三是通过卫星中转实现可覆盖全球的广域量子通信网。一旦建设完成,其价值和影响将会指数级放大。

**5. 中国处于产业化的国际第一梯队**

我国基础研究实力全球领先,具有产业标准话语权。2015 年后,全球量子通信专利申请和授权快速增长,显示出产业已进入快速导入期。根据中国信息通信研究院的研究报告显示:2018 年,我国在量子通信全球专利申请数量方面位居第一,专利授权仅次于美国。

我国拥有全球最长的光纤传输网络并且实现了核心设备的全国产,目前核心设备供应商出现了国盾量子、问天量子、北京中创为量子通信技术股份有限公司等多家科技公司。但上游的脉冲光源、单光子探测器、光调制器等国产性能和国外还有差距,部分电芯片如 FPGA 等比较依赖进口。

### 7.2.2.4　社会组织与个人营造量子科技的文化氛围

由于量子科技在社会范围内的影响力,产生了一些虚假信息及负面信息,因此,量子科技科普的相关主体和内容开始涌现。

1. 国家从政策层面支持前沿科技的科学普及

2022年,《"十四五"国家科学技术普及发展规划》中明确提出"聚焦前沿技术领域创作优秀科普作品"。其中,"聚焦科技前沿开展针对性科普"一项下明确指出:"面向关键核心技术攻关,聚焦国家科技发展的重点方向,强化脑科学、量子计算等战略导向基础研究领域的科普,引导科研人员从实践中提炼重大科学问题,为科学家潜心研究创造良好氛围。"国家从顶层设计上对于量子科技科普的支持,对于构建良好的社会化协同科学传播氛围,起到了重要的支撑性作用。

2. 市场主体以资本驱动加速知识扩散与公众理解

我国的量子科技创新企业近年来也在积极布局量子科技的普及与传播,为广泛的社会公众提供量子技术科普教育的开放性平台。

典型如本源量子。线上,本源量子打造了量子计算"科普教育云",为量子计算从业者、爱好者构建了一个完整的量子计算知识研究框架,建立量子软硬件操作程序的教育教学,其资源囊括了从基础知识到高级开发及编程工具的系统化内容。针对线下场景,本源量子推出全物理体系学习机,以3D仿真形式打造量子学习的虚拟实验室;同时打造量子计算体验中心,定期免费向公众开放。

科技创新企业布局量子科技普及,能够在进行社会化科学传播活动的同时,有效地向目标客户与潜在客户群体宣传自身产品与技术成果,扩大企业的社会影响力。

3. 研究机构与教育主体共建量子科教体系

在基础教育阶段,我国的高校、科研院所等前沿科学研究场所均会定期向学龄公众免费开放参观。如每年一届的全国科技周活动、中国科学院的公众科学日等,都会举办一系列丰富的科普活动,同时也能让公众近距离接触平时难以窥其全貌的国家重点实验室科研设施,充分激发公众尤其是青少年对于科学的热情与探索欲。

在高等教育阶段,已有部分高校开始启动全方位、系统化的量子人才培养体系。中国科学技术大学下一代移动计算与数据创新实验室(Lab for Intelligent Networking and Knowledge Engineering,LINKE)及中国科学院无线光电通信重点实验室的量子计算团队自 2020 年起即开始联合国内外高校、科研院所、科技企业开展量子计算人才培养计划,着重面向低年级本科生进入量子科研团队,带领青年学子参与量子计算项目的开发实践,为我国的量子计算事业的发展培养后备力量。

4. 科普个体提供多样化内容表达

自媒体平台的快速发展,让前沿科学的普及渠道得到了大范围的拓展,增加了科学知识内容的普及性。各具特色的科学传播个体不断涌现,为量子科技提供了多样性的内容与表达形式。如毕业于中国科学技术大学的袁岚峰博士一直深耕自媒体科普领域,活跃于"双微一抖"平台,其代表作《量子信息简话》致力于用公众通俗易懂的语言传递前沿科学内容。

但总体来看,我国在自媒体领域的量子科技科普略显薄弱,这也是由于前沿科技的理解与学习具有天然的高门槛特征,若能从建制层面促进科学家亲自参与科普,开展科学与艺术联动等形式的科普活动,则能够更好地满足公众对于量子科学知识的需求。

## 7.3　政府推动下的"政产学研金用"合作机制

### 7.3.1　"政产学研用金"一体化理念及演变过程

"政用产学研"是一种创新合作系统工程,是生产、学习、科学研究、实践运用的系统合作,是技术创新上、中、下游及创新环境与最终用户的对接与耦合,是对产学研结合在认识上、实践上的又一次深化(李蒙,黄涛,

2017)。

早在 20 世纪 50 年代,斯坦福大学工程系主任和工程学院院长,人称"硅谷之父"的特曼首先提出学术界和财富界理当结成伙伴关系,始创"硅谷模式"。依靠斯坦福大学强大的科研实力和校方对"产学研"合作的鼎力撑持,"硅谷模式"有力地敦促了地域经济成长,同时与工业界的亲密联系也敦促了斯坦福大学的科研与教学进步。"硅谷模式"标志着"产学研"合作这一形式的正式成立。

随着信息技术的发展和创新形态的演变,政府在开放创新平台搭建和政策引导中的作用,以及用户在创新进程中的主体地位进一步凸显。从"产学研"到"政产学研"、"政产学研用"到"政用产学研",虽然只有几字之差,但后者进一步强调了政府推动的开放创新平台搭建以及用户体验与创新,强调了面向应用的价值实现。

这种协同式的科技创新模式,在我国的量子科技领域也初见雏形,正在打破传统科技创新模式的藩篱,缩短了科研成果、科技人才与社会和市场的距离。

### 7.3.2 "政":国家量子科技政策制定主体

政府在科技创新的过程中通过做好政策支持与指导规划来发挥其职能作用。由政府牵头推动开放创新平台搭建并出台相关政策来推动一体化发展,在强有力的政策保证下使产学研合作围绕应用转化和创新价值实现得到快速发展,倡导支持"政产学用金"相结合,结成利益共同体,提高研发研制的效率,为成果转化应用开拓通道。

标准化工作一直是新兴技术走向产业化规模应用中重要的一环,也是政府部门发挥制度优势、职能优势的重要表现内容。2021 年,中共中央、国务院印发了《国家标准化发展纲要》,提出"加强人工智能、量子信息、生物技术等领域的标准化研究""支持国内的行业协会、企事业单位等深度参与国际电信联盟(ITU)、国际标准化组织(ISO)等国际标准和技术法规的制定"等。2022 年,中国人民银行会同市场监管总局、银保监会、证监会联合印发《金融标准化"十四五"发展规划》,在健全金融信息基础设施标准方面,提出"探索量子通信、零信任网络、无损网络等新技术应用标准"。

### 7.3.3　"产":市场的量子产业经济

在市场经济的前提下企业寻找更加适合企业发展的合作方式,以科研机构、高校的人才、研究成果输出作为企业发展的原动力,同时也为高校、研究机构提供研究和人才开发的可利用资源。

科技巨头腾讯、百度和华为通过与科研机构合作等方式成立量子实验室,布局量子处理器硬件、量子计算云平台等领域;而初创公司本源量子,则在量子处理器硬件、开源软件平台和量子计算云服务等方面进行探索,同时本源量子也已与多所高校、科研院所以及企业达成合作,构建产学研联盟的创新体系。济南量子技术研究院设立山东极量信息科技发展有限公司,作为研究院科技成果转化和资产管理的平台;中国电信集团有限公司联合中国科学技术大学通过促进产学研协同创新,整合量子通信技术、国产商用密码技术、大数据、云计算等前沿技术,加快推动量子科技创新应用攻坚和成果转化。

值得一提的是,截至 2022 年末,我国建设完成的国家量子保密通信骨干网络覆盖京津冀、长三角、粤港澳大湾区、成渝双城经济圈等国家重要战略区域,地面干线总里程超过 10000 km。整体上看,在量子保密通信领域,我国从科研到产业应用在国际竞争中已处于领先地位。

### 7.3.4 "学"：高校的量子人才培养计划

近年来，随着我国在量子科技领域的重大战略需求不断攀升，越来越多的高校开始重视量子科技创新人才的培养。2021 年，教育部正式将"量子信息科学"设立为本科专业，中国科技技术大学率先增设量子信息科学本科专业，清华大学成立量子信息"姚班"；中国科学技术大学计算机学院特任副研究员苏兆锋博士于 2017 年在中山大学访问期间第一次探索性地开始举办量子计算人才培养计划，自 2020 年以来联合国内外的量子计算专家组织创办公益活动，每年定期开展，探索为我国量子计算事业发展培养后备力量的新形式；2016 年，北京理工大学成立了量子技术研究中心，在葛墨林院士的组织与指导下，围绕国家在量子技术方面的战略需求，创新量子教育形式；2023 年，北京理工大学、安徽大学、西南大学、湖北大学和郑州轻工业大学五所高校获教育部批准开设量子信息科学本科专业（量旋科技，2023）。

### 7.3.5 "研"：科研机构的量子科学技术研究

通过"万象云"数据库并使用定制检索方式对量子信息科技领域的专利进行检索（检索日期：2022 年 10 月 31 日），共获得 24414 条专利数据，在量子信息技术专利申请数排名前 20 机构中，包括 9 所高校、3 家科研院所及 7 家企业（其中排名第四和第十四的为同一家企业的不同分部）。由此可见，我国量子信息领域的技术储备主要来自高校和科研院所，并在此基础上初步形成了少数创新型科技企业。中国量子信息科技领域发明主体的专利申请数量如图 7.1 所示。

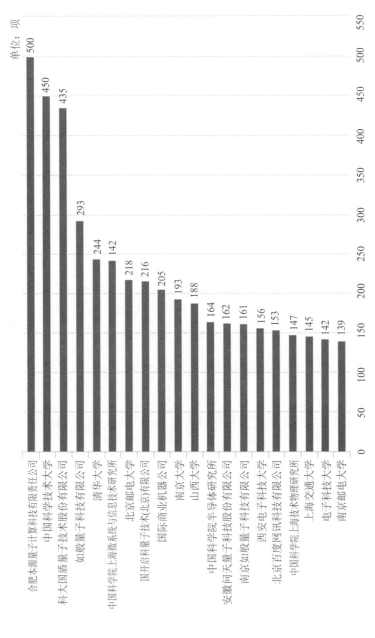

图 7.1　中国量子信息科技领域发明主体的专利申请数量（检索日期：2022 年 10 月 31 日）

### 7.3.6 "用"：量子科技的用户创新

用户代表的是市场最真实的需求，是成果最直接的检验者，用户参与创新，将自己的需求直接提供给开发者和制造商，可以有效缩短科技成果从实验室到市场的距离，大幅度减少科技创新的盲目性。

2023 年 5 月，中国电信集团有限公司全资设立中电信量子信息科技集团有限公司，注册资本 30 亿元，是当前全球注册资本最高的量子科技企业，由中国电信集团有限公司百分百控股。中电信量子信息科技集团有限公司依托中国电信集团有限公司覆盖全国的云网资源、开发能力、服务渠道等优势，推动量子产业全国规模推广；2022 年，中国电信合肥分公司上线"量子云印章"，采用物联网＋量子安全前沿技术，将传统实物印章装入智能印章设备中，可随心随处在线安全调用。

### 7.3.7 "金"：针对量子科技的投融资

从量子信息技术代表性企业获得的投融资情况来看，量子计算机的硬件研发获得投资最多。无论是产业界还是投资者，大家都更关注量子计算机的研发的未来前景，无论是构建量子计算机的硬件，还是建立全栈式量子计算机，量子计算的软硬件以及下游应用一直都是研发重点。量子计算具有广阔的商业化和产业化前景，目前普遍预测量子计算有望在以下场景较早落地：模拟量子现象，量子计算可以为蛋白质结构模拟、药物研发、新型材料研究、新型半导体开发等提供有力工具，生物医药、化工行业、光伏材料行业开发环节存在对大量分子进行模拟计算的需要，经典计算压力已经显现。

多家互联网巨头企业也陆续开始进军量子计算行业，阿里巴巴是国内企业中起步最早、软硬件结合技术布局最完善、最接近国际先进水平的企业。阿里巴巴 2015 年开始布局量子计算,与中国科学院成立联合实验室,开展量子信息科学领域的前瞻性研究。2017 年 10 月,阿里巴巴前沿与基础科学研究机构达摩院成立,量子计算成为其核心研究方向之一。华为紧随其后,重金投入量子计算研究,于 2018 年 10 月发布了 HiQ 量子计算模拟器,模拟了全振幅 42 量子比特,单振幅 81 量子比特的量子计算。同年,腾讯提出了自己的"ABC 2.0"技术布局(人工智能、RoBotics、量子计算),并成立了以张胜誉教授、葛凌博士等为核心成员的腾讯量子实验室,以探索量子计算与量子系统模拟的基础理论,以及在相关应用领域和行业中的应用。

通过已披露融资情况(表 7.16)来看,量子信息科技相关企业位于天使轮和 A 轮融资最多,分别为 39 家和 20 家,这说明在我国量子技术领域整体还处于初期阶段,商业化和产业化进程刚刚萌芽。

表 7.16　我国量子科技领域的代表性企业融资情况概况

| 公 司 名 称 | 时 间 | 技 术 领 域 | 融资情况简介(金额+投资方) |
|---|---|---|---|
| 合肥幺正量子科技有限公司 | 2023 年 12 月 | 量子计算 | 小米董事长雷军旗下顺为资本的 3 家合伙企业:天津海河顺科股权投资合伙企业(有限合伙)、广州初枫股权投资合伙企业(有限合伙)、深圳顺赢私募股权投资基金合伙企业(有限合伙),科大讯飞旗下科大硅谷引导基金(安徽)合伙企业(有限合伙)等入股。其中,天津海河顺科股权投资合伙企业(有限合伙)出资额 14.0560 万元,出资比例为 1.9862%;广州初枫股权投资合伙企业(有限合伙)出资额 14.9932 万元,出资比例为 2.1187%;深圳顺赢私募股权投资基金合伙企业(有限合伙)出资额 9.5512 万元,出资比例为 1.3497%。同时,合肥幺正量子科技有限公司的注册资本由约 578.93 万元人民币增至约 707.67 万元人民币 |

| 公司名称 | 时间 | 技术领域 | 融资情况简介（金额＋投资方） |
|---|---|---|---|
| 合肥本源量子计算科技有限责任公司 | 2022 年 7 月 | 量子计算 | 完成近 10 亿元 B 轮融资，由产业投资巨头深创投下设红土基金领投，其余跟投的新老股东包括中信证券、中金公司、中银投资以及安徽省科转基金等国内 17 家投资机构 |
| 国仪量子（合肥）技术有限公司 | 2021 年 12 月 | 量子计算硬件、量子测量 | 完成数亿元 C 轮融资，投资方包括国风投基金、中国科学院资本、IDG 资本、合肥产投、松禾资本、前海母基金、讯飞创投、科大国创、高瓴创投、同创伟业、博时创新、火花创投等 |
| 上海图灵智算量子科技有限公司 | 2021 年 11 月 | 量子计算硬件 | 图灵量子完成数亿元 Pre-A 轮融资，由君联资本领投，中芯聚源、琥珀资本、交大菡源基金等资方跟投，势能资本担任独家财务顾问。此轮融资将主要用于可编程光量子芯片的研发和流片，以及量子算法的商业化落地 |
| 国科量子通信网络有限公司 | 2021 年 8 月 | 量子安全 | 完成总金额超过 15 亿元人民币的新一轮股权融资，投资方包括中国有线、红杉资本、天津远方资产等知名机构。合干线、合肥城域网等量子通信城际及城域网项目 |

| 公司名称 | 时间 | 技术领域 | 融资情况简介（金额＋投资方） |
| --- | --- | --- | --- |
| 北京玻色量子科技有限公司 | 2021年7月 | 量子计算硬件 | 完成数千万元Pre-A轮融资，此轮融资由海贝资本独家投资 |
| 科大国盾量子技术股份有限公司 | 2020年7月 | 量子安全 | 国盾量子在上海证券交易所科创板挂牌上市，股票简称"国盾量子"。自此该公司作为"量子科技第一股"正式登陆资本市场 |

　　除了国内金融科技力量推动了量子技术的发展，国外资本市场对于量子科技也处于高度关注状态。据市场研究公司Markets and Markets发布预测，2023年，全球量子密码市场价值将达到5亿美元。同时这一市场将在未来五年内快速增长，预计到2028年，量子密码市场价值30亿美元，增幅高达6倍，这意味着，未来5年量子密码市场将以超过40％的复合年增长率增长。该预测将量子密码学定义为"一种利用量子力学原理保护通信安全的方法"，以保护通信信道和数据。

　　除了对量子科技领域的关注，投融资行为也频繁发生：2022年，加拿大科技公司Xanadu获得了1亿美元的融资，并在光量子体系实现"量子计算优越性"；量子计算技术公司D-Wave和Rigetti通过SPAC等方式上市并获得融资；量子AI软件公司Sandbox AQ正式从谷歌母公司Alphabet剥离并获得融资；日本东芝、韩国SKT（收购瑞士IDQ）等通信及ICT巨头都成立了相关量子保密通信研发团队；IBM、谷歌、亚马逊、微软、英特尔、霍尼韦尔等科技巨头也在量子计算领域进行了重点布局。整体来看，国外科技巨头和风投资本投入不断增加，初创型中小型量子科技企业茁壮成长。

## 7.4 快速响应的同步创新机制

前沿科技正处于多个创新发展阶段未成熟的时期,适应于同步创新模式。同步创新模式缩短了产品进入市场的时间,提高创新效率,在前沿科技研究过程中产生的知识可以为不同阶段的创新提供基础支撑的同时,进入市场的部分也将持续反馈新需求,应用研究将进一步趋向于真实的市场需求,从而减少研究技术与市场信息不对等带来的不确定风险,提升创新质量。

同步创新是一种打破了创新阶段的时间顺序,描述了某一产业在特定阶段呈现出平行发展的创新模式,如新技术的市场化、产品化、研究与发展在某一时期处于并行开展的状态,各类程序协同进行,打破了传统产品创新的线性流程,因此,同步创新模式也被部分学者认为是能够提升创新速度的有效方法。2019 年,学者程曦以石墨烯行业为例,对其进行了同步创新的构建研究,包括形成原因和所需条件。该研究开创了我国前沿科技领域同步创新研究之先河,并为其他前沿领域推行同步创新模式或调整创新模式提供了参考。

落实同步创新模式,一方面,以具体国家和市场需求定位科学研究、应用研究与产业研发是前沿科技契合同步创新的重点;另一方面,调整同步创新模式相关的政策工具,突出用户发展创新,以提升前沿科技进入同步创新的可能性。具体运行机制体现在制定以用户为出发点的政策时,需要将用户进入市场后的利益纳入考虑中,同时还需要思考如何激发用户自发进入前沿科技创新的热情,当政策营造了有利于用户进入市场的环境后,才能挖掘用户发起创新的潜力,进而推动以用户为中心的科学研究。

我国的量子科技也正处于从科学实验室走入市场和应用的重要阶段,

中国的量子科技起步晚于欧美等国家和地区,因此,如何抢占市场先机,并在保证质量的前提下提升创新速度、在国际范围内占据主导地位,是需要关注的重点。

合肥地区的量子科技业态在资源的并行战略布局上,形成了以中国科学技术大学的潘建伟、郭光灿、杜江峰 3 位院士为核心的 3 支代表性量子科研团队。3 支量子科研团队在引领量子科技发展过程中高效践行非线性发育的同步创新模式:一方面表现在将创新资源并行发育的理念贯穿于区域量子创新生态构建探索中,在基础研究快速走向国际前沿,有影响力的发明发现成果不断产出的基础上,同步以国家战略性需求、国民经济发展为目标走入产业研究,催化量子科技的产业化路线,布局和快速发展出中国第一批量子科技企业。另一方面表现为在量子科技与产业已经上升到国家博弈、知识产权及商业秘密竞争的境况下,利用独特的科研团队同步裂变形成创业团队的机制创新,其中包括股权、技术发明共享、技术创始人身兼创业领袖等多种鲜明的机制特征。

在同步创新模式引导下,中国科学技术大学衍生的量子科技产业在中国率先进入市场,成为契合前沿科技追求先发应用优势需求的第一批团队。其运作的特征可以概括为科研端与产业端同步聚力创新,资源嵌入式交互反馈,多维度提升量子科技创新生态发育的效率与质量。如 2009 年成立国盾量子是就由中国科学技术大学潘建伟院士团队在承担国家重大战略计划时同步发育出的国内首家量子信息技术产业化的上市公司,国盾量子服务于国家战略需求,实现了包括量子保密通信“京沪干线”在内的重大应用落地。国盾量子中核心研发人员多数毕业于中国科学技术大学,领导层多来自潘建伟研究团队,如董事长彭承志;其主要技术也起源于潘建伟团队的研究成果,并在产业化、工程化项目的协同实施中进一步发展出新的应用、产品和服务。

## 7.5　创新文化支撑机制

中国科学院对创新文化的定义是：有利于开展创新活动的一种氛围，是科技活动中产生的与整体价值准则相关的群体创新精神及其表现形式的总和。如果把创新文化由内而外进行剖解，其内层可以具体地包含创新管理制度和政策、创新精神、创新经验等；而在外层，即我们肉眼可见、具身可感的层面，则体现为科学装置、创新平台、创新交流活动等一切与创新有关的工具、载体和活动。

### 7.5.1　科学文化环境

积极的科学文化会驱动形成一种对创新活动友好的社会氛围，使科技创新成为广受社会尊重的事业，并且提升公众对创新活动的兴趣和参与意愿，从而形成一种创新友好型的社会文化基础。从这个意义上来说，科学文化具有推动科技创新发展的内生动能属性（刘萱，赵延东，2022）。

在中国，我们通常以科学家精神作为价值引领，为科技创新活动指明前进的方向。科学家精神是科技工作者在长期科学实践中积累的宝贵精神财富，应大力弘扬科学家精神，使得我们的社会形成尊重知识与人才、崇尚且热爱科学的良好氛围，以此吸引更多有才之士投身于祖国的科技事业之中。

在量子科技领域，我国不乏极具科学家精神的人才。如潘建伟院士及其团队的多名研究人员，放弃了欧美国家优厚的待遇诱惑，毅然回国，并在中国科学技术大学组建量子信息实验室和团队，树立了"出国就是为了回来"的新时期"钱学森精神"。

而科学文化环境除了需要一批具有优良作风的科学工作者,更需要广泛社会公众的共同参与,需要公民对科学研究充分理解、充分支持,能够理性看待科学问题和科学现象,这样才能真正营造包容、友好的科学文化氛围,并使得科技成果最终能够造福社会,实现科技创新在社会系统中的良性循环。

## 7.5.2　科技创新制度

有效的制度安排能在科技创新过程中起到引导、激烈和保障的作用,制度的建立要能满足内外环境的变化和需求,顺应创新主体的多元化特征。

我国中央集中式科研制度在很大程度上集中了人力、物力,促进了众多基础前沿科技的发展,尤其是在医药、卫生、国防等研制周期较长、耗费资源较多的领域。然而,这种管理模式难免会造成研究投入分配不平衡、交叉学科研究受限、科学研究与产业发展脱节、交流合作不畅、理论研究与工程应用需要不匹配等问题,在一定程度上形成阻碍了科学技术发展的弊病。

学者李诚(2023)使用量化的方式从科技投入制度、科技管理制度、科技评估制度、创新人才培育制度、科技政策支撑体系 5 个维度构建了国家科技创新制度评价指标体系,分别对制度总体和 5 个维度层面的制度水平进行了评价。其研究结果表明我国科技创新制度水平处于较好级别,高校评价的制度成效最高,其次为科研院所人员及研发机构的评价;创新人才培育制度在 5 个维度中的权重最高,是对科技创新制度的最大影响因素。

量子科技创新人才需要具备多学科背景,如在基础研究方面,需要能够精通物理、数学、计算机等专业;而在应用层面,又需要对化学、金融、医疗等各行各业有一定程度的了解甚至深谙其道。因此,该领域对高水平人才的要求严格且需求量大,人才的供不应求是各国量子科技领域的普遍现状。

美国、欧盟等发达国家和地区对前沿技术领域布局较早,能够顺应技术发展的需求及时调整创新制度框架,尤其是在创新型人才培养方面,具有投入多、跨界广的特征,且多项政策和实践为公民提供了近乎终身制的科学学习平台,为国家培育前沿科技的技术劳动力提供了坚实的保障。

### 7.5.3　科技创新平台

科技创新平台的概念最早始于1999年《走向全球:美国创新新形式》。发达国家非常重视科技创新平台的建设,如美国建立的国家实验室、德国的尖端集群、法国的卡诺研究所、韩国创造经济革新中心等,均作为各国提升创新凝聚力、产业支撑力、人才创新力的重要抓手。

推动科技创新平台的建设对提升国家创新能力尤为重要。自2002年初科技部启动国家科技基础条件平台建设研究工作以来,已有10余份国家级规划专门提出科技创新平台建设的相关举措和具体目标。其中,《国民经济和社会发展第十四个五年规划和二〇三五年远景目标纲要》明确指出,要聚焦量子信息等6个重大创新领域组建一批国家实验室,并且对已有的国家重点实验室进行重组,希望形成一个结构合理、运行高效的实验室体系。

科技创新平台在凝聚社会各界创新力量方面有着重要优势,量子科技创新本身就具有跨领域、复杂化的特征,对于联合多领域联合创新的需求也更为迫切;同时,科技创新平台是各类科技创新资源的有效载体和聚合体,能为区域创新活动和创新能力的需求提供良好的支撑性条件。

在量子科技领域,我国已建立多个国家重点实验室。近年来,在政策的带动下,许多地方也纷纷依托高校与科研院所筹建量子实验室。

### 7.5.4　科技创新文化交流

科技创新不仅是基础研究和产品研发,更是在世界范围内展开的竞争与合作活动。通过技术创新和文化交流,可以促进多元化主体开展沟通与合作,为分配创新资源、开拓新领域新市场提供机会和渠道。

我国的量子科技创新文化交流可以分为对内和对外两个方向。

### 7.5.4.1 对内方向

我国在政府层面牵头成立量子科技产业联盟,如中国量子通信产业联盟、量子信息网络产业联盟。除此之外,一些由企业主导的产业联盟也纷纷成立,如本源量子牵头成立的量子计算产业联盟,成员有中国船舶重工集团有限公司第七〇九所、问天量子、云从科技集团股份有限公司、中国科学技术大学、哈尔滨工业大学等产业界和学术界伙伴,量子计算产业联盟以量子计算的上下游生产制造、生态应用、科普教育为链条,协同推进多个行业的量子计算发展。

产业联盟是一种相对稳定、联系密切的协同创新联合体和资源要素集聚平台,能够发挥聚合效应,继承优化科技创新资源,开展科技创新交流,对创新资源形成有效配置。但与欧美国家的量子联盟相比,我国量子联盟的内部合作和外部发展还有很大的空间。从地域分布上看,中国的量子联盟及参与主体多集中于中国东部地区及中东部的安徽省,地域分布与发展很不平衡;从技术属性上看,中国的量子联盟集中在量子通信和量子计算领域,对量子测量和仪器制造方面的关注度较为有限;从参与主体来看,中国的量子联盟覆盖的行业领域有限,多为技术类企业,缺乏多类型的产业链配套企业(例如咨询服务公司、人才招聘类公司、律师事务所等),跨领域的商业主体参与数量较少也导致应用场景拓展受限,较难为研发端主体提供丰富有价值的市场需求信息;从合作模式上看,由于量子技术本身的复杂性和商业化落地不明确,加上产学研的创新链、人才链、资金链没有形成,导致各主体大多分散运行,从而形成内外"两张皮",无法产生聚合力。从产出成果上看,目前国内尚无具有产业标杆意义的合作范式。

整体来看,中国量子联盟的发展仍处于初级阶段,需要解决的痛点、填补的空白实际上还有很多。

### 7.5.4.2　对外方向

在对外交流上,中国自建立量子科研实验中心以来,先后与俄罗斯、欧盟、加拿大、澳大利亚、瑞士等国家和地区的科研机构进行了广泛的合作,在人才培养和学术研究上都成绩斐然。获得了 2022 年诺贝尔物理学奖的奥地利物理学家安东·塞林格就与我国有着深远的关系,潘建伟院士团队为安东·塞林格有关量子通信的论文提供了重要贡献与支持,双方的紧密配合为中奥量子物理人才与学术交流打开了宽阔的通道。近年来,随着国外发达国家对中国科技的封锁态势逐渐加剧,我国在战略性科技领域的国际合作与交流变得举步维艰,已很难在国家层面开展大规模、大范围的合作活动,人才往来也愈发困难。

## 7.6　国际协同与创新机制

### 7.6.1　中国量子科技创新主体的国际化现状

#### 7.6.1.1　第一代核心科学家均有海外求学或工作经历

中国当下众多量子科技创新主体中,其核心科学家大多具有在欧美等国留学、访学背景,若干科学家还一直保留在海外高校或重要企业的职位,如表 7.17 所示。

表 7.17　中国量子科技领域国际人才一览

| 主　体 | 核 心 科 学 家 |
|---|---|
| 深圳量子科学与工程研究院 | 俞大鹏（1993 年博士毕业于法国南巴黎大学固体物理实验室） |
| 粤港澳大湾区量子科学中心 | 薛其坤（日本东北大学、美国北卡罗来纳州立大学、IBM 瑞士苏黎士实验室等海外研究经历） |
| 山西大学量子光学与光量子器件国家重点实验室 | 彭堃墀（美国得克萨斯大学量子光学实验室访问学者） |
| 中国科学院量子信息与量子科技创新研究院 | 潘建伟（奥地利维也纳大学博士） |
| 中国科学院量子信息重点实验室 | 郭光灿（加拿大多伦多大学访问学者） |
| 中国科学院微观磁共振重点实验室 | 杜江峰（德国多特蒙德大学玛丽居里研究员） |
| 中国科学技术大学上海研究院 | 陆朝阳（英国剑桥大学博士）、陈宇翱（德国海德堡大学博士） |
| 阿里巴巴达摩院量子实验室 | 施尧耘（美国普林斯顿大学博士） |
| 华为 HIQ 量子计算 | 翁文康（美国哈佛大学、美国伊利诺伊大学香槟分校海外研究经历） |
| 腾讯量子实验室 | 张胜誉（普林斯顿大学、加州理工学院海外经历，任香港中文大学副教授） |
| 百度量子计算研究所 | 段润尧（悉尼科技大学量子软件和信息中心创办主任）、Artur Ekert 教授（百度研究院顾问委员会） |
| 上海图灵智算量子科技有限公司 | 金贤敏（英国牛津大学博士后） |

国内在该领域于 20 世纪 80 年代时还是完全空白，在先驱科学家到海外学习后这一领域才快速崛起，因此，目前在一线的这一代量子科学家都是从海外带回先进技术，吸收国外成熟团队运作的模式与人才培养经验，并在

其就职的国内创新主体内进行战略布局之初，就形成了鲜明的国际化系统合作。

### 7.6.1.2 前沿研究平台团队特别重视人才的国际化培养

量子科技的科研团队特别重视人才的国际化培养和项目的国际合作。在国际开放形势较好的时期，有规划、持续不断地将不同学科背景的年轻学者送出国门，到量子科技走在前列的海外实验室或高校学习交流，形成今天国内重要实验室的骨干成员几乎都有深度访学经历，或是直接来自海外的优秀专家。如 2013 年，德国海德堡大学物理与天文学系院长、海德堡量子动力学中心创始主任马蒂亚斯·魏德穆勒博士及卡尔加里大学理论物理学家巴里·桑德斯先后加入了潘建伟团队。

同时，以项目为导向展开对外科研合作，在基础和应用领域进行共同探索，实现了高水平的科研成果的国际开放协作。在团队运作模式上参考国际一流科研机构特点，打造量子科技从前沿研发到前沿应用深度嵌入国际创新生态系统的模式。如潘建伟实验室以德国马普所、英国卡文迪许实验室为模板，实行着"百年老店"的运作思维，将学生派去不同国家的一流大学学习量子科技各个领域的先进技术再带回国内，以此保持团队所做的研究均属于国际最前沿的领域。

### 7.6.1.3 企业量子技术布局的国际化起步有一定成效

在产业方面积极进行国家合作，非常有助于中国融入全球产业链生态圈并成为关键伙伴。目前，我国涌现出了一批量子科技企业，代表性的互联网平台公司也都开始布局量子技术，建立自己的量子实验室，其团队带头人或创始人均为海归人才。这些量子企业与国外产业平台和研究机构展开了良好的起步合作，如上海图灵智算量子科技有限公司与亚马逊云科技合作，对接西雅图的量子计算团队，利用 Amazon Braket 服务进行了量子软件开发上的合作探索；阿里巴巴达摩院自 2017 年开启创新研究计划以来，已吸引来自全球 10 多个国家和地区 100 余所科研机构参与。2022 年,阿里巴巴对计划进行全面升级,设立了访问学者计划,面向全球招募量子科学研究人员在阿里巴巴全职开展访问研究,以此促进学术研究和阿里的业务场景相结合,推动有实际应用价值的科研成果产生和落地。

国际化使得量子科技领域的中国力量从一开始就瞄准科技最前沿,理论研究和产业发展都对准了竞争的“锋刃”面。

## 7.6.2　中国量子科技国际化的困境

### 7.6.2.1　针对中国量子领域的国际封锁态势已经形成

近年开始,大国科技竞争突然强化,西方世界从国家安全到学术领域,针对中国的限制强度迅速加大。量子科技是近年来重要的新兴技术,越来越多的国家把其作为国家战略级科研方向。作为新一轮科技革命和产业变革的必争领域之一,量子科技将催生一系列新兴产业,对社会、经济和国家安全都将产生重大影响,该领域已成为各国科技竞争的主赛道。

2021 年,美国参议院通过《美国创新与竞争法》,这是一套高度细化的对华全面竞争的战略法案,在包括数字技术在内的关键科技领域,提升美国企业供应链的多样性,摆脱对中国 ICT(信息与通信技术)产品的依赖。2019 年,欧盟委员会发布《欧中战略展望》,提出保障欧盟自身利益,明确中国是“经济竞争对手”和“体制竞争对手”,防御他国尤其是中国对其关键资产、技术等的获得。

### 7.6.2.2　量子科技上游核心技术“卡脖子”风险剧增

当前,我国在量子计算上游,如超导、低温元器件上对进口的依赖度很高,政治壁垒日益高企、海外运营环境复杂多变后,存在大概率被禁运风险;

虽然在量子精密测量领域部分芯片已国产化,但效果与国外仍有差距。作为底层核心技术的量子芯片规模制备与集成是制约发展的关键,亟须加快自主攻关、掌握量子芯片技术发展主动权,但什么时间内能够高标准跨越还是未定数。因此,如何破解国际封锁,在更短的时间实现关键技术的有效突破,还需面向国际技术前沿展开智慧运筹。

### 7.6.2.3 国际合作在科研院所和高校仍在维系,国家层面则快速衰微

随着大国关系日益紧张,国家层面在量子科技领域的合作态势明显减弱。2011 年,中国科学院与奥地利科学院在北京签署了"洲际量子通信"合作协议,中奥联合团队在 2018 年成功利用"墨子号"量子卫星实现了洲际量子密钥分发。如今,在欧美全面围堵政策、法案已经很明朗的情境下,已很难展开这样的国家层面的正式合作。

同时,欧美等量子科技优势地区开始联盟,通过取长补短、强强联合等方式在量子信息领域共同制定科技发展规划,在科研开发、培育人才、基础设施与数据共享等方面全面开展政府层面战略合作,合作频繁,覆盖面广。例如,美国、欧盟、澳大利亚、英国、法国等国家和地区先后发布了量子科技战略,通过建立双边、多边政府的常态对话共建量子科技开放创新生态。限于国际形势及我国自身存在的局限,我国量子信息领域当下的国际合作主要在高校及科研院所间,多以与国外相关科研院所或特定科学家进行科研项目合作、学术交流的方式在维系。

### 7.6.2.4 量子科技人才培养的双向流动变得困难

在量子科技领域,中国的主要合作对象均在欧美国家和地区。2019 年以来,美国多部门密集出台限制华裔科学家参与中国科技项目、对留美中国学生参与重要科研项目进行特别审查的政策,国会参众两院也分别提出相关法案限制美国高校与中国的科技合作与人员交流。2019 年之前,中国留学人数始终保持稳步上升趋势,而 2020 年则遭遇了大规模"腰斩"。以中国

科学技术大学留学情况为例,从 2017 年到 2021 年整体出国留学率减半,其中获得了 CSC 资格但专业为 STEM 领域的学生均没有成功获签,中国科学技术大学多个量子技术相关实验室的对外短期交流也几乎停止。

量子领域专家学者来华合作交流愈发困难。潘建伟团队原本定期邀请国外著名量子领域专家来华研学,如曾邀请过沃尔夫物理学奖得主前来中国科学技术大学访学 6 个月,但该类活动目前均陷入暂停。

### 7.6.3　我国量子科技拓展国际合作的路径展望

#### 7.6.3.1　以国际标准化战略增进国际话语权和推进国际合作

从国家层面确定中国有优势且有望对世界产生重大影响的量子技术细分领域,积极培育和获得国际标准引导权和制定权。国内量子通信标准体系已在建立,在应用实施阶段领先于全球。建议利用现有优势,推动政府与高校、科研院所、代表性企业及产业联盟多方位合作,支持在研发阶段同步推进量子技术的国际标准制定;政府与国际标准化组织和认证组织开展合作,针对需要标准化的技术,建立从技术识别到标准制定和认证的支持系统;政府需要通过制度化安排,促进量子技术标准化人才的培养,制定国家层面推荐人才参与国际标准化组织(ISO)、国际电工委员会(IEC)和国际电信联盟(ITU)等的提案并快速进入实施。

#### 7.6.3.2　在量子科技领域快速建立全链条技术自主与反制能力

面对近年来欧美国家、日本等优势突出国家与地区明确对我国的先进技术抑制,中国的前沿科技创新领域需要系统地整合资源,抢抓时间在关键核心领域尽量补齐技术短板并独立重构完整的技术体系,同时在若干关键领域和关键技术节点上通过建立技术反制能力,从而通过在该领域的较先位次走出国际合作路径,引领促进可持续的全球技术交流,推动有利于我国的全球分工合作。

量子技术特定领域中的全链条技术自主体系已经在建立当中。如量子科技代表性企业国盾量子,核心组件基本实现自主可控,少量通用进口元器件可以实现国产化替代方案,在关键技术具备自主知识产权的基础上,国盾量子及子公司上海国盾量子信息技术有限公司虽被美国列入实体制裁清单,但影响有限。

### 7.6.3.3　坚定拓展国家层面的新国际合作空间

探索创新政府层面协商的新模式,推动中美基础研究领域科学家联合发声的新机制,全力稳住现有合作层级和渠道。同时,通过取长补短、强强联合等方式与以奥地利为首的中欧国家在量子科技领域共同制定科技发展规划,在科研开发、人才培育、基础设施与数据共享等方面全面开展政府层面战略合作。随着中美关系不确定因素大增,欧洲国家成为我国的最优合作方,巩固推动中欧量子信息领域优势研究机构的交流合作,利用我方的若干领先资源开展联合攻关,打造互惠共利是目前比较切实可行的路径。

# 第 8 章
# 部分国家和地区量子科技创新生态系统案例分析

## 8.1 政府层面

量子科技作为一种未来产业，其技术创新的成果在产业与商业化方面往往具有一定的滞后性，其大规模应用的实现需要经历较长的周期。因此，在量子科技创新生态系统发展的初期，对于政府侧的资源供给具有较强的依赖性。政府通过提供政策、法律、资金等方面的资源为生态系统营造良好的技术创新环境和氛围，帮助量子科技创新生态系统完善创新要素、搭建创新网络，帮助创新生态系统突破从 0 到 1 的新生期。

### 8.1.1 美国：长期布局规划，立足前沿导向，重视基础研究

在世界范围内，美国较早认识到量子技术的战略意义。美国国防部高级研究计划局（DARPA）早在 1994 年就出台了《量子通信技术研究计划》，计划用 3～5 年时间全面推进量子通信技术研究。进入 21 世纪之后，美国对于量子科技发展的投入持续加码，频繁出台一系列战略文件和相关政策进行部署（表 8.1）。

表 8.1　美国量子科技领域中长期发展政策计划一览

| 政　策 | 时间点/跨度 | 发布(推动)部门 | 主　要　内　容 |
|---|---|---|---|
| 美国量子网络战略愿景 | 2020 年发布(5 年期和 20 年期) | 白宫国家量子协调办公室 | 未来 5 年,美国的公司和实验室将展示实现量子网络的基础科学和关键技术,识别这些系统的潜在影响,以及改进后的量子应用对商业、科学、卫生和国家安全的益处;未来 20 年,量子互联网链路将利用网络量子设备来实现传统技术无法实现的新功能,同时推进人们对量子纠缠作用的理解 |
| 量子信息科学国家战略概述 | 2018 年发布(10 年期) | 白宫国家科学技术委员会,美国能源部、国家科学基金会、国家标准与技术研究院 | 明确希望取得突破的领域:计算应用,传感器技术,用于军事和商业应用的定位导航系统,网络安全系统,量子密码学,机器学习的新算法,通过量子信息理论理解材料、化学甚至引力的新方法 |
| 量子信息科学的立法 | 2018 年发布(5 年期) | 美国国会众议院 | 制定统一的国家量子战略,在 2023 年前提供 13 亿美元资金支持 |
| 首个实用型量子计算机项目 | 2018 年通过(5 年期) | 美国国家科学基金会 | 由麻省理工学院等 7 所高校研究者 5 年内设计实现首台离子阱量子计算机的软硬件,项目总额 1500 万美元 |
| 国家量子倡议法案 | 2018 年发布(10 年期) | 美国众议院科学委员会 | 计划在 10 年内拨给能源部、国家标准与技术研究所和国家科学基金 12.74 亿美元,全力推动量子科学发展 |

续表

| 政　策 | 时间点/跨度 | 发布(推动)部门 | 主　要　内　容 |
|---|---|---|---|
| 推进量子信息科学:国家的挑战与机遇 | 2016 年发布（10 年期） | 国家科学技术委员会 | 认为量子计算可以促进化学材料科学与粒子物理发展,可能颠覆众多科学领域,为时空和宇宙提供新解释,并认为 10 年内可以实现这些发展 |
| 2015—2019 年技术实施计划 | 2015 年发布（15 年期） | 美国陆军研究实验室（ARL） | 提出 2015—2030 财年①量子信息科学研发目标与基础设施建设目标 |
| 量子信息科学与技术规划 | 2002 年发布（2004 年发布 2.0 版） | DARPA | 明确量子计算发展的主要步骤和时间表 |
| 量子通信技术研究计划 | 1994 年发布（3～5 年期） | DARPA | 用 3～5 年时间全面推进量子通信技术研究 |

　　美国从战略研究、立法、管理、经费预算等方面系统研究和部署国家量子计划,明确量子信息科学研究目标、重点和发展路径,以国会立法的方式确立国家量子计划,设立国家量子协调办公室和量子信息科学分委会等专门的组织实施和协调机构,研究经费列入总统年度预算,保障国家量子计划实施。在国家战略层面,美国高度重视对于量子科技领域的长期布局,对重大战略政策的规划年限从 3 至 10 年期不等。

　　2018 年 12 月由美国国会颁布的《国家量子计划法案》(National Quantum Initiative Act,NQI)被视为美国全方位加速量子科技研发与应用的标志,美国颁布此法案以加速美国在量子信息科学和技术方面的领导地位。该法案构建了国家量子计划的总体框架,提出要从 5 个方面(支持量子信息

---

① 美国每年 10 月 1 日到次年 9 月 30 日为一个财年。

科学和技术的研究、开发、示范和应用;改善联邦量子信息科学技术研发的跨部门规划和协调;最大限度地提高联邦政府量子信息科学技术研究、开发和示范计划的有效性;促进联邦政府之间的合作;促进用于量子信息科学技术安全的国际标准的发展)确保美国在量子信息科学及其技术应用方面的持续领导地位,并予以 12.74 亿美金的资金支持,要求制定为期 10 年的 NQI 计划,并在 5 年后评估美国在 QIS 中的领导地位及当时更新的战略计划(NSTC,2018)。2021 年发布的《国家量子倡议(NQI)2021 财年总统补充预算》(National Quantum Initiative Supplement to the President's FY 2021)和《国家量子倡议(NQI)2022 财年总统补充预算》分别作为《国家量子计划法案》的两份年度报告,跟踪了该计划在组织管理、经费投入、实施进展等方面的情况。

基于以上长期战略规划,美国对量子科技的发展方向会及时进行优选和调整,确保始终在新兴领域前沿领域抢占话语权,以向其他国家输出自己制定的监管规范和技术标准,保证美国在具有变革性的科技领域具有优势地位。

自 2020 年开始,美国继欧盟之后提出构建量子互联网的宏伟蓝图,量子网络的发展迎来了政策密集期,相继出台了一系列相关战略文件和中长期发展计划,显示出美国全力推进量子计算应用落地的决心。2020 年 2 月,白宫国家量子协调办公室发布《美国量子网络的战略构想》,明确了一个中期目标和一个长期目标:一是在未来 5 年,美国公司和实验室将演示量子互连、量子中继器、量子存储器到高通量量子信道和探索跨洲际距离的天基纠缠分发等量子网络的基础科学和关键技术,并查明这些系统在商业、科学、卫生和国家安全等方面的潜在影响和改进应用;二是在接下来的 20 年中,利用网络化量子设备实现经典技术无法实现而量子互联网特有的新功能,也让人们更进一步认识纠缠能够起到的作用(The White House National Quantum Coordination Office,2020)。《美国量子网络的战略构想》认为,量子信息技术仍处于早期阶段,其未来发展决定于可靠地连接量子设备的基础设施平台的能力,以及开发量子信息科学在安全、传感和计算模式等方面应用的能力。2021 年 1 月，美国再次就量子互联网发展提出《量子网络研究协同路径》战略文件，提出美国必须继续投资基础研究以探索和利用量子网络，并适当平衡投资决策。该文件建议，要加强量子网络研发机构间的协同、针对量子网络研发基础设施制定时间表并促进量子网络研发的国际合作（The Subcommittee on Quantum Information Science Committee on Science of the National Science & Technology Council，2021a）。

　　除了发展方向的前沿性和战略规划的长期性，美国始终非常重视量子科技的基础研究并予巨额的资金支持。根据 2018 年颁布的《量子信息科学国家战略概述》，美国在 QIS 领域的国家投资组合主要集中在量子传感、量子计算、量子网络、量子器件和理论四类基础科学研究（图 8.1），其投资额占比超过 80％，其余为技术开发类项目，主要资助机构为美国国防部、美国能源部（Department of Energy，DOE）、美国国家标准与技术研究院（National Institute of Standards and Technology，NIST）、美国国家科学基金会（National Science Foundation，NSF）。

　　从《国家量子计划法案》的资金分配来看，2019—2023 年，NIST 每年可支配 8000 万美元用以支持基础研究、应用研究、基础设施建设、人才培养等活动；NSF 可资助开展量子信息科学与工程的基础研究、教育计划、建立 2～5 个多学科量子研究中心，在 2019—2023 财年度，为每个中心的拨款不超过 1000 万美元；DOE 可资助建立 2～5 个 QIS 研究中心进行基础研究，在 2019—2023 财年度，为每个中心的拨款不超过 2500 万美元（吕凤先 等，2022）。

　　NQI 法案授权美国联邦部门和机构建立中心和联盟以促进 QIS 研发（R&D），并要求协调整个联邦政府以及工业界和学术界的 QIS 研发工作。美国联邦 QIS 研发预算总结了 2019 财年和 2020 财年的实际情况支出、2021 财年估计支出和 2022 财年要求的预算。在 NQI 计划的推动下，美国 QIS 研发预算有望在 2022 财年比 2019 财年翻一番，2023 财年预算的多机构研发优先事项备忘录（Multi-Agency Research and Development Priorities for the FY 2023 Budget）也明确提出要促进 QIS 等关键和新兴技术的

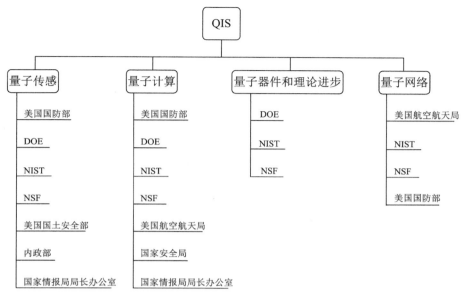

图 8.1　美国在 QIS 领域的基础科学研究类别与投资机构

研究和创新,并指出"在 QIS 领域内,机构们应优先考虑计划去有意识地解决该领域面临的最困难的科学和工程问题"。

美国资讯技术与创新基金会(information technology and onnovation foundation,ITIF)的智库报告显示,2019 年 QIS 研发的实际预算授权为4.49 亿美元,2020 年为 6.72 亿美元;2021 财年为 QIS 研发制定的预算授权为 7.93 亿美元,2022 财年为 QIS 研发申请的预算授权为 8.77 亿美元(The Subcommittee on Quantum Information Science Committee on Science of the National Science & Technology Council,2021b)。图 8.2 显示了美国 QIS 研发活动的总体联邦预算,汇总了多个机构(NIST、NSF、DOE、美国国土安全部、美国国防部、美国航空航天局)多个 QIS 子主题(如计算、网络、传感、基础科学和技术)。QIS 研发预算的大部分增长用于 NQI活动,例如 NIST 建立量子联盟、NSF 建立量子跃迁挑战研究所(Quantum Leap Challenge Institutes,QLCI)、DOE 建立国家 QIS 研究中心,协调和加强许多机构的核心 QIS 项目。美国 QIS 研发的持续增长将使美国大学、行业和政府研究人员能够探索量子前沿、推进 QIS 技术并培养所需的劳动力,以继续美国在该领域和未来相关行业的领导地位。

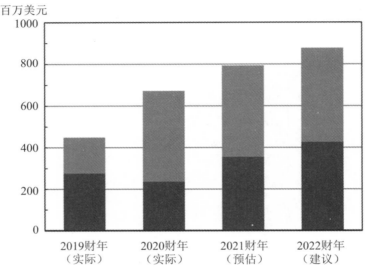

图 8.2　美国 QIS 研发预算

注:图 8.2 显示了自 NQI 法案实施以来美国 QIS 的研发预算。条形高度代表每个财政年度的总预算(2019 财年和 2020 财年实际支出、2021 财年预估支出和 2022 财年要求的预算)。浅色的部分表示原 NQI 法案规划的预算,深色部分表示超出法案计划之外的金额。

资料来源:The Subcommittee on Quantum Information Scienc Ecommittee on Science of the National Science & Technology Council,2021b. National quantum initiativesupplement to the president's FY 2022 budget[EB/OL]. (2021-12-01) [2023-12-29]. https://www. quantum. gov/wp-content/uploads/2021/12/NQI-Annual-Report-FY2022. pdf.

### 8.1.2 欧盟："四纵一横"布局，针对性配置资源，发展目标明确

欧洲是量子理论的发源地，20世纪初，欧洲的物理学家马克斯·普朗克和尼尔斯·玻尔等提出了量子理论并创立了量子力学。2016年3月，欧盟委员会发布《量子宣言》，该宣言呼吁发起量子技术旗舰计划，启动欧洲量子产业，扩大欧洲在量子研究领域的科学领导地位。该宣言围绕量子通信、量子计算、量子模拟、量子传感和计量4个领域分别制定了短期目标(0～5年)、中期目标(5～10年)和长期目标(10年以上)。2018年10月，欧盟启动了量子技术旗舰计划(The quantum technology flagship，以下简称"量子旗舰")，确定将在10年内提供10亿欧元，支持大规模和长期的研究与创新项目，其主要目标是将量子研究从实验室转移到市场，实现商业应用，确保欧洲在全球第二次量子革命中走在前列。量子旗舰的长期愿景是建立"量子互联网"，实现量子计算机、量子模拟器和量子传感器等相互连接。

"量子旗舰"的总体框架可概括为"四纵一横"五大领域(图8.3)，量子旗舰项目的部署将分别针对五大领域进行，而且每个领域配置的资源规模可以各不相同。"四纵"是指量子通信、量子计算、量子模拟及量子传感与测量这四大应用领域(application domains)。"一横"是指量子基础科学，它涵盖了从理论与实验基础科学到原理验证实验的全部科研活动，将为量子旗舰目标的实现提供概念、工具、组件、材料、方法以及工艺。量子基础科学属于交叉领域，由其发展出来的新想法、新思路或新点子可能对四大应用领域产生重大影响。另外，对于四大应用领域的项目而言，还必须承担起以下3类能力建设(enabling aspects)方面的责任：

#### 1. 工程/控制

推动对新技术的理解、设计、控制、构建和使用，通过加快新材料的研制、多技术平台适用的设备和系统小型化或集成化，促进新技术从概念、理

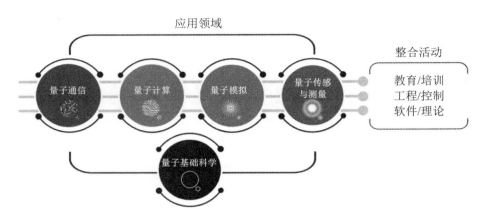

图 8.3　量子技术旗舰计划的总体框架

论、一次性(One-off)和原理验证实验到可应用装置及最终产品的转变。

2. 软件/理论

开发量子算法、协议及应用,综合运用能够理解并利用量子优势的控制和认证工具。

3. 教育/培训

培养新一代量子技术人员、工程师、科学家和应用开发人员,并为之营造良好的科研环境和条件,以共同开展任务驱动的技术研发,以及工具和软件的开发与标准化。其中也包括面向全社会开展科学普及,让更多的人了解量子技术的发展潜力和好处。

"量子旗舰"的前 3 年(2018 年 10 月至 2021 年 9 月)为计划初始阶段(ramp-up phase),将通过"地平线 2020 计划"拨出 1.32 亿欧元,为 20 个项目提供支持。2021 年以后,预期将再资助 130 个项目,以覆盖从基础研究到产业化的整条量子价值链,并将研究人员与量子技术产业汇集到一起。

2020 年 3 月,欧盟战略咨询委员会(Strategic Advisory Board,SAB)发布了《量子技术旗舰计划战略研究议程》,以公开透明的方式征求了欧洲 2000 多名量子专家的意见,为"量子旗舰"制定了未来的发展路线。该议程在"量子旗舰"最终报告的基础上,围绕量子通信、量子计算、量子模拟、量子传感与测量,详细分析了欧盟在上述每个应用领域中的社会经济挑战和研究创新挑战,进一步制定了每个应用领域更为详细的未来 3 年、6~10 年的发展路线。同时,为解决 4 个应用领域中共同的基础问题和挑战,确保量子技术产业的可持续发展,该议程进一步明确了"量子旗舰"的科技资源。针对基础研究资源,该议程在"量子旗舰"最终报告的基础上,明确了更为详细的发展目标,制定详细的发展路线。针对技术资源,该议程从制造和包装、使能技术、控制、软件和理论 5 个方面分析了欧盟面临的挑战,制定详细发展路线,确保"量子旗舰"能有效利用概念、工具、技术和人员。同时,欧盟通过"地平线 2020""地平线欧洲"和"数字欧洲"支持"量子旗舰"的研究创新项目和基础设施等。创新是"量子旗舰"的核心关注点,欧盟构建创新生态系统,将量子技术从实验室拓展到新产品及服务,以实现量子商业化应用。

针对量子技术的四大应用领域和基础研究,"量子旗舰"最初通过"地平线 2020"科研框架计划,在 2018 年 10 月至 2021 年 9 月期间投资 1.32 亿欧元资助 20 个项目。在量子通信领域,资助了长期可靠的数据隐私(continuous variable quantum communications,CiViQ)、量子互联网联盟(quantum internet alliance,QIA)、量子随机数发生器项目(quantum random number generators,QRANGE)、可负担的量子通信(affordable quantum communication for everyone,UNIQORN),资助金额约为 3350 万欧元。在量子计算领域,"量子旗舰"资助了 2 个项目,分别是开放式超导量子计算机(open superconducting quantum computer,OpenSuperQ)和离子阱量子计算机(advanced quantum computing with trapped ions,AQTION),资助金额约为 1990 万欧元。在量子模拟领域,资助了量子级联激光频率梳中的量子模拟和纠缠工程(quantum simulation and entanglement engineering in quantum cascade laser frequency combs,Qombs)和下一代量子模拟平台(programmable atomic large-scale quantum simulation,PASQuanS),资助金额约为 1860 万欧元。在量子传感与计量领域,资助了高精度时钟(integrated quantum clock,iqClock)、基于分子水平检测心脏代谢(leveraging room temperature diamond quantum dynamics to enable safe，first-of-its-kind，multimodal cardiac imaging，MetaboliQs）、开发量子传感器并将其推向市场（miniature atomic vapor-cells quantum devices for sensing and metrology applications，macQsimal）和钻石量子感测技术（advancing science and technology through diamond quantum sensing，ASTERIQS）4 个项目，资助金额约为 3670 万欧元。在基础科学领域，资助了 2D 材料的新型量子设备概念（two dimensional quantum materials and devices for scalable integrated photonics circuits，2D SIPC）、可扩展的二维量子集成光子学（scalable two-dimensional quantum integrated photonics，S2QUIP）、量子微波通信与传感（quantum microwave communication and sensing，QMiCS）、可扩展的稀土离子量子计算节点（scalable rare-Earth ion quantum computing nodes，SQUARE）、相干扩散光子学的亚泊松光子枪（sub-poissonian photon gun by coherent diffusive photonics，PhoG）、用于量子模拟的光子（photons for quantum simulation，PhoQuS）和微波驱动离子阱量子计算（microwave driven Ion trap quantum computing，MicroQC）7 个项目，资助金额约为 2010 万欧元。2021—2027 年，"量子旗舰"将在"地平线欧洲"科研框架计划下启动战略性"量子旗舰"项目，预计将再资助 130 个项目，并将在"数字欧洲"计划下建设基础设施。

欧洲成员国之间通过欧洲量子通信基础设施计划（Europe quantum communication infrastructure，EuroQCI）和欧洲量子研究区域（European research area in quantum technologies，QuantERA）项目进行紧密合作。自 2019 年开始，德国、比利时等 24 个欧盟成员国签署 EuroQCI，将在未来 10 年共同研发和部署欧洲量子通信基础设施。该基础设施由两个要素组成：一是利用现有光纤通信网络将欧洲通信站点连接起来的地基组件，二是远距离天基组件。QuantERA 项目受"地平线 2020"资助，其主要目标是加强国家之间的跨国合作，激发多学科量子研究，通过跨国研究项目的资助整合欧洲国家研究力量。目前正在实施的 QuantERA Ⅱ 期项目，有 30 个欧盟成员国的 38 个研究资助组织共同参与。

### 8.1.3　日本：顶层设计完善，重视实用价值，产研合作紧密

　　与美国相似，日本对于量子技术的研究起步较早（其量子科技领域重要政策如表 8.2 所示），日本科技振兴局（JST）于 1985 年发起的前沿技术探索研究计划（ERATO）就将量子科学作为重点推进的基础科学进行研究。截至 2020 年，该计划下已有 10 项关于量子科技的专题研究，包括超导量子电路、量子算法、光晶格钟、约瑟夫森量子计算机等。进入 21 世纪后，日本量子领域的技术发展更多以实践应用为导向，更多促进量子技术产业化的计划和战略被推出。2001 年，包括日本电信电话株式会社（NTT）、日本电气股份有限公司（NEC）、日立公司在内的多个日本行业领先企业联合开展为期 5 年的量子计算与信息计划（quantum computation and information），并产出了如超导磁数量子比特和基于硅光子晶体的高 Q 值光振荡器等多项代表性成果，为量子计算机的发展奠定了重要基础。2023 年，JST 再次推出关于量子信息处理的国家项目"进化科学技术核心研究"（CREST），该项目为期 7 年，重点推进量子计算机的硬件研发，总投资达 6000 万美元。共资助 11 个研究小组，其中，5 个项目组致力于研发光子量子比特、超导量子比特、中性原子、原子集合和连续变量进行量子信息处理器；3 个项目组研究用半导体自旋量子比特、陷落离子和分子振动/旋转自由度实现量子信息处理；另外 4 个项目重点研究电信波段的纠缠光子的量子信息处理，分子自旋量子比特，光晶格时钟，以及多体系统的量子模拟工具。2009 年，日本内阁开启"世界领先的科技创新研发资助计划"（FIRST），旨在通过前沿科技研发，加强日本的国际竞争力。在科学技术和创新委员会的直接控制下，该计划总共进行了 30 个不同领域的项目，涵盖的领域包括量子通信、量子计量和传感、量子神经网络（QNNs）、量子模拟、量子计算和量子器件技术，总预算 3000 万美元。

表 8.2　日本量子科技领域重要政策计划一览

| 政　策 | 时间点/跨度 | 发布(推动)部门 | 主　要　内　容 |
|---|---|---|---|
| 量子未来社会展望 | 2022—2030 年 | 日本内阁 | 将投入使用第一台国产量子计算机,并到 2030 年达到 1000 万量子技术用户的目标 |
| "量子原住民" 培养计划 | 2020—2030 年 | 日本国家信息和通信技术研究所 | 旨在培养出日本的"量子原住民",为人才提供从小就习惯于量子技术的环境,就像"网络原住民"在电脑和互联网环境中长大一样 |
| 量子实际应用研究社 | 2020—2024 年 | 日本多家研究所及相关企业,日本量子技术初创公司(QunaSys)主导 | 提供一系列讲座,以学习量子计算机上产业应用基础知识,并定期举办研讨会,共同讨论感兴趣的主题。此外,项目还计划提供资源对接服务,如促进硬件供应商与成员量子企业之间的联合研究项目,希望开发出真正可实际落地的产业级量子计算应用 |
| 光量子跃迁旗舰计划 | 2018—2027 年 | 量子科学技术委员会 | 主要围绕"量子信息处理""量子传感""极短脉冲激光""下一代激光加工"4 个研究技术领域进行,投资规模 2 亿美元 |
| 革新性研究开发推进计划 | 2014—2018 年 | 日本内阁 | 在推动量子神经网络技术的实际落地应用研究。该项目由日本情报系统研究机构国立情报学研究所(NII)与美国斯坦福大学教授山本喜久共同负责,参与机构众多 |

| 政　　策 | 时间点/跨度 | 发布(推动)部门 | 主　要　内　容 |
|---|---|---|---|
| 世界领先的科技创新研发资助计划 | 2009—2013 年 | 日本内阁 | 旨在通过前沿科技研发,加强日本的国际竞争力。在科学技术和创新委员会的直接控制下,该计划总共进行了 30 个不同领域的项目,涵盖的领域包括量子通信、量子计量和传感、量子神经网络、量子模拟、量子计算和量子器件技术,总预算 3000 万美元 |
| 进化科学技术核心研究项目 | 2003—2010 年 | JST | 重点推进量子计算机的硬件研发,总投资达 6000 万美元,共资助 11 个研究小组 |
| 量子计算与信息计划 | 2001—2005 年 | NTT、NEC、日立公司等多家日企 | 多家企业联合开展量子技术探索之路 |
| 前沿技术探索研究计划 | 1985 年 | JST | 推进量子科学在内的多项前沿科技的基础研究 |

　　正是基于 FIRST 研究项目取得的重大发现,让日本将目光投向了基于光学参量振荡器的具有全对全连接的量子神经网络。研究者发现,这种量子神经网络相比于经典计算机和量子退火机具有更稳定的性能,且能够有效解决在现实生活中无处不在的组合优化类问题,具有重要的实用意义。也正是基于在 FIRST 计划中取得的新发现,2014 年,日本内阁单独成立"革新性研究开发推进计划"(ImPACT),旨在推动量子神经网络技术的实际落地应用研究。该项目由日本情报系统研究机构国立情报学研究所与美国斯坦福大学教授山本喜久共同负责,参与机构众多,包括日本东京大学、大阪大学、东北大学、京都大学、东京工业大学、北海道大学、学习院大学、理化研究所(RIKEN)、日本国家信息和通信技术研究所(NICT)、日本电信电

话株式会社、三菱电机株式会社、美国斯坦福大学、德国维尔茨堡大学等,项目周期为 2014—2018 年,项目总经费为 3000 万美元。日本文部科学省下属的量子科学技术委员会于 2017 年 8 月发布了"光量子跃迁旗舰计划"(QLEAP),将主要围绕"量子信息处理""量子传感""极短脉冲激光""下一代激光加工"4 个研究技术领域进行,其中"量子信息处理"的研究重心就是量子模拟器和量子计算机,目标是实现量子计算在制造业、药物研发等领域中的应用,朝大规模数据的高速处理计算发展,项目周期为 2018—2027 年,总投资规模 2 亿美元。同时,新能源和工业技术发展组织将重点资助量子退火机的研究,以及相干伊辛机(CIM)的通用软件平台搭建。2020 年 4 月,日本多家研究所,相关企业组建了名为"QPARC"的攻关项目,由日本量子技术初创公司主导,QPARC 将首先提供一系列讲座,以学习量子计算机产业应用基础知识,并定期举办研讨会,共同讨论感兴趣的主题。此外,项目还计划提供资源对接服务,如促进硬件供应商与成员量子企业之间的联合研究项目,希望开发出真正可实际落地的产业及量子计算应用。2020 年 10 月,日本国家信息和通信技术研究所启动一项为期 10 年的量子人才培养项目,旨在培养出自己的"量子原住民",为人才提供从小就习惯于量子技术的环境,就像"网络原住民"在电脑和互联网环境中长大一样。该项目将延请国内外领先量子计算相关研究机构的研究人员及来自大学和企业的专家担任讲师,面向约 20 名学员教授量子技术相关知识,教学内容包括通过云技术使用 IBM 的量子计算机等实践课程。2021 年,日本内阁启动暂定名为《量子未来社会展望》的新国家战略计划,该计划被纳入首相岸田文雄的标志性"新资本主义"行动计划,以及政府的年度基本经济政策框架。该计划预计投入使用其第一台国产量子计算机,同时该战略草案设定了到 2030 年达到 1000 万量子技术用户的目标(NIKKEI Asia,2022)。

## 8.2 技术与产业实践

### 8.2.1 美国：跨界协同发展，实践应用导向，推动国际合作

美国量子科技创新的发展具有多部门共同参与、协同推进的特征。《国家量子计划法案》(NQI)授权美国联邦部门和机构建立中心和财团以促进QIS研究与开发(R&D)。NQI法案还要求协调QIS的研发工作包括联邦政府，以及工业界和学术界。美国联邦政府10多个部门参与了国家量子计划，国家量子协调办公室协调国家标准与技术研究院、国家科学基金会、能源部等民用量子信息科学研究，国防部及情报部门均是量子信息科学分委会和量子科学对经济和安全影响小组委员会的成员单位，共同参与推进量子研究和应用开发。美国能源部依托11个国家实验室、39个学术机构和14家企业组建了5个研究中心，国家科学基金会依托16所大学、8个国家实验室和22个行业单位建立了3个研究所，打造多学科合作平台，促进量子科技创新链、产业链融合协调发展。

2019年2月，美国国家科学基金会(NSF)发布量子跃迁挑战研究所(Quantum Leap Challenge Institutes，QLCI)大型跨学科研究项目，旨在推进量子信息科学与工程的前沿技术。研究所的研究将跨越量子计算、量子通信、量子模拟和量子传感等重点领域。预计这些研究将促进多学科方法，以实现这些领域的特定科学、技术、教育劳动力发展目标。QLCI计划将为由多学科科学家和工程师组成的研究所提供资金，这些研究所由一个共同的挑战主题联合起来，以推进量子通信、量子计算、量子模拟和量子传感方面的研究前沿。QLCI计划还将通过跨学科和协作的基础研究、项目驱动

的培训和创新课程,促进和刺激训练有素的劳动力的发展。QLCI 计划将通过让学员接触理论框架、算法技术和实验平台和测试平台,以及与国家实验室、行业和国际合作伙伴的互动来促进研究、培训和教育(National Science Foundation,2019)。

在抓牢量子科技基础研究的同时,美国也始终重视以技术应用为导向出台战略行动计划。2022 年 3 月,美国国家科学和技术委员会(NSTC)量子信息科学小组委员会(SCQIS)发布了名为《将量子传感器付诸实践》的报告,通过扩展量子信息科学(QIS)国家战略概述中的政策主题。报告指出,产业界、学术界和政府部门及机构之间的合作可以促进必要的科学和工程,为此,报告提出了一些建议,以协调研发并促进量子传感器的有效应用(The Subcommittee on Quantum Information Science Committee on Science of the National Science & Technology Council,2022a)。报告中的建议以美国《量子信息科学国家战略概览》和 NQI 法案为基础,加强了美国的 QIST 战略。其长期目标是通过量子技术的发展促进经济机会、安全应用和科学进步。在未来 1～8 年,美国将根据这些建议采取行动加速实现量子传感器所需的关键发展。

为推进量子技术的应用落地,并拓宽发展空间,美国积极组建各类量子产业联盟,通过资源互补实现技术创新。继 2018 年芝加哥量子联盟(Chicago quantum alliance)以后,美国政府仍在积极联合学术界、产业界共同组建量子联盟,并分别于 2019 年 12 月和 2020 年 1 月结成了两个新联盟——量子信息边缘(quantum information edge)和马里兰量子联盟(Maryland quantum alliance),通过加强技术交流,共同确定量子信息科学未来发展中的关键问题和重大挑战,简化技术转化流程。一个包含"政府、学术界、产业界"在内的量子信息科学生态体系正在形成。

IBM 是量子计算机研发的领跑者之一,也是全球最大的量子科技企业之一。2017 年 12 月 IBM Q Network 正式成立,该联盟为参与者提供基于云技术的多层次接入手段,使他们可以接触到量子计算方面的专家和资源;对于特定的参与者,还将提供接触 IBM Q 系统的机会。IBM Q 系统是目前可用的最先进、最易扩展的量子计算系统之一,IBM Q 系统可为在量子计算竞赛中的初创公司提供与深度接触 API 和高级量子软件工具的机会,以及来自 IBM 科学家、技术人员和顾问的关于未来量子技术应用的建议。2020 年 1 月,IBM 宣布扩展 IBM Q Network,该网络现在总共包括了 100 多个组织,新增加的组织包括跨多个行业的领先组织,如学术机构、政府研究实验室和初创公司,所有组织一起合作推进量子计算的发展。

美国加强量子信息科学国际合作,扩大创新空间,增加全球人才库,促进量子信息科学技术和产业发展。近年,美国与日本、澳大利亚、英国等国探讨基础研究、产业发展和人才队伍的合作领域,建立双边私营部门和公私合作渠道。另外,美国联邦机构与非营利机构和大学合作建立开放式创新中心,通过举办"国际量子 U 技术加速器"项目路演活动,资助量子相关的颠覆性基础研究,加速技术开发并建立国际伙伴关系。该活动为 18 个美国内外的大学申请者团体提供为期一年的资助,各团体可获得 75000 美元用于量子通信、量子计算、量子遥感和量子计时领域的研究,"加速器"活动将作为美国发现和促进国际大学合作和研究的跳板,以寻求新颖的量子解决方案。美国较早意识到需要跨越国界的科学合作来支持量子科技的快速进步与持续发展,以在这个瞬息万变的世界中保持经济和战略竞争力。

### 8.2.2　欧盟:基础应用两手抓,跨学科协调资源,重视投资和知识产权保护

2021 年 4 月 14 日,欧洲量子产业联盟(European Quantum Industry Consortium,QuIC)正式启动,将负责倡导、促进和推动欧洲量子产业面向所有量子技术利益相关方实现共同利益。QuIC 作为一个非营利性组织,由来自欧洲各地的几家主要商业参与者,包括大型企业、中小企业、投资者和初创公司建立,QuIC 的目标包括:

(1) 明确量子技术部门在供应链、使能组件/技术、性能、知识产权、标

准、劳动力等方面存在的差距；

（2）确定不同领域的量子技术应用和用例；

（3）促进量子技术行业之间的协作；

（4）满足公共利益相关方的量子技术产业需求；

（5）在欧洲营造一个公平和可持续的量子技术商业环境，并确保其全球竞争力。

### 8.2.3　日本：着眼应用研究，解决实际问题，重视产学研合作

日本对于量子技术的开发通常以实际存在的问题为导向，进行应用技术的研究与开发，并于近年来取得了不俗的成果。如 2021 年 9 月，富士通公司与日本邮船株式会社（NYK）联合推出的量子退火技术，该技术就是受量子现象启发的计算架构，旨在帮助物流业务实现高效化的运行，大幅简化了汽车运输船的复杂配载计划，相关企业利用该算法成功地将为专用汽车运输车制定配载计划所需的时间从 6 小时减少到每艘船 2.5 小时（量子客，2021）。2021 年 12 月，日本电气股份有限公司和量子计算技术公司 D-WAVE 宣布将在全球销售飞跃量子云服务（leap quantum cloud service），该服务是一种可以灵活使用量子计算机和量子混合求解器服务的云服务，有助于解决社会生活场景中的各类组合优化问题。如使用蒙特卡罗模拟的经济预测和风险管理需要生成没有周期性的高质量随机数，但是，在普通计算机上通过函数调用获得的随机数具有周期性，存在无法进行准确预测和风险管理的问题，而通过跃进量子云服务与 NEC 拥有的算法相结合，可以进行有效的预测，并有望用于经济预测和风险管理。

总而言之，日本的量子科技创新具有很强的实际应用导向特征，在解决实际问题的过程中累积经验，推进量子技术的实用化发展，为技术创新打下坚实的基础。

同时，日本也意识到产业联盟和产学研协同是影响未来技术创新的重

要布局方式,在量子科技领域日本目前有两大产业联盟组织,分别为由东京大学牵头成立的"量子创新协会"(QIIC),由丰田汽车牵头成立的"基于量子技术的新产业创造协会"(Q-STAR)。

2021 年 5 月,东芝、丰田等数十家日本企业成立了"通过量子技术创造新产业委员会"(the Council for New Industry Creation Through Quantum Technology)创始人协会,以推进建立产业委员会的准备工作,并制定促进量子技术方面的举措。9 月 1 日,创始人协会的 24 家公司在会员大会上正式成立了产业委员会,并更名为量子战略产业革命联盟(Q-STAR)。Q-STAR 是一个以实现利用量子计算机等量子技术的下一代 IT 技术为目标的协会,由东芝、NEC、日立制作所、富士通等 IT 企业,以及丰田汽车等将量子技术用于实业的用户企业等组成的民间团体。该组织的目的是研究如何将 IT 企业正在开发的量子技术应用到实际商业中,预计在 2030—2050 年实现量子技术的实用化。

Q-STAR 邀请支持其目标和计划的不同产业的参与,并将与产业界、学术界和政府合作,推动应用新技术的计划,并建立相关的技术平台。Q-STAR 关注的问题包括重新评估与量子技术相关的基本原则和法律,开展调查并就其适用性和必要的产业结构、系统、规则等提出建议。Q-STAR 还将致力于建立一个全球公认的平台,促进与世界各地从事量子技术工作的其他组织的合作。

IBM 与东京大学宣布成立量子创新计划联盟(QIIC),开展里程碑意义的合作,此联盟将拓展 2019 年 12 月日本政府与 IBM 签订的《量子伙伴关系计划》。QIIC 旨在加速行业、学术界和政府之间的合作,以提升日本在量子科学,商业和教育领域的地位。日本基于 QIIC 联盟主要开展两项核心的信息交流活动:① 量子计算软件应用的信息交流;② 将日本的制造技术应用于量子计算机通以大幅提高性能的量子硬件信息交换,以及引领下一代量子计算机发展的基础科学技术信息交换。

QIIC 总部位于东京大学,通过举办研讨会、讲习班和其他各类活动,QIIC 将加深量子领域内高才生、教研人员和从业者之间的研究合作,在日本培育量子新商机。目前 QIIC 协会的事务局由东京大学担任,成员有庆应义塾大学以及产业界的 JSR、DIC、东芝、丰田汽车、日本 IBM、日立制作所、日本瑞穗金融集团、三菱化工、三菱 UFJ 等。会长由瑞穗金融集团会长佐藤康博担任,项目负责人由东京大学研究生院理学系研究科教授相原博昭担任。

## 8.3　量子科技教育与人才培养

### 8.3.1　美国:布局量子 K12 教育,产教相融开发课程,积累量子劳动力

美国已在 K12 群体中开始全面布局量子科技的科学教学,并出台了一系列政策进行引导,并以产业界与教学界紧密交融的形式开发相关课程与模块,共同为美国未来的量子劳动力储备展开工作。

2022 年 2 月,美国白宫科技政策办公室(OSTP)推出《量子信息科学和技术劳动力发展国家战略计划》(Workforce Development National Strategic Plan,QIST),旨在促进先进技术教育和推广,培养下一代量子信息科学人才,以跟上量子科学领域不断增长的就业岗位。OSTP 提出 4 项关键行动计划:一是从短期和长期角度评估 QIST 生态系统对劳动力的需求;二是通过公共宣传和教育材料向公众宣传 QIST;三是弥补 QIST 在专业教育和培训机会方面的具体差距,增加高中和本科生参与以及获得 STEM 和量子科学教育的机会;四是保证 QIST 和相关领域的求职便利与公平(The Subcommittee on Quantum Information Science Committee on Science of the National Science & Technology Council,2022b)。在以举国之力发展量子科技之时,美国也将量子信息科学(QIS)教育放入了国家的战略性文件

中,非常重视 QIS 概念在广泛的非科学观众中的传播。公众参与活动应该既能激发未来的 QIS 学习者,又能促进非专业观众的 QIS 意识、欣赏、直觉和识字能力。

2018 年,NQI 法案就提出了量子信息科学教育倡议,计划在美国基础教育(K-12)中开设量子信息科学相关课程,该法案提出必须让量子力学走出高校,拥有更广泛的受众。在基础教育阶段,需要建立计算思维和科学思维导向的计算机和物理课程项目,从小培养兴趣。美国首席技术官迈克尔·克拉齐奥斯(Michael Kratsios)曾提出:"我们认为,早期接触新兴技术对于激励和培养下一代美国劳动力至关重要。"美国国家科学基金会已设立量子计算和信息科学人才计划和行业-学术界联合培养研究生计划等,并计划开发适合中小学生阶段的量子信息科学与工程教育资源,为多元化量子信息科技人才需求奠定基础。美国国家标准与技术研究院和美国能源部主要通过项目或奖学金支持参与研究的学生和博士后。

2020 年 10 月 7 日,美国举行了国家 Q-12 教育合作伙伴关系的成立会议,这是一项旨在激励下一代量子信息科学领导者的公私合作倡议。美国国家 Q-12 教育合作伙伴计划(National Q-12 Education Partnership)由白宫科技政策办公室和国家科学基金会(NSF)牵头进行,旨在开发 9 个关键的 QIS 概念①,这些概念可以被引入并适用于计算机科学、数学、物理和化学课程贯穿初中和高中。这些概念也可以扩展和调整以用于博物馆等非正式学习场合。NSF 已通过 Q2Work 计划和两次教师会议,拨款近 100 万美元来支持这些活动(The National Quantum Coordination Office,2020)。Q2Work 是由美国伊利诺伊大学和芝加哥大学领导的国家科学基金会资助的倡议,旨在为 K-12 学生提供量子教育、计划、工具和课程。伊利诺伊大学和芝加哥大学都是 IBM 量子网络的成员,通过芝加哥量子交易所,提供这

---

① 量子信息科学(quantumi nformation science)、量子态(aquantumstate)、量子比特(the quantum bit, or qubit)、纠缠(entanglement)、连贯性(coherent)、量子计算机(quantum computers)、量子通信(quantum communication)、量子传感(quantum sensing)。

些资源,并得到白宫独特的科学和技术政策办公室的支持,以及 NSF 与政府、学术界和行业的 Q-12 伙伴关系。作为行业合作伙伴,该团队将提供量子教育资源和访问的量子系统,以支持通过 OSTP 为未来量子信息科学家确定的 9 个量子概念提供的培训。通过 Q2Work 等项目,可以启动向各个级别的学生充分发挥技术潜力的科学教育。

在 Q2Work 和 Q-12 教育伙伴关系的支持下,美国物理学会(American Physical Society,APS)与 2021 年 12 月为初中和高中生举办了 Quantum Crossing 虚拟活动,以展示量子信息科技(QIST)中的独特职业。APS 职业项目主管克丽丝特尔 · 贝莉(Crystal Bailey)说:"我很高兴 APS 能够为这些年轻人提供了解量子信息科技职业的机会……这些新方法可以解决的问题是无限的,关键的挑战将是拥有足够多的员工队伍来满足该领域的需求。像量子交叉这样的程序通过尽早将量子放在下一代科学家的雷达上来帮助应对这一挑战。"(Tawanda,2021)

美国国家 Q-12 教育合作伙伴计划拥有自己的官方网站(https://q12education. org/index. asp),在该平台学习者能够直接获得在线量子教育机会。美国国家 Q-12 教育合作伙伴计划参与者收集资料并协作支持创建了新的数字学习工具,将这些关键元素融入学习空间,例如游戏、视频、杂志和互动学习体验。此外,来自合作伙伴关系的公司还承诺提供资源,例如访问用于在云上对量子计算机进行编程的早期软件。同时,美国国家 Q-12 教育合作伙伴计划的教育专业人员开发设计了 K-12 和早期大学模块,以在各种环境中引入 QIS 及其相关主题,其中许多可以集成到数学、物理和计算机科学课程中。相关专业协会提供材料,例如美国物理学会为中学教室提供的 PhysicsQuest 套件和美国光学学会(The Optical Society,OSA)的 Optics 4 Kids,为孩子介绍光学和光科学知识。其网站中公开了量子信息科学的课程材料,以及教育工作者的背景信息,以支持他们将模块集成到课堂中,无论是在线的方式还是面对面的方式。同时组织研讨会,将社区聚集在一起,扩展关键概念,帮助找出 QIS 教育中缺少的内容,并进一步开发材料。

美国国家 Q-12 教育合作伙伴关系承诺在未来十年与美国的教育工作者合作，以确保一个强有力的量子学习环境，从提供实践经验的课堂工具到开发教育材料，再到支持通往量子职业的途径。通过这种伙伴关系扩大对材料和量子技术的访问，课堂和其他环境中的教育工作者将能够开发计划、课程和活动，将学生介绍给该领域并为量子职业开辟机会，一起为美国的下一代劳动力准备好在未来行业取得成功的工具（National Q-12 Education Partnership，2022）。通过美国国家 Q-12 教育合作伙伴计划，旨在提高进入大学之前的学生对 QIS 相关职业道路的认识，以确保下一代 QIS 劳动力的储备。在该计划中，参与者需要努力在学生、学生导师、教育工作者和未来雇主之间建立联系。

为保证量子科学教育的科学性与课堂适用性，美国让教师和教育工作者共同参与开发教材和课程，加强与教育工作者和专业人士的沟通，以确保课程符合学习者和课堂的需求，同时设置了一定的奖励机制。如美国航空航天局（NASA）的空间通信和导航（SCaN）计划办公室旨在通过为有兴趣与量子通信和网络领域的世界级科学家和工程师合作的教育工作者提供两个为期 10 周的暑期奖学金机会，从而提高教师的专业知识、领导经验和量子信息科学相关知识。量子教师奖学金计划旨在使教育工作者能够拓宽他们对量子应用和对 NASA 量子科学与技术（QS&T）计划感兴趣的 STEM 外展的专业视野。

量子教师奖学金计划同时旨在扩大 QIS 劳动力发展，这是一项对 NQI 法案和 NASA SCaN 都至关重要的任务。作为该计划的一部分，选定的教员将与华盛顿特区 NASA 总部的工作人员就 QIS 计划和制定进行合作，符合条件的候选人将在美国的大学、学院或高中任职。量子教师奖学金计划的目标是促进教师和 NASA 工作人员之间的思想交流，丰富学术机构的研究和教学，将与量子任务相关的研究和技术内容注入课堂教学，并为对 SCaN/QS&T 重要的研究、技术和工程工作作出贡献。

## 8.3.2　欧盟：打造多元社区，共享教育资源，涵盖领域全面

　　如上所述，对于量子四大应用领域的项目而言，"量子旗舰"要求项目承担起工程/控制、软件/理论、教育/培训 3 个领域的内容。其中，对于量子科学的教育和培训是"量子旗舰"要求每个项目都必须涉及的内容，而其他两项涉及其一即可。欧盟认为，为了使量子技术这一新兴领域更接近工业和一般社会的需求，一个现代的和专门的量子教育计划是整个欧洲都需要的，导致更广泛的量子意识和素养适用于学校、大学生和劳动力。此外，有必要在其他课程中教授量子主题相关的内容，例如计算机科学或定量商业，这将促进未来量子技术的范围化应用。为了应对挑战，量子社区网络（QCN）联手与领先的物理教育专家打造了一个新的社区——QTEdu（Quantum Technology Education），该平台上聚集了教育工作者，学者、传播者和工业界在从事量子教育的各类人群。

　　QTEDu CSA 项目协助欧洲"量子旗舰"创建学习生态系统，为社会提供有关量子技术的信息和教育，一个具备量子技术知识和积极态度的量子就绪社会将促成一支量子就绪劳动力的出现。该项目由欧盟的 Horizon2020 研究和创新计划资助，资助协议编号为 951787。

　　为了增加量子技术在工程应用中的经济利用，还需要一支称职的劳动力队伍。量子社区网络在其战略研究议程中要求采取专门的协调和支持行动，因为迫切需要在学校、大学、工作环境和公众等各个层面开展协调一致的公共教育和外展工作。为了弥合这一差距，欧盟委员会迅速回应了这一要求，并发布了"FETFLAG-07-2020 量子技术培训和教育"号召。QTEdu CSA 项目是在这次呼吁下成立的，运行时间为 2020 年 9 月至 2022 年 8 月。

　　QTEdu 正在通过以下步骤解决教育需求：

　　（1）在欧洲建立一个由从事量子技术教育的研究人员、教育工作者和

资源提供者组成的多元化 QTEdu 社区。

（2）通过共享教育资源和网络的基础设施来支持社区。

（3）在社区内启动泛欧试点项目，为学校和大学生、劳动力和公众创造新的教育机会。

（4）量子技术能力通用语言的自下而上构建以及通向泛欧量子劳动力的路线图。

QTEdu 现有成员 405 人，来自 45 个不同的国家和地区，其中包括 74 名研究人员、68 名教育者及 29 名活动组织者，成员被分为学校教育及公众拓展、高等教育、终身学习及再教育、过渡教育及公平与包容 5 个小组，同时向公众提供材料与工具、评估工具、计划课程和培训、欧盟学校课程工具、实习及能力框架 6 个类别的资源（表 8.3）。

表 8.3　QTEdu 开发的所有资源

| 资 源 分 类 | 适用范围及对象 |
| --- | --- |
| 材料与工具 | 学校教育及公众拓展 |
| | 高等教育 |
| | 终身学习与训练 |
| | 外展广泛的公众 |
| 评估工具 | 学校教育及公众拓展 |
| | 高等教育 |
| | 终身学习与训练 |
| 计划、课程和培训 | 学校教育及公众拓展 |
| | 高等教育 |
| | 终身学习与训练 |
| 欧盟学校课程工具 | 学校教育及公众拓展 |
| 实习 | 高等教育 |
| 能力框架 | 建设者和政策制定者 |

### 8.3.3 日本：培育"量子原住民"，重视本土人才培养，产学研界协同参与

在 2020 年 1 月发布的《量子技术创新战略（最终报告）》中，日本提出：随着国际上量子技术竞争的加剧，日本参与量子技术研发的研究人员和工程师数量与其他国家的形势相比相对薄弱，存在远远落后于国际人力资源竞争的风险。为了能够显著提高量子技术领域人力资源的质量和深度，日本决定有必要战略性地提升高等教育阶段的教育和研究环境，同时为人才的培育路径规划出了一套系统的方案。

第一，创建培育路径图，明确每个主要技术领域需要什么样的人力资源，并制定战略培训和确保研究人员和工程师的路线图（需要指定的项目示例）学术和技术、对基础的要求、必要的措施培训和保障等。第二，政府与大学、研究机构进行合作建立量子教育基地，开发以基地为中心教育项目，包括教材和课程。第三，使用这些教育资源与日本全国的大学进行合作，以帮助学校完善他们无法通过自身力量覆盖的领域，比如提供讲座机会和导师资源。同时，利用基地为每所大学的本科和研究生教育开发的教育计划，建立提供量子技术专业教育的环境（統合イノベーション戦略推進会議，2020）。

2020 年 10 月，日本国家信息和通信技术研究所启动一项为期 10 年的量子人才培养项目（表 8.4），旨在培养出自己的"量子原住民"，为人才提供从小就习惯于量子技术的环境，就像"网络原住民"在电脑和互联网环境中长大一样。该项目将请国内外领先量子计算相关研究机构的研究人员以及来自大学和企业的专家担任讲师，面向约 20 名学员教授量子技术相关知识，教学内容还包括通过云技术使用 IBM 的量子计算机等实践课程。

表8.4　日本量子人才培养主要机构及培养措施

| 日本信息通信研究机构 | 该机构的研究人员及大学和企业的专家向学生等教授量子技术的知识,大学的研究人员负责指导,共同培养量子计算的软件开发人员 |
|---|---|
| 东京工业大学 | 设置了硕博连读教育课程,旨在培养学生掌握将量子技术应用于社会的能力。还设置了以初中生和高中生为对象的量子计算机体验教室 |
| QunaSys | 面向企业的技术人员提供学习量子计算机技能的机会 |

　　日本的《量子技术创新报告》将人才培养与技术发展、国际合作、行业创新、知识产权与国际标准并列为五大子战略,其对于人才培养与教育具体措施的特征可以概括为系统化、国际化和国家化。系统化体现在日本将打造国家性的量子科学研发基地,并依托研发基地培养年轻化的科技创新团队、建立统一的量子科学教育体系。国际化体现日本政府特别重视量子科技发展道路上的国际交流合作,依托国际研发基地吸引全球顶尖科研领军人物,日本电信电话株式会社于2019年就在美国硅谷开设了量子计算科学研究所,招募名校毕业生。国家化则体现在日本量子科技创新活动是动员全国力量进行的,在构建量子技术新研发体制中,日本动员国内相关领域多支"国家队",依托其人才设施建立核心研发基地。例如,最受关注的量子计算机开发基地将设在日本唯一的自然科学综合研究机构理化研究所,由日本"量子计算机第一人""量子位"全球首创者中村泰信牵头负责,量子计算机的应用研发则由东京大学负责(新华社,2020a)。

## 一、中文文献

ICV，光子盒，2022a. 2022 全球量子计算产业发展报告［EB/OL］.（2022-02-09）［2023-11-03］. http：//finance. sina. com. cn/tech/2022-02-09/doc-ikyamrmz 9734513. shtml.

ICV，光子盒，2022b. 2022 全球量子精密测量产业发展报告［EB/OL］.（2022-06-10）［2023-11-03］. https：//www. djyanbao. com/report/detail？ id ＝ 3078423& from＝search_list.

埃德奎斯特，2009. 创新系统：观点与挑战［M］//法格博格，莫利，纳尔逊. 牛津创新手册. 柳卸林，郑刚，蔺雷，等译. 北京：知识产权出版社：181-202.

北京量子信息科学研究院，2023. 北京量子院联合培养博士研究生 2024 年招生简章［EB/OL］.（2023-12-09）［2024-02-03］. https：//www. 163. com/dy/article/ILHSKIRP0516ARVT. html.

本源量子，2021a. 本源量子在金融投资组合优化方向取得新进展［N/OL］.（2021-12-23）［2022-06-15］. https：//mp. weixin. qq. com/s/JYD-LkGgA8zsroea 53c7wg.

本源量子，2021b. 对标 IBM，本源量子联盟引领国内量子计算新风向［EB/OL］.（2021-06-16）［2023-12-01］. http：//www. 163. com/dy/article/GCK-

QB4UC05385VQN. html.

本源量子,2022. OQIA 本源量子计算产业联盟[EB/OL].(2022-10-22)[2023-10-26]. https://originqc. com. cn/zh/union. html.

边伟军,2017. 核心企业主导型技术创新生态系统形成、运行与演化机理研究[D]. 青岛:青岛科技大学.

长春桥 6 号,2021. 潘建伟院士团队:何为量子通信、量子精密测算、量子计算[EB/OL].(2022-03-10)[2023-11-15]. https://www. futureprize. org/cn/nav/detail/1143. html.

蔡杜荣,于旭,2022."架构者"视角下的区域创新生态系统形成与演化:来自珠海高新区的经验证据[J]. 南方经济(3):114-130.

曹琼,2013. 高校科技创新地位的比较研究[J]. 行政与法(1):43-46.

陈冠军,2018. Z 集团公司技术创新平台构建研究[D]. 广东:华南理工大学.

陈健,高太山,柳卸林,等,2016. 创新生态系统:概念、理论基础与治理[J]. 科技进步与对策,33(17):153-160.

陈劲,2013. 科技创新:中国未来 30 年强国之路[M]. 北京:中国大百科全书出版社:7-8.

陈劲,王焕祥,2008. 演化经济学[M]. 北京:清华大学出版社.

陈劲,张方华,2002. 社会资本与技术创新[M]. 杭州:浙江大学出版社.

程跃,王维梦,2022. 创新资源对跨区域协同创新绩效的影响研究:基于 31 个省份的 QCA 分析[J]. 华东经济管理,36(6):13-22.

邓君,2007. 产业集群的演进及其若干动力的进化博弈分析[D]. 重庆:重庆大学.

丁兆君,2019. 量子信息科技在中国的发展:以中国科学技术大学为例[J]. 自然科学史研究,38(4):394-404.

董明涛,孙研,王斌,2014. 科技资源及其分类体系研究[J]. 合作经济与科技,498(19):28-30.

方梦宇,2023. 中国科学技术大学创新科教融合方式,构建卓越科技创新体系:勇攀
　　科学高峰 培育科技英才[EB/OL]. (2023-11-02)[2023-12-05]. https://www.
　　moe. gov. cn/jyb_xwfb/moe_2082/2023/2023_zl10/202311/t20231102_
　　1088675. html.

费艳颖,凌莉,2019. 美国国家创新生态系统构建特征及对我国的启示[J]. 科学管
　　理研究,37(2):161-165.

冯晓青,2010. 论企业知识产权管理体系及其保障[J]. 广东社会科学(1):181-186.

符晓波,吴长锋,2024. 郭国平代表:壮大中国自主量子计算机制造链[EB/OL].
　　(2024-02-29)[2024-03-01]. https://www. cas. cn/zt/hyzt/2024lh/2024qglh_
　　jjkj/202402/t20240229_5006987. shtml.

高思芃,姜红,张絮,2020. 区域科技资源协同度发展趋势及生态化治理机制研究
　　[J]. 科技进步与对策,37(17):36-45.

高小珣,2011. 技术创新动因的"技术推动"与"需求拉动"争论[J]. 技术与创新管
　　理,32(6):590-593.

关晓兰,2011. 网络社会生态系统形成机理研究[D]. 北京:北京交通大学.

光子盒,2020a. 中国科技巨头的量子战争[EB/OL]. (2020-04-21)[2023-10-14].
　　https://quantumcomputer. ac. cn/Knowledge/detail/all/c63b2ab1bc6f4838a6
　　de65af9b9b64d5. html.

光子盒,2020b. 2020 全球量子计算产业发展报告[EB/OL]. (2020-11-10)[2023-12-
　　01]. https://mp. weixin. qq. com/s?__biz=MzAxMTgyMDQ2Mw==&mid
　　=2247488287&idx=1&sn=9757c02c54457331e7c309ee46d 981c6&chksm=
　　9bba1fdfaccd96c99ce8c6426cd84f518367053e1af29287d47b17be85ff2ed055da3f
　　e78d93.

光子盒,2023. 中国量子企业版图(2023. Q1)[EB/OL]. (2023-04-23)[2023-06-29].
　　https://new. qq. com/rain/a/20230413A08GVO00.

桂乐政,2010. 领军人才在科技创新团队建设中的核心作用[J]. 武汉工程大学学

报,32(4):5.

国盾量子,2021.工业和信息化部发布首批量子通信行业标准:国盾量子参与编制[EB/OL].(2021-05-21)[2022-05-14].https://quantum-info.com/News/qy/2021/2021/0521/644.html.

国务院,2006.国家中长期科学和技术发展规划纲要(2006—2020年)[EB/OL].(2006-06-09)[2022-05-03].https://www.gov.cn/jrzg/2006-02/09/content_183787.htm.

国务院,2016.关于印发"十三五"国家科技创新规划的通知:国发[2016]43号[EB/OL].(2016-07-28)[2023-12-05].https://www.gov.cn/zhengce/content/2016-08/08/content_5098072.htm.

韩少杰,2020.核心企业主导的开放式创新生态系统构建机理研究[D].大连:大连理工大学.

胡雯,周文泳,2021.试论颠覆性技术保护空间的协同治理框架[J].科学学研究,39(9):1555-1563.

黄东兵,刘骏,2015.中小型高新技术企业创新驱动成长机制研究[J].科技进步与对策,32(21):94-99.

黄海霞,陈劲,2016.创新生态系统的协同创新网络模式[J].技术经济,35(8):31-37,117.

黄静,2021.产业联盟创新生态系统升级路径研究[D].哈尔滨:哈尔滨理工大学.

黄敏,2011.基于协同创新的大学学科创新生态系统模型构建的研究[D].重庆:第三军医大学.

季小天,江育恒,赵文华,2022.研究型大学一流创新团队的形成与发展:以中国科学技术大学量子信息研究团队为例[J].研究生教育研究,1:1-8.

贾君枝,陈瑞,2018.共享经济下科技资源共享模式优化[J].情报理论与实践,41(3):6-10.

科大小郎君,2021.中科大未来技术学院落子上海,将培养本硕博量子科技人才

［EB/OL］.（2021-09-14）［2022-06-04］. https：//www. 163. com/dy/article/
GJQJIET10536ADOR. html.

科技部,2017. 一图读懂"十三五"国家基础研究专项规划［EB/OL］.（2017-06-16）
［2023-12-05］. https：//www. gov. cn/xinwen/2017-06/16/content_5203171.
htm.

兰德尔,1989. 资源经济学［M］. 施以正,译. 北京:商务印书馆.

李柏洲,董恒敏,2018. 协同创新视角下科研院所科技资源配置能力研究［J］. 中国
软科学,1:53-62.

李诚,2023. 我国科技创新制度体系建设成效评价及完善对策［J］. 科技管理研究,
43(12):77-84.

李海艳,2022. 数字农业创新生态系统的形成机理与实施路径［J］. 农业经济问题,
5:49-59.

李恒毅,2014. 技术创新生态系统协同发展研究［D］. 长沙:中南大学.

李恒毅,宋娟,2014. 新技术创新生态系统资源整合及其演化关系的案例研究［J］.
中国软科学,282(6):129-141.

李慧聪,霍国庆,2015. 现代科研院所治理:内涵、演进路径及量化体系［J］. 科学学
与科学技术管理,36(8):10-17.

李蒙,黄涛,2017. 基于"政用产学研"一体化的高校互联网教育模式研究［J］. 劳动
保障世界,23:54-66.

李其玮,顾新,赵长轶,2016. 创新生态系统研究综述:一个层次分析框架［J］. 科学
管理研究,34(1):14-17.

李奇峰,2020. 嵌入性视角下校企协同创新资源整合研究［D］. 大连:大连理工大学.

李锐,鞠晓峰,2009. 产业创新系统的自组织进化机制及动力模型［J］. 中国软科学,
S1:5.

李微微,2007. 基于演化理论的区域创新系统研究［D］. 天津:天津大学.

李文清,齐晓曼,赵三珊,2021.量子科技发展演进脉络与各国竞争态势分析[J].电力与能源,42(6)：619-621.

李小芬,2012.新兴产业创新发展的政策驱动机制[D].合肥:中国科学技术大学.

李晓巍,付祥,燕飞,等,2022.量子计算研究现状与未来发展[J].中国工程科学,24(4):133-144.

李兴江,赵光德,2008.区域创新资源整合的实现机制和路径选择[J].求实,9:32-35.

李旭东,孙峰,张玉赋,等,2013.江苏省大中型工业企业研发机构建设现状与对策研究[J].特区经济,1:43-45.

李毅中,赵广立,2021.成果转化要"政产学研用金"协作并举[N].中国科学报,2021-09-15(3).

李应博,2021.科技创新资源:理论与实践[M].2版.北京:清华大学出版社.

量旋科技,2023.应用案例:北京理工大学,利用教学级量子计算机,将量子技术实践引入课堂[EB/OL].(2023-06-15)[2023-12-29].https://new.qq.com/rain/a/20230615A07JLX00.

量子创投界,2021.量子计算概念及发展路线[EB/OL].(2021-11-10)[2022-06-29].https://mp.weixin.qq.com/s/OJBmamz2FDCJ15MJQVAHgQ.

量子计算产业发展报告编写组,2022.2022全球量子计算产业发展报告[EB/OL].(2022-02-09)[2024-03-14].https://finance.sina.com.cn/tech/2022-02-09/doc-ikyamrmz9734513.shtml.

量子客,2021.量子计算应用案例:全球顶级航运公司通过量子退火技术可实现每年减少4000个工作时[EB/OL].(2021-09-04)[2023-12-29].https://new.qq.com/rain/a/20210904A08ROM00.

量子客,2022.本源量子产业联盟OQIA带来的思考[EB/OL].(2022-05-14)[2023-12-05].https://www.qtumist.com/post/9972.

林婷婷,2012.产业技术创新生态系统研究[D].哈尔滨:哈尔滨工程大学.

刘畅司晨,2021.鼓励有条件高校开设量子计算相关专业[N].合肥晚报,2021-11-18(A02).

刘丛军,武忠,2008.组织的知识应用过程研究[J].现代情报,1:14-17.

刘富康,苟震宇,黄文彬,等,2022.知识的新陈代谢:国内外科学文献老化研究评述[J].图书馆论坛,42(8):90-99.

刘航,2021.量子技术首次入列国家密码行业标准,量子信息技术走出实验室[EB/OL].(2021-10-27)[2022-05-14].https://m.thepaper.cn/newsDetail_forward_15082108.

刘洪涛,王应洛,贾理群,1999.国家创新系统(NIS)理论与中国的实践[M].西安:西安交通大学出版社.

刘兰剑,项丽琳,夏青,2020.基于创新政策的高新技术产业创新生态系统评估研究[J].科研管理,41(5):1-9.

刘玲利,2007.科技资源配置理论与配置效率研究[D].长春:吉林大学.

刘玲利,2008.科技资源要素的内涵、分类及特征研究[J].情报杂志,8:125-126.

刘亭立,李翘楚,2019.高端制造业创新效率驱动力研究:基于技术产品价值发现视角的分析[J].价格理论与实践,2:137-140.

刘献君,2000.论高校学科建设[J].高等教育研究,5:16-20.

刘欣,2019.中国物理学院士群体计量研究[D].太原:山西大学.

刘萱,赵延东,2021.科学文化是塑造我国科技创新内生动力的重要社会基础[EB/OL].(2022-06-17)[2023-12-29].https://ent.people.com.cn/n1/2022/0617/c1012-32448890.html.

刘元春,1999.论路径依赖分析框架[J].教学与研究,1:43-48.

柳卸林,程鹏,2018.科学驱动的创新在中国[M].北京:科学出版社.

柳卸林,杨培培,王倩,2022.创新生态系统:推动创新发展的第四种力量[J].科学学研究,40(6):1096-1104.

陆雄文,2013.管理学大辞典[M].上海:上海辞书出版社.

罗国锋,林笑宜,2015.创新生态系统的演化及其动力机制[J].学术交流,8:119-124.

罗云鹏,2023.粤港澳大湾区量子科学创新联盟成立[EB/OL].(2023-11-30)[2023-12-29].https://gdstc.gd.gov.cn/kjzx_n/gdkj_n/content/post_4293002.html.

吕凤先,刘小平,贾夏利,2022.近二十年美国量子信息科学战略中基础研究的政策部署和重要进展[J].世界科技研究与发展,44(1):12-24.

吕鲲,2019.基于生态学视角的产业创新生态系统形成、运行与演化研究[D].长春:吉林大学.

吕希琛,徐莹莹,徐晓微,2019.环境规制下制造业企业低碳技术扩散的动力机制:基于小世界网络的仿真研究[J].中国科技论坛,7:145-156.

梅亮,陈劲,刘洋,2014.创新生态系统:源起、知识演进和理论框架[J].科学学研究,32(12):1771-1780.

欧阳桃花,胡京波,李洋,等,2015.DFH小卫星复杂产品创新生态系统的动态演化研究:战略逻辑和组织合作适配性视角[J].管理学报,12(4):546-557.

覃荔荔,2012.高科技企业创新生态系统可持续发展机理与评价研究[D].长沙:湖南大学.

秦雪冰,2022.创新生态系统理论视角下的智能广告产业演化研究[J].当代传播,2:67-69.

邱均平,2007.信息计量学[M].武汉:武汉大学出版社:43-222.

冉奥博,刘云,2014.创新生态系统结构、特征与模式研究[J].科技管理研究,34(23):53-58.

邵鹏,2021.从"跟跑者"到"领跑者":以中国量子科技发展为例[J].科技与创新,180(12):11-12,16.

盛朝迅,易宇,韩爱华,2021.新发展格局下如何提升基础研究能力[J].开放导报

(3):9.

斯通曼,1989. 技术变革的经济分析[M]. 北京技术经济和管理现代化研究会技术
经济学组,译. 北京:机械工业出版社..

苏兆锋,2023. 量子计算人才培养计划[EB/OL]. (2023-05-31)[2023-12-05].
https://www. gov. cn/xinwen/2020-10/17/content_5552011. htm.

苏州市人民政府,2023. 市政府关于加快培育未来产业的工作意见:苏府[2023]61
号[EB/OL]. (2023-09-02)[2023-12-29]. https://www. suzhou. gov. cn/szs-
rmzf/zfwj/202309/823685b66b07444ba6b312f6a817cfa1. shtml.

隋新宇,2022. 美国发布量子信息科技人才发展战略规划[J]. 科技中国,298(7):
61-63.

孙洪昌,2007. 开发区创新生态系统建构、评价与二次创业研究[D]. 天津:天津
大学.

孙永磊,陈劲,宋晶,2015. 文化情境差异下双元惯例的作用研究[J]. 科学学研究,
33(9):1424-1431.

塔尔德,2008. 模仿律[M]. 何道宽,译. 北京:中国人民大学出版社.

泰勒,1992. 原始文化[M]. 连树声,译. 上海:上海文艺出版社:1.

汤书昆,李昂,2018. 国家创新生态系统的理论与实践[M]. 合肥:中国科学技术大
学出版社.

唐豪,金贤敏,2020. 量子人工智能:量子计算和人工智能相遇恰逢其时[J]. 自然杂
志,42(4):288-294.

腾讯量子实验室,2023. 关于腾讯量子实验室[EB/OL]. (2023-05-19)[2023-12-
05]. https://quantum. tencent. com/.

田先进,张博岚,游仪,2023. 在量子赛道上加速奔跑:高质量发展调研行·安徽站
[EB/OL]. (2023-05-31)[2023-12-29]. https://news. sohu. com/a/706148815_
121687414.

王爱民,李子联,张培,2016. 外商直接投资、技术环境与企业自主研发[J]. 南大商学评论,13(4):1-20.

王缉慈,1999. 知识创新和区域创新环境[J]. 经济地理,1:12-16.

王凯,2016. 开放式创新环境下区域创新资源整合能力评价研究[D]. 合肥:合肥工业大学.

王立娜,唐川,田倩飞,等,2019. 全球量子计算发展态势分析[J]. 世界科技研究与发展,41(6):569-584.

王巧,2017. 省级创新政策驱动创新能力的作用机理及绩效测评[D]. 武汉:中南财经政法大学.

韦正球,2006. 大资源观初探[J]. 学术论坛,2:63-66.

魏宏森,2009. 系统论:系统科学哲学[M]. 北京:世界图书出版公司.

吴绍波,顾新,2014. 战略性新兴产业创新生态系统协同创新的治理模式选择研究[J]. 研究与发展管理,26(1):13-21.

习近平,2014. 为加快实施创新驱动发展战略,加快推动经济方式转变[N]. 人民日报,2014-08-19(1).

习近平,2016. 为建设世界科技强国而奋斗[N]. 人民日报,2016-06-01(2).

习近平,2021. 努力成为世界主要科学中心和创新高地[J]. 当代党员,7:4.

肖静华,谢康,1999. 科技成果信息资源开发利用规律与模式[J]. 情报科学,4:369-374.

新华社,2016. 习近平:关于《中共中央关于制定国民经济和社会发展第十三个五年规划的建议》的说明[EB/OL]. (2016-08-08)[2022-05-03]. https://www. gov. cn/xinwen/2015-11/03/content_2959560. htm.

新华社,2018a. 国务院印发《关于全面加强基础科学研究的若干意见》[EB/OL]. (2018-01-31)[2022-05-03]. https://www. gov. cn/xinwen/2018-01/31/content_5262598. htm.

新华社,2018b.习近平:在中国科学院第十九次院士大会、中国工程院第十四次院
    士大会上的讲话[EB/OL].(2018-05-28)[2023-11-15].https://www.gov.cn/
    xinwen/2018-05/28/content_5294322.htm.

新华社,2020a.日本将大力培养"量子人才"[EB/OL].(2020-10-10)[2022-06-25].
    https://m.gmw.cn/baijia/2020-10/10/1301654714.html.

新华社,2020b.习近平主持中央政治局第二十四次集体学习并讲话[EB/OL].
    (2020-10-17)[2023-11-15].https://www.gov.cn/xinwen/2020-10/17/
    content_5552011.htm.

新华社,2020c.中共中央关于制定国民经济和社会发展第十四个五年规划和二〇
    三五年远景目标的建议[EB/OL].(2020-11-03)[2022-05-03].https://www.
    gov.cn/zhengce/2020-11/03/content_5556991.htm?trs=1.

新华社,2021.中共中央、国务院印发《知识产权强国建设纲要(2021—2035年)》
    [EB/OL].(2021-09-22)[2022-06-15].https://www.gov.cn/zhengce/2021-
    09/22/content_5638714.htm.

新华社,2022.国务院印发《计量发展规划(2021—2035年)》[EB/OL].(2022-01-
    28)[2022-05-03].https://www.gov.cn/xinwen/2022-01/28/content_567099
    7.htm.

熊立,谢奉军,潘求丰,等,2017.柔性机制与二元创新驱动力构建[J].科学学研究,
    35(6):940-948.

徐海涛,陈诺,戴威,2023.求解特定问题比超算快一亿亿倍!中国科学家成功研制
    "九章三号"量子计算原型机[EB/OL].(2023-10-11)[2023-12-01].https://
    www.news.cn/2023-10/11/c_1129909680.htm.

徐海涛,周畅,陈诺,2021.中国科学院院士潘建伟:量子科技关乎国家战略,唯有不
    断突破创新[EB/OL].(2021-12-20)[2023-11-15].https://lswhw.ustc.edu.
    cn/index.php/index/info/4802.

徐婧,唐川,杨况骏瑜,2022.量子传感与测量领域国际发展态势分析[J].世界科技
    研究与发展,44(1):46-58.

徐莹莹,綦良群,2016.基于复杂网络演化博弈的企业集群低碳技术创新扩散研究[J].中国人口•资源与环境,26(8):16-24.

许庆瑞,盛亚,1989.技术扩散研究概述[M].北京:机械工业出版社.

薛捷,2017."技术-市场-设计"三重驱动对创新的影响:以科技型小微企业为研究对象[J].科学学研究,35(9):1409-1421.

杨帆,2010.跨企业知识共同演化研究[D].武汉:武汉大学.

杨剑钊,2020.高技术产业创新生态系统运行机制及效率研究[D].哈尔滨:哈尔滨工程大学.

杨荣,2013.创新生态系统的功能、动力机制及其政策含义[J].科技和产业,13(11):139-145,172.

杨荣,2014.创新生态系统的界定、特征及其构建[J].科学与管理,34(3):12-17.

杨子江,2007.科技资源内涵与外延探讨[J].科技管理研究,168(2):213-216.

叶爱山,邓洋阳,夏海力,2022.生态位下中国区域创新生态系统适宜度评价与预测研究[J].科学与管理,42(5):16-26.

佚名,2018.2018年我国政府研究机构研究与试验发展(R&D)活动统计分析[EB/OL].(2020-04-26)[2023-11-15].https://www.safea.gov.cn/xxgk/xinxifen-lei/fdzdgknr/kjtjbg/kjtj2020/202004/p020200426610723432980.pdf.

尹洁,葛世伦,冯瑶,2021.创新生态系统视角下高技术产业创新驱动力研究[J].江苏科技大学学报(社会科学版),21(3):89-97.

余泽平,2020.量子科技及其未来产业应用展望[J].中国工业和信息化,11:20-26.

俞大鹏,2018.院长致辞[EB/OL].(2018-10-17)[2023-05-16].https://siqse.sus-tech.edu.cn/Zh/Index/page/mid/5.

粤港澳大湾区量子科学中心,2023.中心介绍[EB/OL].(2023-03-01)[2023-12-05].https://www.quantumsc.cn/about.html?lang=zh-cn#dit-1.

曾国屏,苟尤钊,刘磊,2013.从"创新系统"到"创新生态系统"[J].科学学研究,31

(1):4-12.

曾萍,邬绮虹,2014.政府支持与企业创新:研究述评与未来展望[J].研究与发展管理,26(2):98-109.

湛泳,唐世一,2018.自主创新生态圈要素构架及运行机制研究[J].科技进步与对策,35(2):26-31.

张建卫,赵辉,李海红,等,2018.团队创新氛围、内部动机与团队科学创造力:团队共享心智模式的调节作用[J].科技进步与对策,35(6):149-155.

张杰,陈容,郑姣姣,2022.策略性创新抑或真实性创新:来自中国企业设立研发机构的证据[J].经济管理,44(3):5-23.

张俊,吴兰,2023.中国量子计算因何在合肥集聚?:专访中国科学院院士郭光灿,中国科学院量子信息重点实验室副主任、中国科学技术大学教授郭国平[EB/OL].(2023-10-12)[2023-11-16].https://www.chinanews.com/gn/2023/10-12/10092955.shtml.

张明国,2017.马克思主义科学技术观概述[J].洛阳师范学院学报,36(10):1-7.

张鹏飞,2010.基于广义资源观的中小企业集群创新能力研究[D].武汉:武汉大学.

张仁开,2016.上海创新生态系统演化研究:基于要素·关系·功能的三维视阈[D].上海:华东师范大学.

张省,袭讯,2017.创新生态系统研究述评与展望[J].郑州轻工业学院学报(社会科学版),18(4):37-47.

张翼燕,2022.全球量子人才政策研究[J].全球科技经济瞭望,37(9):1-7.

张影,2019.跨界创新联盟资源整合机制研究[D].哈尔滨:哈尔滨理工大学.

张运生,邹思明,张利飞,2011.基于定价的高科技企业创新生态系统治理模式研究[J].中国软科学(12):157-165.

章跃,2001.边际效用理论与高校财力资源的优化配置[J].江苏高教,6:26-28.

赵广立,2022.国内首个经典-量子协同的全球开发者平台上线:致力于推动量子计算人才培养、量子技术产业落地[EB/OL].（2022-01-23）[2022-05-14]. https://news. sciencenet. cn/htmlnews/2022/1/473112. shtm.

赵明,2014. 系统科学视域下的科技创新主体复杂性研究[D]. 哈尔滨:哈尔滨理工大学.

赵倩倩,马宗国,2021. 国家自主创新示范区创新生态系统运行机制构建[J]. 科技管理研究,41(2):9-15.

赵中建,王志强,2013. 欧洲国家创新政策热点问题研究[M]. 上海:华东师范大学出版社:127-150.

郑烨,吴建南,2017. 政府支持行为何以促进中小企业创新绩效?:一项基于扎根理论的多案例研究[J]. 科学学与科学技术管理,38(10):41-54.

中共中央,国务院,2016. 国家创新驱动发展战略纲要[M]. 北京:人民出版社.

中国科技发展战略研究小组,中国科学院大学中国创新创业管理研究中心,2021. 中国区域创新能力评价报告2021[M]. 北京:科学技术文献出版社.

中国科学院科技战略咨询研究院中国高新区研究中心,2021. 2021量子创新指数及全球量子产业前瞻报告[EB/OL].（2021-12-13）[2023-12-01]. https://bhkxc. hefei. gov. cn/mtjj/18380597. html/.

中国信息通信研究院,2021. 量子信息技术发展与应用研究报告[EB/OL].（2021-12-24）[2023-05-15]. https://www. caict. ac. cn/kxyj/qwfb/bps/202112/P020211224561566573378. pdf.

仲伟俊,梅姝娥,黄超,2013. 国家创新体系与科技公共服务[M]. 北京:科学出版社:125.

周大铭,2012. 企业技术创新生态系统运行研究[D]. 哈尔滨:哈尔滨工程大学.

周好好,2021. 本源量子推出量子化学应用ChemiQ正式版[EB/OL].（2021-07-21）[2022-06-15]. https://www. hfgxt. com. cn/index. php? c＝content&a＝show&id＝1487.

周寄中,1999. 科技资源论[M]. 西安:陕西人民教育出版社.

周坤顺,马跃如,2019.高校科研团队包容性环境构建[J].中国高校科技,368(4):
    28-31.

朱秀梅,李明芳,2011.创业网络特征对资源获取的动态影响:基于中国转型经济的
    证据[J].管理世界,6:105-115.

## 二、外文文献

Adner R,2006. Match your innovation strategy to your innovation ecosystem[J].
    Harvard Business Review,84(4):98-107.

Adner R,Kapoor R,2010. Value creation in innovation ecosystems:how the struc-
    ture of technological interdependence affects firm performance in new technolo-
    gy generations[J]. Strategic Management Journal,31(3):306-333.

Adner R, Kapoor R,2015. Innovation ecosystems and the pace of substitution:re-
    examing technologys-curves [J]. Strategic Management Journal, 37 (4):
    625-648.

Afuah A,1998. Innovation management:strategies, implementation, and profits
    [M]. New York:Oxford University Press:162-173.

Andersen E S, 1994. Evolutionary economics:post-Schumpeterian contributions
    [M]. London:Pinter Publishers Ltd:13.

Ansoff H,1965. Corporate strategy[M]. New York:McGraw Hill:227-236.

Arthur B, 1994. Increasing return and path dependence in the economy[M]. Michi-
    gan:Michigan University Press:1-80.

Auyang S Y,1998. Foundations of complex-system theories: in economics evolution-
    ary biology and statistical physics[M]. New York:Cambridge University Press.

Chesbrough H W, 2003. Open innovation:the new imperative for creating and profi-
    ting from technology[M]. Harvard:Harvard Business School Press.

Constance E, Helfat C E,Raubitschek R S, 2018. Dynamic and integrative capabili-

ties for profiting from innovation in digital platform-based ecosystems[J].
Research Policy,8:1391-1399.

Cooker,Mguranga,Getxebarria,1997. Regional innovation systems:institutional and
organizational dimensions[J]. Research Policy,26:475-491.

Daphne L R,2021. IBM just launched the first developer certification for quantum
computing[EB/OL]. (2021-04-07) [2023-11-23]. https://www. zdnet. com/
article/quantum-computing-just-got-its-first-developer-certification-time-to-start-
studying/.

Diamond A M,1996. Innovation and diffusion of technology:a human process[J].
Consulting Psychology Journal:Practice&Research,4:221-229.

Executive Office of the President Washington,2021. Multi-agency research and de-
velopment priorities for the FY 2023 budget[EB/OL]. (2021-08-27)[2022-05-
04 ]. https://www. whitehouse. gov/wp-content/uploads/2021/07/M-21-32-
Multi-Agency-Research-and-Development-Prioirties-for-FY-2023-Budget-. pdf.

Fox M F,Zwickl B,Lewandowski H,2020. Preparing for the quantum revolution:
what is the role of higher education? [J]. Physical Review Physics Education
Research,23.

Frank H,Marc J V,Joel S,et al. ,2011. Regime-building for REDD+: evidence
from a cluster of local initiatives in south-eastern Peru[J]. Environmental
Science& Policy,14(2):201-215.

Freeman, Christopher,1987. Technology policy and economic performance: lessons
from Japan[M]. New York: Pinter Publishing Ltd.

Gerke F,Müller R,Bitzenbauer P,et al. ,2022. Requirements for future quantum
workforce: a delphi study journal of physics[R]. Valletta:GIREP Malta Webi-
nar 2020.

Haken, Hermann, 1989. Information and self-organization: a macroscopic approach
to complex systems[J]. American Journal of Physics,57(10):958-959.

Hughes C, Finke D, German D A, et al. ,2021. Assessing the needs of the quantum industry IEEE transactions on education 65[J]. ArXiv e-prints, 8.

Iansiti M, Levien R, 2004. The keystone advantage: what the new dynamics of business ecosystems mean for strategy, innovation, and sustainability[M]. Boston: Harvard Business School Press, 255.

IBM, 2021. IBM and the University of Tokyo unveil the quantum innovation initiative consortium to accelerate japan's quantum research and development leadership[EB/OL]. (2020-07-30)[2023-12-29]. https://newsroom. ibm. com/2020-07-30-IBM-and-the-University-of-Tokyo-Unveil-the-Quantum-Innovation-Initiative-Consortium-to-Accelerate-Japans-Quantum-Research-and-Development-Leadership.

Kafai Y, Fields D, Searle K, 2013. Making connections across disciplines in high school e-textile workshops[EB/OL]. (2013-12-01)[2023-12-29]. https://www. aps. org/publications/apsnews/202112/quantum. cfm.

Kang K N, Park H, 2012. Influence of government R&D support and inter-firm collaborations on innovation in Korean biotechnology SMEs[J]. Technovation, 32 (1):68-78.

Kaur M, Venegas-Gomez A, 2022. Defining the quantum workforce landscape: a review of global quantum education initiatives[J]. Optical Engineering, 61(8): 1-16.

Li H, Atuahene-Gima K, 2001. Product innovation strategy and the performance of new technology ventures in China[J]. Academy of Management Journal, 44(6): 1123-1134.

Lundvall A B, 1992. National systems of innovation: towards a theory of innovation and interactive learning[M]. London: Printer Publisher.

Lundvall A B, Johnson B, Andersen E S, et al. ,2002. National systems of production, innovation and competence building[J]. Research Policy, 31(2):213-231.

Moore,James F,1999. Predators and prey: a new ecology of competition[J]. Harvard Business Review, 71(3):75-86.

Musiolik O,Markard J,Hekkert M,2012. Network and network resources in technologyical innovation systems: towards a conceptual framework for system building[J]. Technological Forecasting & Social Change,79:1032-1048.

Nambisan S, Baron R A, 2013. Entrepreneurship in innovation ecosystems: entrepreneurs' self-regulatory processes and their implications for new venture success[J]. Entrepreneurship Theory and Practice,37(5):1071-1097.

National Q-12 Education Partnership, 2022. About[EB/OL]. (2022-03-01)[2023-12-29]. https://q12education. org/about.

National Science Foundation, 2019. Quantum Leap Challenge Institutes (QLCI) [EB/OL]. (2019-02-19)[2023-10-14]. https://www. nsf. gov/pubs/2019/nsf19559/nsf19559. htm#note2.

Nelson R, 1993. National system of innovation: a comparative study[M]. New York:Oxford University Press.

Nelson R R, Sidney G S,1982. Winter:an evolutionary theory of economic change [M]. Cambridge,Mass and London:Belknap Press.

NIKKEI Asia, 2022. Quantum computing ambition:Japan aims for 10m users by 2030[EB/OL]. (2022-04-13)[2022-06-26]. https://asia. nikkei. com/Business/Technology/Quantum-computing-ambition-Japan-aims-for-10m-users-by-2030.

North D C, 1993. Institutions, Institutional Change and Economic Performance [M]. London:Cambridge University Press.

NSTC,2018. National strategicoverview for quantum information science[EB/OL]. (2018-10-12)[2023-12-29]. https://www. quantum. gov/wp-content/uploads/2020/10/2018_NSTC_National_Strategic_Overview_QIS. pdf.

PCAST,2004a. Sustaining the Nation's innovation ecosystems,information technology manufacturing and competitiveness[R]. Washington:President's Council of Advisors on Science and Technology.

PCAST, 2004b. Sustaining the Nation's innovation ecosystems: maintaining the strength of our Science & Engineering Capabilities [R]. Washington: President's Council of Advisors on Science and Technology.

PCAST,2008. University-privates sector research partnerships in the innovation ecosystem[R]. Washington:President's Council of Advisors on Science and Technology.

Polechov J,Storch D, 2008. Ecological niche[J]. Encyclopedia of Ecology,1:1088.

QT Flagship High-Level Steering Committee,2017. Quantum technologies flagship final report[R]. Brussels:EC.

Quantum Flagship,2020. The quantum flagship officially presents the Strategic Research Agenda to the European Commission[EB/OL]. (2020-03-03)[2023-11-14]. https://qt. eu/about-quantum-flagship/newsroom/the-quantum-flagship-officially-presents-the-strategic-research-agenda-to-the-european-commission/.

Radziwon A,Bogers M,2019. Open innovation in SMEs:exploring inter-organizational relationships in an ecosystem[J]. Technological Forecasting and Social Change,146:573-587.

Romanelli E, Michael L, Tushman, 1986. Inertia, environments, and strategic choice: a quasi-experimental design for comparative-longitudinal research [J]. Management Science,32:608-621.

Tansley A G, 1935. The use and abuse of vegetational concepts and terms[J]. Ecology, 16(3):284-307.

Tawanda W J,2021. APS hosts quantum crossing event to educate students about quantum careers[EB/OL]. (2021-12-01)[2023-12-29]. https://www. aps. org/publications/apsnews/202112/quantum. cfm.

Teece D J,1986. Profiting from technological guideposts and innovation:implications for integration, collaboration, licensing and public policy[J]. Research Policy, 15(6):285-305.

Teece D J,2018. Dynamic and integrative capabilities for profiting from innovation in digital platform-based ecosystems[J]. Research Policy,47(8):1391-1399.

The National Quantum Coordination Office, 2020. Summary of the national Q-12 education partnership kick-off event[EB/OL]. (2020-12-01)[2023-12-29] https://www. quantum. gov/wp-content/uploads/2020/12/SummaryQ12Kick OffEvent. pdf.

The Subcommittee on Quantum Information Science Committee on Science of the National Science & Technology Council,2021a. A coordinated approach toquantum networking research[EB/OL]. (2021-02-22)[2023-12-29]. https://www. quantum. gov/wp-content/uploads/2021/01/A-Coordinated-Approach-to-Quantum-Networking. pdf.

The Subcommittee on Quantum Information Scienc Ecommittee on Science of the National Science & Technology Council,2021b. National quantum initiativesupplement to the president's FY 2022 budget[EB/OL]. (2021-12-01)[2023-12-29]. https://www. quantum. gov/wp-content/uploads/2021/12/NQI-Annual-Report-FY2022. pdf.

The White House National Quantum Coordination Office,2020. A strategic vision foramerica's quantumnetworks[EB/OL]. (2020-03-07)[2023-12-29]. https://www. quantum. gov/wp-content/uploads/2021/01/A-Strategic-Vision-for-Americas-Quantum-Networks-Feb-2020. pdf.

The White House,2022. Executive order on enhancing the National Quantum Initiative Advisory Committee[EB/OL]. (2022-05-04)[2023-11-23]. https://www. whitehouse. gov/briefing-room/presidential-actions/2022/05/04/executive-order-on-enhancing-the-national-quantum-initiative-advisory-committee/.

The Subcommittee on Quantum Information Science Committee on Science of The National Science & Technology Council,2022a. Bringing quantum sensors to fruition[EB/OL]. (2022-03-25)[2023-12-29]. https://www. quantum. gov/wp-content/uploads/2022/03/BringingQuantumSensorstoFruition. pdf.

The Subcommittee on Quantum Information Science Committee on Science of The National Science & Technology Council,2022b. QIST Workforce development national strategic plan[EB/OL]. (2022-02-01)[2022-05-13]. https://www. quantum. gov/wp-content/uploads/2022/02/QIST-Natl-Workforce-Plan. pdf.

Van de Ven A H,2005. Running in packs to develop knowledge-intensive technologies[J]. MIS Quarterly，29(2):365-377.

Venegas-Gomez A,2020. The quantum ecosystem and its future workforce[J]. PhotonicsViews,17:34-38.

Weiberg A M，1967. Reflection on big science[M]. Cambridge:The MIT Press.

統合イノベーション戦略推進会議,2020. 量子技術イノベーション戦略:最終報[EB/OL]. (2020-01-21)[2022-06-19]. https://www8. cao. go. jp/cstp/siryo/haihui048/siryo4-2. pdf.

在中国的创新生态系统之中,量子科技的发育生态具有独特的价值。在量子科技的理论奠基和第一次量子革命阶段,量子科技体系的构建完全由欧美少数国家主导,中国的学界、产业界几乎只能旁观。但在第二次量子革命阶段,全球科技革命、产业革命加速迭代,真正具备原始创新价值的发现和应用愈加困难。然而与一百年前大不一样的是,在量子信息科学走出实验室逐渐融入现实应用场景的进程中,中国学界、产业界把握住"从经典信息技术时代的跟随者和模仿者转变为未来信息技术引领者"的重大历史机遇,通过近三十年坚持不懈的努力,我国量子科技领域整体上已经实现了从跟踪、并跑到部分领跑的飞跃,量子科技发展的体系化能力正在稳步建立。

本书的主要内容总结如下:

第一,本书从创新生态系统的角度,以文献计量学方法归纳量子科技创新生态系统的定义与功能,重点分析美国、欧盟、日本、新加坡、俄罗斯等国家和地区政府机构、企业、科研院所、高校、科技社团等创新主体对构建量子科技创新生态系统的政策文件、研究报告、学术论文，并对最新动态进行跟踪、整理，通过比较分析法剖析发达国家和地区量子科技创新生态系统的优势和经验特色；同时，重点调研国内北京、深圳、合肥等量子科技资源富集地域的相关创新主体对创新生态系统的相关实践成果。最终总结国内外量子科技创新生态系统的创新主体、创新要素、创新机制、创新环境的相关内涵、外延，归纳总结量子科技创新生态系统的一般性共识特质。

　　第二，以结构化访谈法提炼量子科技创新生态系统中的各创新主体的定位与功能。本书深入挖掘高校实验室、科研院所、企业、行业协会、产学研联盟、科技资源转化主体等量子科技创新主体，提炼其在创新生态系统中的角色、定位和核心功能，深度刻画其在量子创新生态系统中进入的动因、发育情况、关键障碍、成功举措和未来期望等信息，以创新生态系统视角剖析量子科技创新主体如何实现与各类创新要素、创新环境、创新机制的高频互动及深度融合、耦合，以及如何通过要素流（人才流、资源流、信息流等）、外界环境、机制设计的联结传导，形成共生竞合、动态演化的开放而复杂的创新生态系统。

　　第三，我国构建量子科技创新生态系统可持续运行机制的思考与建议。国际上的量子科技竞争实质上是创新生态系统培育的竞争，当前国际竞争环境复杂多变，"断链""脱钩"威胁着我国量子产业创新发展的各个环节，构建面向量子科技产业的创新生态系统是世界各国发展量子科技共同面临的战略选择。本书基于中国国情，从创新主体协同、创新要素识别、创新环境优化、创新机制设计四个维度上的行为特质，进一步从量子科技创新生态系统中的跨学科交叉融合、科研设施及平台构建、产学研结合、人才培养与评价机制、商业模式创新、科技资源科普化与公众参与、科技伦理与风险、国际合作等维度深度刻画量子科技创新生态系统的运行逻辑，为我国发展以量子科技为代表的未来技术产业创新生态系统提出理论参照。

作为"中国国家创新生态系统与创新战略研究（第二辑）"丛书中的一本，本书有幸得到了以下项目的资源支持：2020 年度中国科协科普信息化建设工程"量子信息"科普中国-中国科学技术大学共建基地、2021年度中国科协创新战略研究院全国招标项目"量子科技高水平创新团队特质与发展环境研究"、2021 年度中国科学院办公厅全国招标项目"国内科技创新关键指标和重点数据调研"、2022 年度中国科学院科学传播研究中心"量子科技传播资源库"建设项目、2023 年度中国科协战略发展部科技智库青年人才计划项目"协同论视角下'量子科技'领域专业人才需求及培育机制研究——以中国科学技术大学为例"、2024 年度中国科协战略发展部科技智库青年人才计划项目"协同创新视角下量子科技创新生态系统的建构研究——以中国科学技术大学为例"。

在整本书的撰写过程中，笔者团队与量子科技领域的一线科研工作者和产业人员保持紧密联络，组织中国科学技术大学科学文化沙龙系列活动，邀请潘建伟院士主讲《新量子革命》（第 1 期）、郭光灿院士主讲《中国量子领域人才培养的中科大故事》（第 7 期）；在 2022 年全国科技活动周期间，笔者团队所在的中国科学院科学传播研究中心组织"科技袁人"袁岚峰博士与国盾量子董事长彭承志教授、问天量子董事长韩正甫教授、国仪量子董事长贺羽博士、本源量子总经理张辉博士围绕"产业化中的量子技术"主题进行了科普直播；2023 年，笔者团队所在的中国科学院科学传播研究中心与中国信息协会量子信息分会联合主办首届"量子科普作品评优活动"，被列入 2023 年量子产业大会开幕式的重要专项活动。

此外，吴祖赟、李雅彤、陆凤、沈晓萱、王娟等博士、硕士研究生参与了本书对重点调研对象的访谈工作、资料整理和初稿撰写，在此对她们的工作表示感谢。

在本书付梓之际，感谢中国科学技术大学相关量子科技研究和产业应用机构提供的资源支撑。

因时间紧迫、水平有限，书中或有不足之处，恳请读者指正！

是为记。

汤书昆　范　琼　秦　庆

2024 年 3 月